도시를 만드는
기술 이야기

도시를 만드는 기술 이야기

다리, 터널, 도로, 통신망, 전력망, 철도, 댐, 상하수도, 건설 장비까지
우리 주변을 둘러싼 인프라의 모든 것

초판 1쇄 발행 2024년 03월 25일
초판 2쇄 발행 2024년 06월 24일

지은이 그레이디 힐하우스 / **옮긴이** 윤신영 / **펴낸이** 전태호
펴낸곳 한빛미디어(주) / **주소** 서울시 서대문구 연희로2길 62 한빛미디어(주) IT출판2부
전화 02-325-5544 / **팩스** 02-336-7124
등록 1999년 6월 24일 제25100-2017-000058호 / **ISBN** 979-11-6921-204-5   03530

총괄 송경석 / **책임편집** 박지영 / **기획 · 편집** 정지수
디자인 박정우 / **전산편집** 이경숙 / **일러스트** 이경숙, 차은혜
영업 김형진, 장경환, 조유미 / **마케팅** 박상용, 한종진, 이행은, 김선아, 고광일, 성화정, 김한솔 / **제작** 박성우, 김정우

이 책에 대한 의견이나 오탈자 및 잘못된 내용은 출판사 홈페이지나 아래 이메일로 알려주십시오.
파본은 구매처에서 교환하실 수 있습니다. 책값은 뒤표지에 표시되어 있습니다.

한빛미디어 홈페이지 www.hanbit.co.kr / 이메일 ask@hanbit.co.kr

지금 하지 않으면 할 수 없는 일이 있습니다.
책으로 펴내고 싶은 아이디어나 원고를 메일(writer@hanbit.co.kr)로 보내주세요.
한빛미디어(주)는 여러분의 소중한 경험과 지식을 기다리고 있습니다.

도시를 만드는 기술 이야기

다리, 터널, 도로, 통신망, 전력망, 철도, 댐, 상하수도, 건설 장비까지
우리 주변을 둘러싼 인프라의 모든 것

그레이디 힐하우스 지음

윤신영 옮김

한빛미디어
Hanbit Media, Inc.

no starch press
THE FINEST IN GEEK ENTERTAINMENT™
nostarch.com

크리스털에게 이 책을 바칩니다.

지은이 · 옮긴이 소개

지은이 그레이디 힐하우스 Grady Hillhouse

토목 공학자이자 과학 커뮤니케이터. 유튜브에서 가장 큰 공학 채널인 'Practical Engineering'을 운영합니다. 사회 기반 시설과 인간이 만든 환경을 재미있게 설명하는 동영상으로 전 세계 언론의 주목을 받았으며, 사이언스 채널과 디스커버리 채널은 물론 여러 출판물에도 소개되었습니다. 풀타임으로 동영상을 제작하기 전에는 10년 가까이 공학 컨설턴트로 일하면서 댐과 수력 구조물에 중점을 둔 다양한 인프라 프로젝트에 참여했습니다. 텍사스 대학교와 텍사스 A&M 대학교에서 학위를 받았습니다.

옮긴이 윤신영

미디어 플랫폼 '얼룩소alookso' 에디터. 동아사이언스 기자로 근무하며 『과학동아』 편집장과 『동아일보』 과학담당기자 등을 거쳤습니다. '2008년 미국과학진흥협회(AAAS) 과학언론상', '2020년 대한민국과학기자상'을 수상했습니다. 『인류의 기원』(사이언스북스, 2015), 『사라져 가는 것들의 안부를 묻다』(MID 엠아이디, 2014) 등을 집필했고, 『스마트 브레비티』(생각의힘, 2023), 『화석맨』(김영사, 2022), 『빌트, 우리가 지어올린 모든 것들의 과학』(어크로스, 2019), 『왜 맛있을까』(어크로스, 2018), 『사소한 것들의 과학』(MID 엠아이디, 2016) 등을 우리말로 옮겼습니다. 연세대학교에서 도시 공학과 생명 공학을 전공했습니다.

옮긴이의 말

도시를 짓는 상상을 해본 적이 있나요? 아마 진지하게 계획하고 건설하는 상상까지는 아니더라도, 자신만의 마을이나 도시를 세우는 공상을 해본 적은 있을 거예요. 전 그랬습니다. 그것도 자주요. 공간을 도로며 철도며 녹지며 건물로 채우고 연결하는 것은 정말 재밌고 떨리는 일이었습니다. 아름다운 수변 공간을 만들고 근사한 스카이라인을 배치할 때는 스스로가 예술가가 된 듯 으쓱했습니다.

현실의 도시가 꼭 그렇게 형성되지는 않는다는 사실을, 정작 도시를 계획하는 방법을 공부하며 알았습니다. 도시는 만들 수도 있지만, 주로 만들어지는 것이었습니다. 다시 말해 도시는 자신만의 생로병사를 겪는 생명이었습니다. 스스로 살길을 찾아가고, 때로는 형태를 바꾸며 진화하는 존재였습니다. 이 거대한 생명을 구성하는 요소는 다양했죠. 계획가의 눈에는 용적률이나 건폐율, 도로의 폭, 녹지 비율, 주차 대수 같은 숫자가 중요했습니다. 도시의 활력 징후 같은 이런 숫자를 나열해 공간의 특징을 진단하거나 이 숫자를 잘 조절해서 조화롭고 균형 있는 도시를 만들 수도 있었습니다. 계획가는 이 방법을 고민했습니다.

공간의 특징을 상상한다는 것은 그 안을 차지하고 움직이는 사람을 상상하는 일과도 같습니다. 건물 사이의 거리와 높이, 도로의 비율은 사람이 아늑하게 느끼는 공간을 만드는 데 관여합니다. 건물의 밀도를 나타내는 지표는 그 지역의 개발 또는 재개발이 가능할지 여부를 결정하는 데 영향을 미치죠. 장래 인구 추이는 도시에 주거 지역을 얼마나 지어야 할지, 도로와 상하수도, 공원은 어느 정도로 배치해야 좋을지 알려줍니다.

그런데 아무리 세심한 상상을 바탕으로 도시를 가꾸더라도, 조감도를 통해 바라보는 도시는 어딘가 창백할 수밖에 없습니다. 우리는 숫자가 아니니까요. 숫자로 본 도시에서 우리는 개개인이 아니라 집단으로서의 사람을 상상할 수밖에 없습니다. 공간도 마찬가지입니다. 업무, 주거 지역, 학교나 공원처럼 용도나 목적으로 구분된 지역은 실제로 그 속을 살아가는 사람의 일상을 담지 못합니다.

도시와 개인이 직접 교감하는 것은 도시를 구성하는 물리적 요소와 만날 때입니다. 다시 말해 인프라를 통해서죠. 도로, 건물, 터널, 지하 구조물, 전봇대 등을 통해 계획 속 또는 상상 속 도시와 사람이 연결됩니다. 다양한 형태의 다리도 마찬가지죠. 각 가정을 연결하는 통신선, 전력을 공급하는 송배전 설비, 깨끗한 물을 공급하는 급수 및 배수 설비는 도시가 정체된 공간이 아니라 실시간으로 움직이는 공간임을 보여줍니다. 치수를 위한 거대한 댐부터 비 온 뒤 유출수가 고이지 않도록 하는 도로의 배수구까지, 다양한 규모로 만들어진 시설 덕분에 인류는 가혹한 자연으로부터 피신해 예측 가능한 안전함을 누리며, 편리하게 살아가는 것이죠.

인프라는 모두 건설 공학의 산물입니다. 평범해 보이는 도로조차 기울기부터 바닥 속 재료, 측구의 위치까지 섬세하게 설계되고 계획됐습니다. 터널의 조명은 갑작스런 눈부심과 어둠으로부터 운전자를 보호하기 위해 시시히 밝기를 높이거나 낮춥니다. 수도꼭지만 틀면 나오는 깨끗한 물은 정수 처리와 소독, 그리고 수압을 고려해 설계한 매우 복잡한 배급수 시스템 덕분입니다.

공학은 사람이 살면서 느끼는 문제에 대해 기술이 내놓은 해법이라고 할 수 있습니다. 인류가 쉽게 풀지 못하던 문제를 기계와 역학, 화학, 때로는 생물학의 힘을 빌려 푼 게 바로 공학이죠. 이 책은 일상에서 마주하는 다양한 문제를 해결하고, 우리에게 안전과 편리함을 선물한 건설 공학의 결과물을 눈앞에 펼쳐 보여줍니다. 대부분 매일 이용하고 있지만 너무 자연스러워 평소 존재조차 인식하지 못했던 대상이죠. 눈에 띄지 않을 정도로 삶의 일부로 완벽히 녹아든 공학을 만나보세요.

이 책의 또 다른 미덕은 그림입니다. 과학과 기술 분야에서는 원리를 정확히 이해할 수 있도록 그래픽을 통해 내용을 전달하는 경우가 많으며, 그 중요성도 점점 커지고 있습니다. 이 책에서는 평소 볼 수 없던 공학의 구현물을 세밀하고도 간결한 인포그래픽으로 소개합니다. 덕분에 익숙하지만 막상 접하면 생소할 수밖에 없는 도시의 이면을 보다 정확하게 이해할 수 있습니다.

책을 읽고 나면 우리의 삶을 지탱하는 숨어 있는 수많은 공학의 존재에 새삼 눈길이 갈 것입니다. 물론 책을 읽기 전이나 후나, 공학은 똑같이 제자리에서 할 일을 할 것이고, 애써 보지 않으면 잘 눈에 띄지 않을 거예요. 그래도 어디에서 무엇이 우리의 삶을 떠받치고 있는지 한 번씩 상상해보세요. 운이 좋다면 시설을 직접 만날 수도 있겠죠. 그럴 때마다 어떤 문제를 풀기 위한 해법인지, 그리고 그 해법을 내놓기 위해 공학자가 어떤 상상력을 발휘했는지 한 번씩 생각해보면 좋겠습니다.

윤신영

2009년 중반, 전 세계가 1930년대 이후 가장 심각한 경제 붕괴를 막 벗어나고 있을 때였습니다. 저는 자유 전공학 학사 학위만 갖고 막 사회에 나온 졸업생이었죠. 이 학위로는 제대로 된 일자리를 구할 가능성이 전혀 없었어요. 저는 참담한 취업 시장에서 기회를 찾기보단, 교육에 조금 더 많은 시간과 돈을 투자하기로 결심했습니다. 대학 학위가 직업을 보장할 수 없다는 힘든 현실에 직면한 저는 제 다양한 관심사를 직업적 전망의 관점과 연관 지어보기 시작했습니다. 이를 통해 조금 더 신뢰할 수 있고 명확한 방향으로 진로를 결정하게 됐죠. 저는 토목 공학을 선택했습니다. 이 학문에 대해서는 아는 게 거의 없었지만, 흥미롭고 책임감이 느껴지는 분야 같다고 생각했습니다. 놀랍게도, 1순위로 지원한 대학원에 합격했고 그해 가을부터 공부를 시작했습니다.

대학원에 재학 중인 친구들을 따라잡기 위해 필요한 기초 수학과 과학 강의를 들은 뒤 공학 과목을 수강하기 시작했습니다. 저는 과학과 기술, 그리고 사물의 작동 원리에 호기심이 많았습니다. 하지만 대학원을 다니면서 관점이 얼마나 크게 변하게 될지 그 당시에는 전혀 알지 못했죠. 구조 설계 강의를 듣고 나자 새로운 건물을 방문할 때마다 모든 기둥과 보를 유심히 살펴보게 됐습니다. 회로 연구실에서는 송전 선로와 송전 변전소의 세부 사항과 복잡성을 배울 수 있었습니다. 수문학 강의를 들은 뒤로는 자전거나 차를 타고 도시를 돌아다니면서 모든 배수구, 맨홀, 수로, 저류지를 유심히 살펴보게 됐습니다. 모든 강의 덕분에 이전에는 전혀 신경 쓰지 않았던 건설 환경이라는 은밀한 분야에 전등이 하나둘씩 켜지는 것 같았습니다. 완벽하게 매료됐죠.

저는 학위를 수료하며 직업을 얻었을 뿐만 아니라 세상을 바라보는 완전히 새로운 시각을 갖게 됐습니다. 오래 지나지 않아, 인프라에 대한 열정과 흥분은 제가 취미로 하던 유튜브 채널과 개인적인 삶에도 넘쳐 흘렀습니다. 제가 운영하던 유튜브 채널은 초창기에 직접 만든 목공 작업 프로젝트를 다른 목공 장인과 공유하기 위한 창구였는데, 점차 공학 주제를 세상에 소개하는 창구로 바뀌었습니다. 지금은 교육용 동영상을 풀타임으로 제작하고 있으며, 'Practical Engineering'은 매달 수백만 명의 시청자가 찾는 채널이 됐습니다.

인류가 건축한 환경에서는 가장 평범한 대상조차 수백 가지 공학적 해법이 담긴 기념비적인 결과물입니다. 이러한 인류의 도전과 그에 대한 해법을 일부라도 이해하는 것은 제게 놀라움과 경이로 다가왔죠. 지금도 여전히 그렇습니다. 이제 제 삶은 건설된 세계에서 흥미로운 디테일을 찾기 위해 펼치는 보물찾기 여정이 됐습니다. 댐과 다리 사진을 찍거나 더 멋진 풍경을 찍기 위해 아무 때나 멈춰 서다 보니 아내가 화를 낼 때도 있습니다. 길을 걷다가 새롭거나 색다른 인프라를 발견하면 생각에 잠기곤 합니다. 흔히 있는 일이죠. 제가 어디에 있든, 무엇을 하든, 저의 뇌 일부는 빗물이 지면을 따라 흘러가는 경로를 따라가느라 여념이 없습니다. 공학은 현대인의 삶을 구성하고 지탱하는 인프라에 눈뜨게 해줬습니다. 만약 이 책에서 공학에 대한 저의 열정이 조금이라도 느껴진다면 성공이라고 할 수 있습니다.

이 책은 종합 안내서가 아닙니다. 전 세계 인프라의 형태와 유형은 무수히 다양합니다. 이 책은 미국에 초점을 맞추고 있지만, 건설 작업은 주, 군, 도시 간에도 상당히 다를 수 있습니다. 이 모든 것을 담아내기란 현실적이지도 않고 재미도 없을 것입니다. 인프라를 발견하는 즐거움 중 하나는 우연히 찾은 대상의 목적을 탐정처럼 추론해내는 것이죠. 앞으로 소개하는 내용이 그 즐거움에 불을 지피고, 건설 환경을 열정적으로 관찰하는 여정에 도움이 되면 좋겠습니다.

그레이디 힐하우스

르네상스 시대 이후 화가들은 고대 신화의 신비로운 장면들을 아름다운 그림으로 표현하곤 했다. 그렇기에 캔버스에는 용사에게 덤벼드는 용의 모습, 우주를 떠받치고 있는 거인, 구름 위의 천상 세계 등등이 그려지곤 했다. 현대 사회의 우리는 하늘로 치솟은 고층 빌딩과 수십만의 자동차들이 호흡처럼 거대 도시에 몰려들었다가 흩어지는 모습을 매일 같이 지켜보며 산다. 정작 고대인들이 이런 광경을 보았다면 신화 이상으로 놀랍게 여기지 않았을까? 그렇기에 우리의 도시는 과학 기술의 신비라고 할 만하다.

이 책은 그 과학 기술을 두 눈으로 명쾌하게 지켜볼 수 있는 산뜻한 그림으로 표현해 그 신비를 낱낱이 펼쳐 보여준다. 미술만으로도 아름답지만, 그 내용 속에 우리가 매일 같이 접하는 과학 기술의 요소요소가 친절하게 설명되어 있기에 그 신비의 본질을 전하는 작품이라고도 할 수 있다. 그러므로 어린이 그림책처럼 편안히 책장을 느끼며 도로, 건물, 전기, 수도관의 기술을 훑어보며 놀 수도 있는 책이고, 동시에 현대 사회의 핵심을 드러낸 예술품을 보듯 진지한 눈으로도 읽을 수 있는 과학 책이다. 그렇기에 현대 사회라는 것이 어떤 곳인지 한눈에 이해하고 싶을 때도, 혹은 바쁜 도시 생활에 지쳐서 잠깐 쉬면서 읽을거리가 필요할 때도 언제나 제 몫을 할 멋진 작품이다.

곽재식

감사의 말

이 책이 나올 수 있도록 도와주신 분들께 큰 감사를 드립니다.

끝없이 지지해주고 때로는 웃음을 안겨준 아내 크리스틸[Crystal]은 제 인생의 사랑입니다. 아들 클리프[Cliff]는 자신도 모르게 제가 공학 분야 직업을 선택하도록 밀어줬어요. 위험을 감수하는 방법을 알려준 동생 그레이엄[Graham]은 제가 가진 모든 아이디어를 함께 논의하는 대상이자 가장 도움이 되는 비평가입니다. 사촌 새뮤얼[Samuel]은 토목 공학에 대해 더 많이 이야기할 수 있도록 제가 만든 도로 여행 게임인 〈What's That Infrastructure?(인프라가 뭐예요?)〉의 첫 번째 참가자였죠.

가장 친한 친구이자 공동 작업자인 웨슬리 크럼프[Wesley Crump]는 처음 책을 쓰자고 제안했고, 실제로 제가 책을 쓰기로 결정했을 때 귀중한 팀원이 돼줬습니다. 인생의 모든 중요한 기술을 지지하고 격려하며 모범을 보여주신 부모님 조[Joe]와 캐럴[Carol]은 결국 제가 가고자 하는 방향으로 저를 이끌었습니다.

편집자 질 프랭클린[Jill Franklin]과 노 스타치 출판사의 모든 직원들은 제 비전을 즉시 이해하고 인내심을 가지고 집필을 지도해줬으며 특별한 책을 만들기 위해 정말 열심히 노력했습니다. 스톡 이미지로 덕지덕지 만든 그림과 괴발개발 쓴 글씨를 상상력 넘치는 예술 작품으로 바꿔준 브래드 호지스키스[Brad Hodgskiss]의 MUTI 일러스트레이션 팀에게도 감사의 인사를 전합니다. 책의 서두에 언급한 테크니컬 리뷰어들은 각 장의 내용을 개선할 수 있도록 지혜와 경험을 나눠줬습니다. 텍사스 주립 대학교와 텍사스 A&M 대학교의 모든 교수님, 그리고 공학, 건설, 환경 과학 등과 관련한 전문 지식을 공유해준 프리즈 앤드 니콜스[Freese and Nichols]의 모든 옛 동료들에게도 고마움을 전합니다.

마지막으로 'Practical Engineering' 채널을 열심히 시청하고 정성스러운 댓글과 이메일을 보내주신 구독자 여러분께 감사드립니다. 지난 6년 동안 여러분으로부터 받은 격려와 피드백이 없었다면 이 책을 쓸 수 없었을 것입니다.

그레이디 힐하우스

목차

목차

1

전력망

들어가며

인류가 이룩한 가장 위대한 성취는 전기의 힘을 활용하는 것입니다. 전기는 100년 전만 해도 사치품이었지만, 이제는 거의 모든 사람의 안전, 번영, 복지를 위한 필수 자원이 됐습니다. 불과 얼마 전까지만 해도 동력이라고는 인력과 마력이 사실상 전부였습니다. 고된 노동을 완성하는 것은 생명체의 힘을 통해서였습니다. 인류가 우리 몸의 한계를 넘어서는 에너지를 통제하려고 노력한 것은 당연한 일입니다. 오늘날 '에너지'는 현대 사회의 거의 모든 측면에 생명을 불어넣고 있습니다. 여기에는 가장 기본적인 생리적 욕구는 물론, 최첨단 기술까지 포함됩니다.

에너지는 어떻게 얻고 저장하고 분배하고 사용하는지에 따라 다양한 형태로 분류할 수 있습니다. 지구의 거의 모든 에너지의 근원은 태양입니다. 바람과 파도는 지구의 대기가 가열되며 만들어집니다. 태양 빛은 직접 얻을 수도 있습니다. 휘발유와 같은 화석 연료도 태양으로부터 에너지를 얻은 것입니다. 선사 시대 식물은 광합성을 통해 태양 에너지를 포집했고, 수백만 년 동안 땅에 묻혀 있다가 탄광에서 채광됩니다. 이후 추출과 정제 과정을 거치고 엔진 속 폭발을 통해 태양열(다른 해로운 여러 부산물과 함께)을 다시 지구로 방출합니다. 인간은 편리함과 실용성을 위해 에너지를 하나의 형태에서 다른 형태로 변환하곤 합니다. 하지만 전기를 따라갈 에너지원은 없습니다. 전기는 모든 사람이 개인용 전원을 사용할 수 있게 하죠.

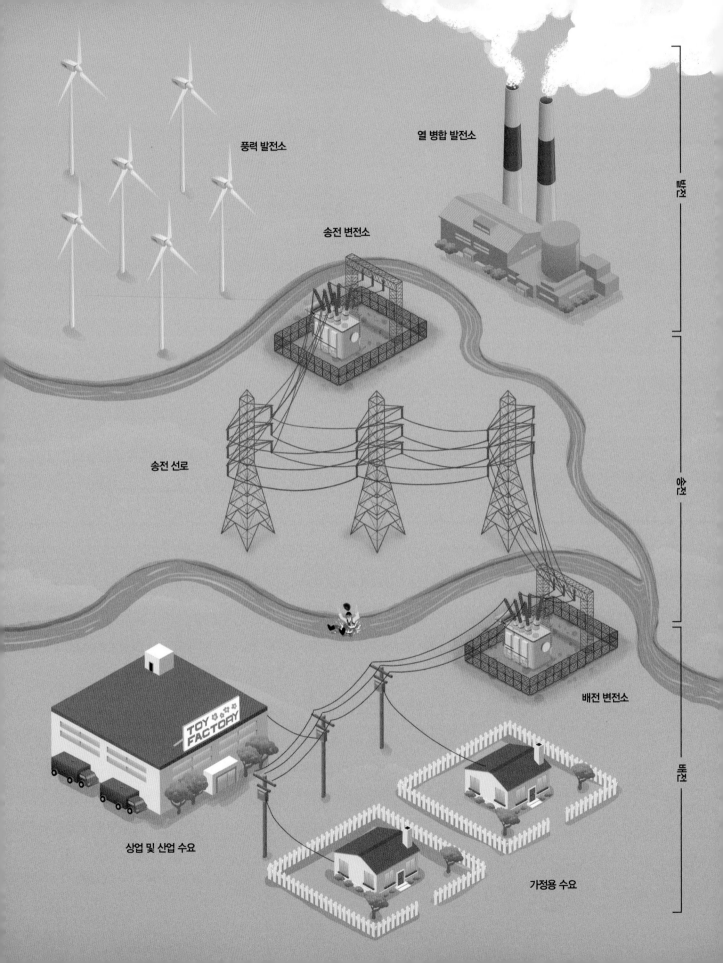

풍력 발전소

열 병합 발전소

송전 변전소

송전 선로

배전 변전소

상업 및 산업 수요

가정용 수요

발전

송전

배전

전력망 소개

전기는 다른 모든 유형의 에너지와 현저하게 다릅니다. 손에 쥘 수 없고 직접 볼 수도 없습니다. 하지만 전기는 복잡한 물리적 작업부터 계산에 이르기까지 놀라운 작업을 거의 순간적으로 실행합니다. 전기는 연료처럼 구체적 형체를 지닌 에너지가 아닙니다. 금속 선으로 연결하기만 하면 전송되는 순간적인 에너지죠. 한 장소에서 다른 장소로 쉽게 이동할 수 있기 때문에 전기 생산자와 소비자가 서로 연결된 거대한 네트워크, **전력망**이 생겨납니다. 규모를 가늠하기 위해 예를 들어보면, 북미 대륙 전역을 커버하는 주요 전력망은 다섯 개뿐입니다. 세계 최대 규모의 전력망 가운데 상당수는 한 국가가 아니라 여러 국가에 걸쳐 있습니다.

전기는 전력망에서 **발전**(전기 생산), **송전**(전기를 중앙 집중형 발전소에서 인구 밀집 지역으로 이송), **배전**(개별 수요자에게 전기 공급)의 세 단계를 거칩니다. **변전소**는 이들 주요 단계 사이를 연결하는 역할을 하죠. 대규모로 전력망을 구축하면 많은 문제를 한 번에 해결할 수 있습니다. 더 많은 소비자와 생산자가 값비싼 인프라를 공유할 수 있게 돼 효율성이 높아집니다. 각 위치에 전력을 공급하는 경로를 다양하게 만든다면 발전소 하나가 발전을 중단할 경우, 다른 발전소가 전력 공급에 관여할 수 있으므로 안정성이 높아집니다. 따라서 서로 연결된 전력망 덕분에 전기의 흐름도 원활해집니다.

다른 공공시설과 달리, 전기는 대규모로 저장하기가 매우 어렵습니다. 즉, 전력을 그때그때 생산, 전송, 공급, 사용해야 한다는 뜻입니다. 집이나 사무실의 전선을 통해 흐르는 전기 에너지는 불과 몇 밀리초 전만

해도 태양 전지 판에 내리쬐는 한 줄기 햇빛, 우라늄 원자, 증기 보일러의 석탄 또는 천연가스였습니다. 한 가정에서 사용하는 전기일지라도 출처는 매우 다양할 수 있죠. 더 많은 소비자가 서로 연결돼 있을수록 개개인의 사용량 급증과 급감을 평균적으로 상쇄할 수 있습니다.

모든 종류의 전력 소비자와 생산자를 위해 거대한 전력망 하나를 만들기란 결코 쉬운 일이 아닙니다. 전력망을 언덕을 오르는 화물 열차라고 생각해봅시다. 여기서 기관차는 발전을 담당하고, 화물은 전기 수요를 나타냅니다. 모든 엔진은 부하를 분담하기 위해 완벽하게 동기화된 채로 움직여야 합니다. 어느 한 엔진이 다른 엔진보다 느리거나 빠르면 열차 전체가 멈출 위험이 있습니다. 하지만 더욱 어려운 문제는 풍경에 계곡과 언덕이 있듯, 전력 수요도 시간에 따라 계속 변화한다는 점입니다. 소비자는 전기 장치를 켜고 끌 때 전력 회사에 알리지 않습니다. 사람들이 전기를 많이 사용하는 낮 시간대, 특히 에어컨이나 히터를 많이 사용하는 무더운 날이나 추운 날에는 수요가 최고조에 달하죠. **정전**이나 **블랙아웃**[1]을 피하려면 발전량을 계속 올리거나 낮춰 전력망의 수요에 맞춰야 합니다. 이 과정을 **부하 추종**이라고 합니다. 기관차가 도중의 경사도 변화를 고려해 내연 기관을 조절하는 것과 비슷합니다.

소비자는 다양한 방식으로 전력을 소비합니다. **상업 및 산업 분야**에서는 변동하는 전기 요금에 따라 사용량을 조정합니다. 더 저렴한 에너지를 활용하기 위해 밤새 기계를 가동하는 경우가 많죠. 일반적으로 요금

이 고정돼 있는 **가정**에서는 전체 전력망 수요의 기복에 덜 민감하게 반응합니다. 따라서 사용하고 싶을 때 전기를 사용합니다.

마찬가지로 다양한 유형의 발전소는 여러 방식으로 전기를 생산합니다. **태양광 발전소**는 해가 떠 있을 때는 많은 전기를 생산하지만, 해가 지고 나서는 전기를 생산하지 못합니다. **풍력 발전소**는 날씨에 따라 생산하는 전기량이 다릅니다. 바람이 강하고 꾸준히 불 때 최대 출력을 내죠. **원자력 발전소**는 발전량을 늘리거나 줄일 수 없으며 일정한 전력을 생산합니다. 석탄이나 천연가스 발전소 등 다른 **화력 발전소**는 수요 변화에 따라 출력을 어느 정도 조정할 수 있습니다. **수력 발전소**는 몇 초 또는 몇 분 내에 발전을 시작하고 중단할 수 있는, 반응이 가장 빠른 발전소입니다.

전력망 관리자는 발전량과 수요를 정교하게 예측해 둘 사이의 균형을 확실히 유지해야 합니다. 또한 유지 보수를 위해 언제 발전소 및 **송전 선로**를 끊어야 할지 계획을 세워야 합니다. 만약 시설 손상 등의 문제로 예고 없이 전력이 끊기는 상태가 발생한다면 신속하게 대처해야 합니다. 전력망 관리자는 최선의 상황을 만들고자 노력하지만, 전력 생산자와 소비자로 구성된 전체 구성원의 능력과 한계를 고려해 최악의 상황 역시 고려하고 대비해야 합니다. 최악의 상황이 발생해 수요를 충족할 만큼 전력이 충분하지 않은 경우를 생각해보죠. 전력망 관리자는 수요를 줄이고 전력망이 완전히 붕괴되는 상황을 피하기 위해 일부 소비자의 전력을 일시적으로 **단전**(전력 평균 분배)시킵니다. 이런 단전은 서비스 중단에 따른 불편을 일부에게 집중시키지 않기 위해 15~30분 간격으로 이뤄집니다. 이를 **윤번 정전**이라고 합니다.

넓은 지역에 전기를 생산, 송전, 공급하려면 여러 종류의 장비가 필요합니다. 놀랍게도 이런 인프라는 대부분 누구나 볼 수 있게 공개돼 있습니다. 저는 전봇대 꼭대기에 있는 뭔가를 관찰하며 이런저런 상상을 하다 질타를 받은 적이 여러 번 있습니다. 누구나 어디에서든 전력망의 거의 모든 주요 구성 요소를 조사하고 확인할 수 있습니다. 1장에서는 전력망의 각 부분을 자세히 살펴보고, 전기가 흐르도록 하는 장비와 절차를 알아봅니다.

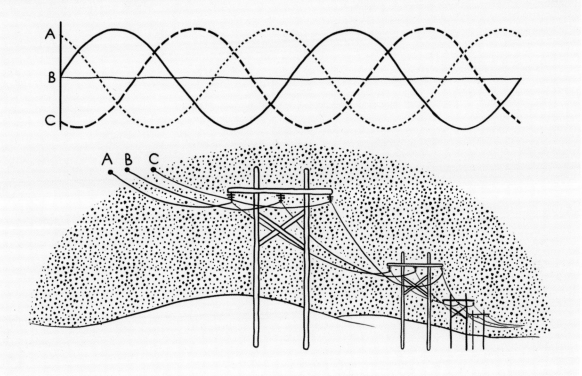

대부분의 전력망은 한 방향으로 일정하게 흐르는 전류(**직류**(DC)라고 부릅니다)가 아닌, 전압과 전류의 방향이 지속적으로 바뀌는 **교류**(AC)를 이용합니다. 교류는 변압기를 사용해 전압을 쉽게 높이거나 낮출 수 있다는 장점이 있습니다. 북미에서는 1초에 60번, 즉 60헤르츠의 속도로 교류가 발생합니다. 전기 인프라에서 흔히 들을 수 있는 낮게 윙윙거리는 소리는 바로 이로 인해 발생하죠. 전력은 소위 **위상**phase이 다른 세 개의 라인을 통해 만들어지고 전송됩니다(이 위상을 때로 A, B, C상이라고 부릅니다). 각 위상은 오프셋 전압[2]이 서로 다릅니다. 이렇게 서로 다른 세 위상으로 전기를 생성하면 다음과 같은 장점이 있습니다. 서로 겹치면서 공급이 이뤄지기 때문에, 어떤 순간에도 전압은 0이 되지 않습니다. 또한 3상 공급은 같은 양의 전력을 전달하기 위해 단상 공급보다 더 적은 수의 등가 전선을 사용하므로 더 경제적입니다. 거의 모든 전기 인프라가 세 벌씩 구성되는 이유죠. 각 인프라는 각자가 공급하는 위상의 전기를 처리하기 위한 전선과 장비를 갖추고 있습니다.

---

2 옮긴이 오프셋 전압은 기준으로부터(보통 0볼트) 전압이 얼마나 떨어져 있는지를 나타내는 값입니다.

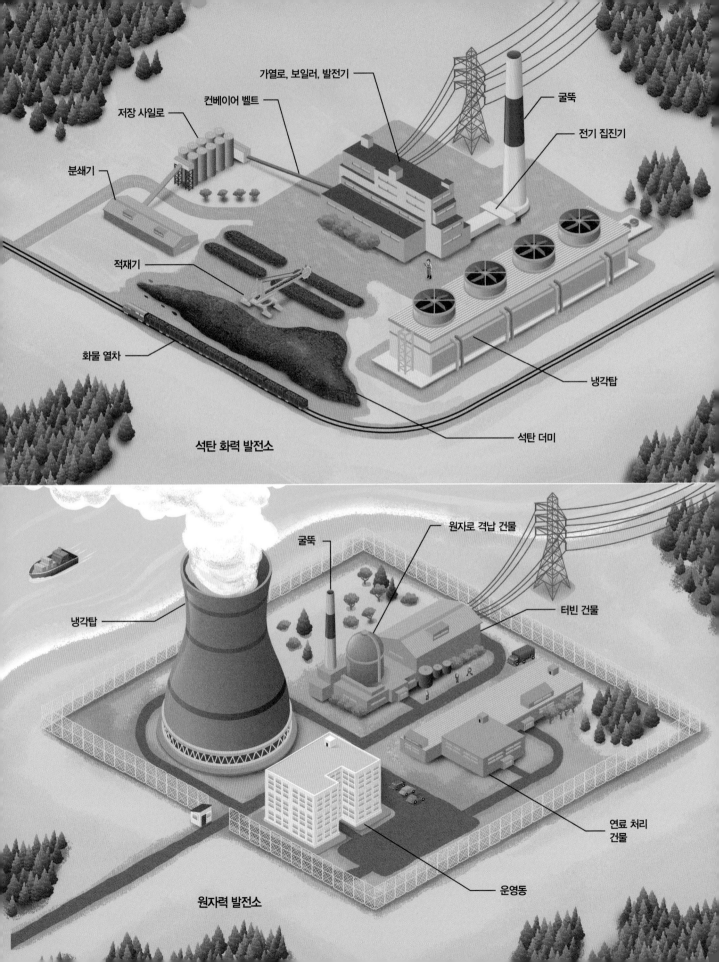

석탄 화력 발전소

가열로, 보일러, 발전기
컨베이어 벨트
저장 사일로
굴뚝
전기 집진기
분쇄기
적재기
화물 열차
냉각탑
석탄 더미

원자력 발전소

원자로 격납 건물
굴뚝
냉각탑
터빈 건물
연료 처리 건물
운영동

화력 발전소

발전은 전력망을 통해 전기가 이동하는 수백, 수천 킬로미터의 여정에서 첫 번째 단계에 해당합니다. 하지만 이 과정은 순간적으로 이뤄집니다. 여러분의 집 앞에 발전소가 없는 경우가 많지만, 전력망에 연결된 발전소와는 실시간으로 연결돼 있습니다. 발전소에는 여러 종류가 있으며 이들은 각기 다른 장단점이 있습니다. 하지만 한 가지 공통점이 있죠. 자연환경에서 얻을 수 있는 에너지를 이용하며, 이를 전력망에서 이용할 수 있는 전기 에너지로 바꾼다는 점입니다. 전기를 생산하기 위해 우리가 사용하는 많은 수단은 실은 물을 끓이는 다양한 방법일 뿐입니다. 이런 방식의 발전소를 **화력 발전소**라고 합니다. 증기는 터빈을 지나가며 터빈에는 **교류 발전기**가 연결돼 있습니다. 이 발전기는 다시 전력망과 연결됩니다. 터빈의 속도는 반드시 나머지 전력망의 주파수와 일치해야 합니다.

대부분의 발전소는 복잡한 산업 시설로 방문객이 들어갈 수 없습니다. 발전소 부근은 대부분 경비가 삼엄하기 때문에 수상쩍게 주변을 배회하지 않는 게 좋아요. 하지만 고속 도로를 달릴 때나 비행기를 탔을 때 여러 개의 고압 송전선과 눈에 띄게 높은 굴뚝이 있는 발전소를 흔히 볼 수 있습니다. 대도시 외곽의 호수를 주의 깊게 보면 발전소의 냉각수로 쓰이는 경우를 발견할 수도 있습니다. 화력 발전소의 작동 원리를 자세히 설명하는 것은 이 책의 범위를 벗어난 일입니다. 하지만 내부 구성 요소를 살펴보고 이해하면 외부에서 관찰할 때보다 더 큰 만족을 얻을 수 있습니다.

우리가 사용하는 전기의 상당량은 화석 연료가 기원이죠(주로 석탄이나 천연가스입니다). 하지만 **석탄 화력 발전소**는 점점 줄어들고 있습니다. 다른 연료의 가격이 저렴해지고 있고, 특히 다른 발전소가 배출하는 오염 물질이 줄어들면서 이런 현상이 나타났습니다. 하지만 석탄은 여전히 전체 발전량에서 큰 부분을 차지합니다. 석탄 화력 발전소 설비 대부분이 석탄을 다루기 위한 시설이기 때문에 겉으로도 석탄 화력 발전소임을 쉽게 알 수 있습니다. 석탄 화력 발전소는 매일 수천 톤의 석탄을 처리하고 태우므로 석탄을 내리고 저장하고 분쇄하고, **가열로**와 **보일러**로 옮기는 장비가 많이 필요합니다.

화력 발전소가 탄광 바로 옆에 자리 잡고 있는 게 아닌 이상, 많은 양의 석탄을 효율적으로 옮기는 가장 좋은 방법은 **화물 열차**를 이용하는 것입니다. 화력 발전소 주변에는 복잡한 철도 시스템이 구축돼 있는데, 이를 통해 석탄을 수시로, 효율적으로 운송할 수 있습니다. 철도를 이용하기가 여의치 않을 때는 트럭과 바지선을 이용할 때도 있습니다. 석탄 적재기(저탄기)는 커다란 이동형 컨베이어 벨트로 부피가 큰 석탄을 운송합니다. 트랙을 통해 석탄을 운송하며 긴 기둥을 이용해 석탄 더미[3]를 만듭니다. 화력 발전소는 보통 몇 주 동안 사용할 석탄을 비축해서 만약 석탄 공급이 일시적으로 중단되더라도 계속 운영할 수 있도록 대비합니다.

마당에서 사용하는 숯불 그릴과 달리, 대부분의 화력 발전소 가열로는 미세한 석탄 가루를 일정한 속도로 흘리면서 이를 태웁니다. 따라서 석탄 더미에 놓인 큰 덩어리의 석탄은 **분쇄기**로 이동해 더 효율적으로 연소될 수 있는 작은 크기로 분쇄됩니다. 연료를 처

---

[3] 옮긴이 석탄 더미가 있는 장소를 저탄장(coal yard)이라고 부릅니다.

리하는 각 단계 사이에는 지붕이 있는 거대한 **컨베이어 벨트**를 통해 석탄이 운송됩니다. **저장 사일로**는 분쇄한 석탄을 다양한 요소(비바람이나 외부 물질 등)로부터 보호합니다. 석탄은 저장 사일로를 거쳐 마지막 여정인 가열로와 보일러로 이동합니다.

　　천연가스 화력 발전소(이 책에서 살펴보지 않습니다)는 석탄을 사용하지 않기 때문에 이런 석탄 처리 장비가 없습니다. 천연가스 화력 발전소에 가스를 공급하는 가스관은 보통 지하에 있어서 외부에서 보이지 않습니다. 따라서 밖에서 보기에 천연가스 화력 발전소는 석탄 화력 발전소에 비해 매우 작아 보이죠. 석탄 화력 발전소든 천연가스 화력 발전소든 연료를 연소하고 내뿜는 공기를 **연도 가스**flue gas라고 부릅니다. 여기에는 재나 질소 산화물처럼 위험한 오염 물질이 섞여 있을 수 있습니다. 이런 오염 물질은 사람과 동물의 건강에 해로울 수 있기 때문에, 대기 중에 방출하기 전에 연도 가스에서 나쁜 오염 물질을 제거하도록 통제하는 환경 규제가 필요합니다. 연도 가스에서 오염 물질을 제거하는 데에는 다양한 설비를 이용합니다. 예를 들어 천으로 된 필터를 사용하는 **백하우스 집진기**, 정전기로 입자를 잡아내는 **전기 집진기**, 미세한 액체 입자를 뿜어내 먼지와 재를 잡음으로써 공기를 정화하는 **세정식 집진기** 등이 있습니다. 이런 정화 장치를 통과한 뒤

연도 가스는 **굴뚝**을 통해 방출됩니다. 이 높다란 굴뚝은 연도 가스를 직접 정화하지는 않지만 높은 곳에서 가스를 방출해 오염 물질을 공기 중에 흩어지게 합니다(때로는 희석이 오염의 해결책이 됩니다).

　　또 다른 유형의 화력 발전소인 **원자력 발전소**는 연료를 연소하는 과정이 필요 없습니다. 대신 원자력 발전소는 방사성 물질의 핵분열을 주의 깊게 통제하는 방법으로 전기를 얻습니다. 이 과정은 **원자로**에서 이뤄지죠. 원자로는 돔으로 된 지붕을 지닌 가압 격납 건물이며 외부에서도 곧잘 눈에 띕니다. 원자로 격납 건물은 보통 외부에 자연재해나 공격으로부터 보호하기 위해 두꺼운 콘크리트 벽으로 둘러싸여 있습니다. 별도로 존재하는 **연료 처리 건물**은 핵연료를 받고 검수하고 저장하는 데 사용됩니다. 사무실과 통제실은 연료 및 장비와 떨어진 **행정동**에 위치하고 있을 때가 많습니다. 원자력 발전소에도 굴뚝이 있는 경우가 있지만, 연도 가스를 배출하지는 않습니다. 일부 원자로에서는 터빈을 움직이는 데 사용된 물이 방사성 연료와 직접 접촉하는데, 이때 약하게 방사성을 띠는 수소와 산소 기체가 만들어집니다. 일부 원자력 발전소에서 볼 수 있는 홀로 서 있는 높은 굴뚝은 이런 기체를 안전하게 환기합니다.

널리 알려진 원자력 발전소의 상징은 정체불명의 연기 기둥을 배출하는 **냉각탑**이죠. 사실, 이 기체의 정체는 수증기입니다. 거의 모든 화력 발전소는 냉각탑을 사용합니다. 증기가 터빈을 통과한 뒤에 이를 액체로 응결시키기 위해서는 별도의 흐르는 물이 필요합니다. 이 물은 매우 많은 열을 흡수해 매우 뜨거워집니다. 해양 생물에게 뜨거운 물은 해롭기 때문에 바로 자연에 방출할 수 없습니다. 따라서 물을 배출하거나 재사용하기 전에 이를 식히는 특별한 구조가 필요합니다. 우리에게 친숙한, 바닥 부근이 뚫려 있고 단면적이 넓은 콘크리트 굴뚝이 자연적인 초기 냉각을 위해 사용되죠. 작고 네모진 건물일 경우에는 송풍기를 이용합니다. 두 경우 모두 증발을 돕기 위해 냉각탑 바닥에 물이 분사되며 떨어지는 모습을 볼 수 있습니다.

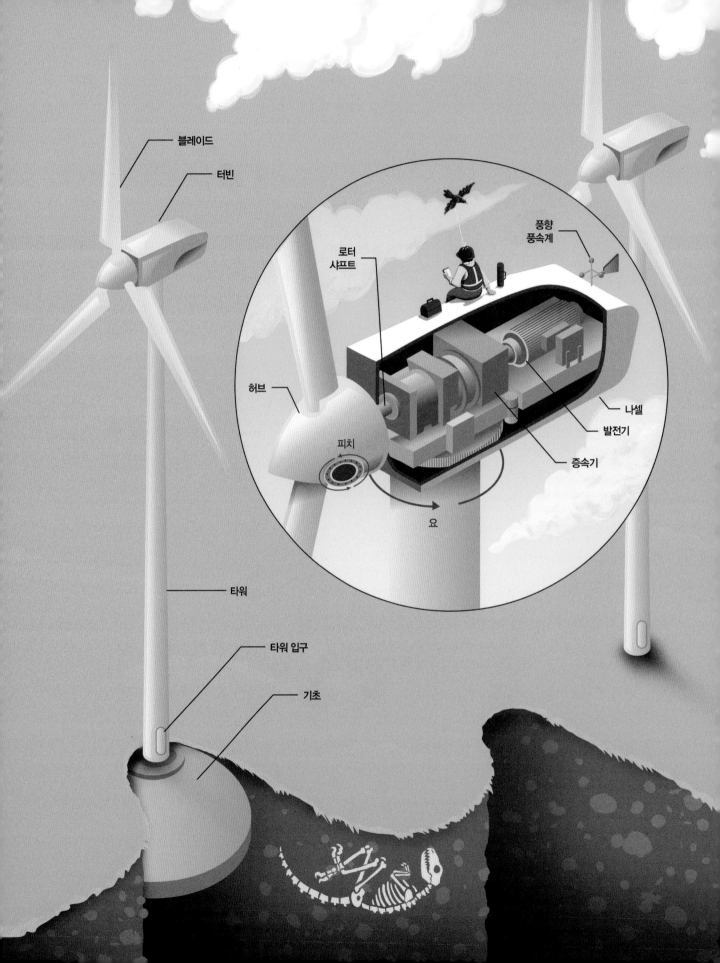

풍력 발전소

풍력 발전소는 바람의 에너지를 수집해 전기로 변환하는 여러 대의 터빈으로 구성됩니다. 사실 태양에 의한 대기의 가열과 냉각에 의해 공기의 움직임, 즉 바람이 발생하기 때문에 어떻게 보면 풍력 발전소는 태양 에너지를 수확한다고도 볼 수 있죠. 바람이 언제 불지 결정할 수 없다는 측면에서 풍력 발전소는 화력 발전소보다 신뢰성이 낮은 편입니다. 풍력 발전기 터빈이 많은 지역에서 전력망을 운영하는 사람은 전기 사용량 예측을 위해서는 물론, 전기 생산량 예측을 위해서도 일기 예보를 반드시 참고해야 합니다. 하지만 석탄이나 천연가스, 우라늄과 달리 바람은 공짜이고 우리가 그 에너지를 수확할 터빈을 갖고 있든 가지고 있지 않든 바람은 항상 붑니다. 이러한 자원을 사용하지 않을 수 없죠! 오늘날 풍력 발전소는 에너지 포트폴리오에서 상대적으로 비용이 저렴하고 오염 물질 배출도 적은 에너지로 꼽힙니다.

풍력 발전기 터빈은 형태와 크기가 매우 다양합니다. 하지만 전 세계에서 사용하는 다양한 모델은 일관적이고 즉각 알아볼 수 있는 모양으로 수렴되고 있습니다. 높은 철제 **타워** 꼭대기에 수평축을 갖춘 **터빈**이 놓여 있고, 세 대의 가느다란 **블레이드**가 결합돼 있는 모양입니다. 대개 모든 부분이 흰색으로 칠해져 있어 눈에 잘 띕니다. 잘 모르는 사람에게는 풍경 곳곳을 장식하는, 세련되기도 하고 동시에 흉물스럽기도 한 현대 미술 작품처럼 보일 수 있습니다. 타워는 보통 땅속에 묻혀 있는 거대한 **콘크리트 기초**에 고정돼 있습니다. 대부분 타워 아래 부분에는 유지 보수를 위해 작업자가 드나드는 **입구**가 뚫려 있으며, 터빈까지는 사다리가 놓여 있습니다. 기초는 바람이 매우 강하게 부는 환경에서도 타워가 쓰러지지 않도록 지탱합니다.

실용적인 규모의 터빈은 보통 하나에 1~2메가와트 용량이지만, 10메가와트 용량의 큰 터빈이 설치되기도 합니다. 10메가와트 용량의 터빈 한 대로 오천 가구에 전력을 공급할 수 있죠. 외부에서 보면, 블레이드가 붙어 있는 **허브**와 터빈의 다른 장비를 감싸고 있는 상자인 **나셀**을 관측할 수 있습니다. 나셀 안에는 **로터 샤프트**와 **증속기**, **발전기**(전력 변환기) 등의 장비가 있습니다.

터빈의 모든 구성 요소는 바람으로부터 가능한 한 많은 에너지를 얻도록 설계됐습니다. 터빈의 효율을 결정하는 중요한 요인은 블레이드가 얼마나 빨리 회전하는지에 달려 있습니다. 만약 블레이드가 너무 느리게 회전하면 바람은 블레이드 사이로 빠져나가 전기를 전혀 생산하지 못합니다. 만약 너무 빨리 회전하면 블레이드가 바람을 막아 얻을 수 있는 것보다 적은 전기를 생산하게 됩니다. 저는 어렸을 때 풍력 발전소를 견학한 적이 있습니다. 땅에 드리운 블레이드 그림자와 달리기 경주를 했는데, 허브의 그림자를 향해 조금씩 달려가다 더 이상 회전율을 따라가지 못하면 그만두곤 했죠. 블레이드 끝이 바람 속력의 4~7배 정도로 움직일 때 터빈의 효율이 가장 높습니다. 터빈이 클수록 블레이드 길이가 길어지기에 끝부분의 속도가 이상적인 범위에 놓일 수 있도록 블레이드는 천천히 회전합니다. 어렸을 때 제 눈에는 블레이드의 회전 속도가 상당히 빨라 보였는데, 실제로 발전기가 효율적으로 작동하고 전력망의 교류에 보조를 맞추기 위해서는 훨씬 더 빨리 돌아야 하죠. 대부분의 터빈은 증속기를 이용해서 블레이드의 느린 속도를 발전기에 더 적합한 속도로 변환합니다.

터빈은 바람이 불어오는 방향을 정면으로 바라볼

때 최고의 효율을 냅니다. 오래전부터 사용해온 풍차는 **요**[4]라고 하는 커다란 꼬리를 통해 바람 방향을 향하도록 했습니다. 오늘날의 터빈에는 나셀 꼭대기에 바람의 속력과 방향을 측정하는 **풍향 풍속계**를 설치합니다. 만약 풍향계가 바람 방향의 변화를 감지하면 모터를 작동시켜 터빈의 요를 바람 방향으로 조정합니다. 대부분의 터빈은 각 블레이드의 각도 또는 **피치**[5]를 조정할 수 있습니다. 만약 터빈이 효율적으로 작동할 수 있는 범위보다 바람이 너무 빨리 불면, 블레이드를 접어서(즉, 블레이드 각도를 기울여 블레이드 가장자리만 바람을 맞습니다) 터빈에 가해지는 힘을 감소시킵니다. 바람이 심하게 불거나 폭풍우가 칠 때 왜 풍력 발전소의 터빈이 모두 멈춰있는지 의아하게 생각한 적이 있을 것입니다. 심한 바람이 불거나 위급 상황일 경우, 풍력 발전소 운영자는 발전기가 회전하지 않도록 브레이크를 걸어 장비의 파손을 막습니다.

터빈의 효율에 영향을 미치는 또 다른 요소는 블레이드의 가느다란 형태입니다. 언뜻 블레이드가 넓으면 바람의 에너지를 더 많이 모을 수 있다고 생각할 수 있지만, 바람으로부터 100퍼센트 전력을 얻을 수 있다면 공기는 블레이드를 지나 이동할 속력을 완전히 잃어버릴 것입니다. 그 결과 공기가 쌓여서 다른 바람이 들어와 터빈을 돌리지 못하도록 방해합니다. 새로운 공기가 터빈에 공급되려면 바람의 움직임이 있어야 합니다. 즉, 바람으로부터 모든 에너지를 수확할 수는 없다는 뜻이죠. 이론적으로 바람으로부터 얻을 수 있는 에너지의 최대 효율(이를 **베츠 한계**^Betz limit라고 합니다)은 약 60퍼센트입니다. 터빈에 연결된 가느다란 블레이드는 공기 흐름을 지나치게 느리게 하지 않으면서 최대의 에너지를 얻을 수 있도록 신중하게 설계된 결과입니다.

---

4 옮긴이 요(yaw)는 바람의 방향에 따른 풍력 발전기 방향 제어 시스템입니다.
5 옮긴이 피치(pitch)는 바람의 세기에 따른 풍력 발전기 블레이드 각도 제어 시스템입니다.

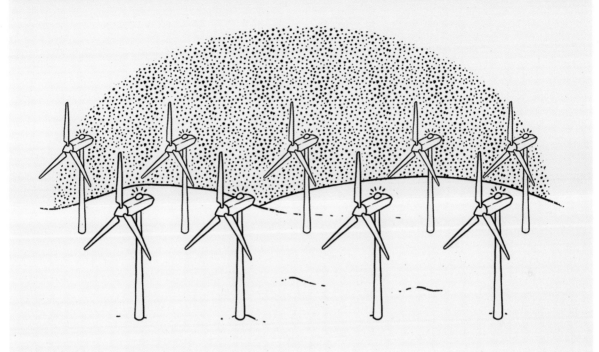

밤에 차를 타고 풍력 발전소 주변을 지나가거나 비행기에서 내려다보면 타워 꼭대기에 빨간 불빛이 켜져 있는 모습을 볼 수 있습니다. 높은 탑이나 건물에도 있는 이 불빛은 항공기가 충돌하지 않도록 경고하는 등입니다. 대부분의 풍력 발전소에서 이 경고등은 항공기 조종사가 풍력 발전기의 전체 형태와 크기를 판단할 수 있도록 정확히 동시에 깜빡입니다. 만약 불빛이 제멋대로 깜빡인다면 매우 혼란스러울 것입니다. 하지만 모든 풍력 발전기의 터빈 경고등이 동시에 깜빡이도록 유지하는 일은 또 다른 어려운 일입니다. 모든 등이 다 같이 연결되면 가능할 것 같지만, 이 같은 시스템은 매우 복잡해서 신뢰성이 낮고 비용도 많이 듭니다. 대신 각 경고등에 GPS(범지구 위치 결정 시스템)를 달아 하늘의 위성으로부터 매우 정확한 시간 신호를 얻는 방법을 쓰죠. 각 경고등을 시간에 동기화한다면, 깜빡이는 불빛도 동기화할 수 있습니다.

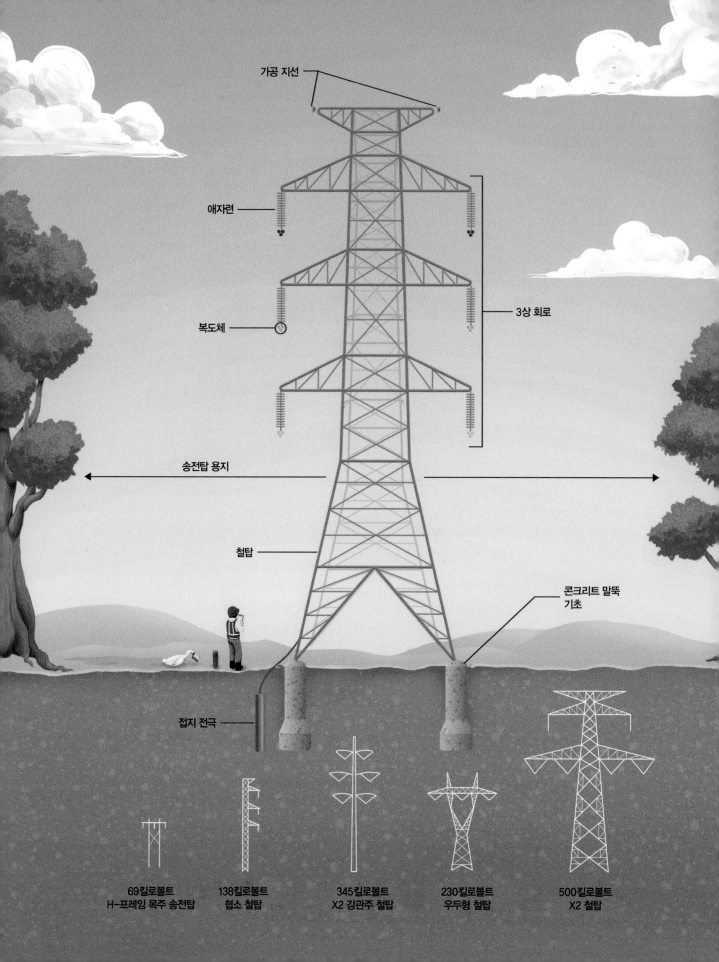

가공 지선

애자련

복도체

3상 회로

송전탑 용지

철탑

콘크리트 말뚝
기초

접지 전극

69킬로볼트
H-프레임 목주 송전탑

138킬로볼트
협소 철탑

345킬로볼트
X2 강관주 철탑

230킬로볼트
우두형 철탑

500킬로볼트
X2 철탑

송전탑

발전소는 거의 항상 인구 밀집 지역에서 멀리 떨어져 있습니다. 교외의 땅값이 상대적으로 저렴하고, 대부분의 사람은 거대한 산업 시설 근처에서 살고 싶어 하지 않죠. 따라서 발전소와 도시 사이에 거리가 있는 것은 이해할 수 있는 현상입니다. 하지만 전기가 필요한 곳에서 멀리 떨어진 발전소에서 모든 전기를 생산한다는 것은, 전기를 운송하는 어려운 과제가 생겨난다는 뜻이기도 합니다. 전기를 트럭에 실어서 소비자에게 배달할 수는 없는 노릇이죠. 우리는 그 대신 전깃줄을 이용해 생산자로부터 소비자에게로 즉각 전기를 이동하는 방법을 씁니다. 이 전깃줄을 **송전선**이라고 합니다. 플러그에 직접 꽂을 수 없는 곳에 위치한 전자 제품이나 조명에 전기를 공급하기 위해 멀티탭을 이용해 본 적이 있다면 친숙한 개념일 것입니다. 하지만 발전소에서 생산한 전기를 대량으로 송전하기 위해 이 작업의 규모를 키우는 데에는 흥미로우면서도 어려운 문제가 있습니다.

송전에 사용하는 전선을 도체[6]라고 하는데, 그 어떤 전선도 완벽할 수 없습니다. 한쪽에 전기를 흘려 넣으면, 반대편 끝에서는 절대 100퍼센트의 전기를 받을 수 없습니다. 모든 전선은 전기 흐름을 방해하는 **저항**을 어느 정도씩 갖기 때문입니다. 저항으로 인해 전기 일부는 열로 바뀌며, 이 과정을 거치면서 전력이 손실됩니다. 전기를 생산하는 과정은 매우 복잡하고 비용도 많이 듭니다. 따라서 이 모든 수고를 거치는 만큼, 전기가 고객에게 되도록 제대로 도달할 수 있어야 합니다. 다행히 송전 선로의 저항으로 인해 버려지는

에너지의 양을 줄일 수 있는 기술이 있습니다. 하지만 우선 전기 회로에 대한 약간의 이해가 필요합니다.

회로를 흐르는 전기는 두 가지 중요한 특징이 있습니다. **전압**은 전위의 양(이를테면 수도관에 흐르는 액체의 압력에 해당하는 값입니다)을 의미합니다. **전류**는 전하가 흐르는 속도(유속)입니다. 두 가지 특성은 전선을 타고 흐르는 전력의 전체 양과 연관됩니다. 저항으로 버려지는 전력의 양은 전선의 전류와 연관됩니다. 따라서 전류가 크면 낭비되는 전기도 많아집니다. 만약 전압을 높인다면, 같은 양의 전력을 보내기 위해 전류는 낮게 유지해야 합니다. 발전소의 변압기는 송전 선로를 통해 전류를 보내기 전에 전압을 높여 전류를 낮춥니다. 이를 통해 전선의 저항 때문에 발생하는 에너지 손실을 최소화하고, 최종 소비자에 도달하는 전력을 가능한 한 많아지게 합니다.

고전압은 송전 효율을 한층 높이지만 또 다른 어려움이 따릅니다. 고전압은 매우 위험하죠. 따라서 고압 송전선은 지상에서 생활하는 사람들로부터 멀리 위치해야 합니다. 고압 송전선을 지하에 매설하려면 비용이 매우 많이 들기에 보통은 인구 초밀집 지역을 제외하고는 송전탑(**철탑**이라고도 부릅니다) 위에 송전선을 설치합니다.

송전 선로를 설계할 때는 고려해야 할 요소가 많습니다. 송전탑의 형태와 크기, 재료도 다양하죠. 이 중 가장 기본적인 요소는 선로의 전압입니다. 전압이 높을수록 각 상^{phase}과 지상 사이에 더 많은 거리가 필요합니다. 많은 송전 선로는 비용을 절감하기 위해 여

6　옮긴이　도체(conductor)는 전선을 이루는 구조 중 피복을 제외하고 실제 전기를 전달하는 금속 선입니다. 전선 또는 도선이라고도 부릅니다. 원서에서는 이 금속 선을 의미할 때 conductor를 사용했지만, 의미상 전선으로 번역해도 이해하기에 무리가 없어 이후 모두 전선으로 번역했습니다.

러 개의 **3상 회로**를 사용합니다. 따라서 실제로는 3상 대신 6상이나 9상을 관찰할 수 있습니다. 그림 속 송전탑은 여러 유형의 송전탑 중 몇 가지 형태와 크기를 보여줍니다.

송전탑 용지의 너비도 중요합니다. 도시의 땅값은 교외보다 더 비싸기 때문에 송전 선로를 설치할 수 있는 땅의 너비는 교외의 용지 너비보다 훨씬 좁습니다. 너비가 좁다는 말은 전선을 수평보다는 수직으로 배열해야 한다는 뜻이며, 송전탑의 높이와 비용도 증가한다는 의미죠. 마지막으로 미학적인 측면도 고려해야 합니다. 저는 송전탑이 아름답다고 생각하지만 송전탑이 경관을 침해하고 심지어 시각적 공해에 해당한다고 생각하는 사람도 많습니다. 사람들은 보통 **격자형** 또는 **H-프레임** 구조에 비해 **강관주** 구조의 외관을 선호하는 경향이 있습니다. 강관주가 더 비싸지만, 많은 사람의 눈에 띄는 인구 밀집 지역에서는 이 형태가 더 자주 쓰입니다.

송전탑은 바람과 전선의 장력에 따른 큰 하중을 지탱할 수 있어야 합니다. 송전탑의 기초는 대개 땅속 깊숙이 박힌 **콘크리트 말뚝**으로 이뤄져 있습니다. 대부분의 송전탑은 전선이 **애자**에 수직으로 매달려 있는 현수 구조로 설계됩니다. **현수형 철탑**은 전선으로부터 불균형한 힘이 가해질 때 많이 지탱하지 못합니다.

더 강력한 송전탑인 **내장형 철탑**은 선로의 방향이 바뀌거나 강과 같이 간격이 넓은 지역을 가로지를 때, 또는 전선이 끊어질 경우 발생할 수 있는 연쇄적인 붕괴를 막기 위해 일종의 차단 구조물이 필요한 위치에 배치됩니다. 현수형 철탑과 내장형 철탑을 구분하려면 간단히 애자의 방향을 보면 됩니다. 현수형 철탑에서는 애자가 대부분 수직으로 쌓여 있습니다. 애자가 다른 방향으로 놓이면 전선의 장력에 불균형이 생기기 때문에 더 튼튼한 송전탑이 필요하죠.

번개는 가공선[7]을 위협하는 주요 요인입니다. 번개가 치면 엄청난 양의 고전압이 발생해 전선을 타고 흐릅니다. 이로 인해 **아크**(섬락이라고도 합니다)가 발생하고 장비가 손상되기도 하죠. 가공선에는 보통 철탑 상단에 걸쳐져 있는, 전기가 공급되지 않는 전선이 하나 이상 포함돼 있습니다. 이를 **가공 지선**(차폐선)이라고 합니다. 가공 지선은 낙뢰가 발생할 경우 이를 낚아채 전선이 영향을 받지 않도록 합니다. 표류 전압은 각 철탑에서 아크를 일으키지 않고 지상으로 이동합니다. 자세히 보면 철탑 하단에 별도의 **접지 전극** 또는 콘크리트 말뚝 기초 내의 강철 보강재에 연결된 구리 선이 있습니다. 가공 지선 코어 내부에는 통신 사업자가 통신망에 사용하기 위해 넣은 광섬유 케이블이 들어가 있기도 합니다.

7 옮긴이 공중에 설치한 선로입니다.

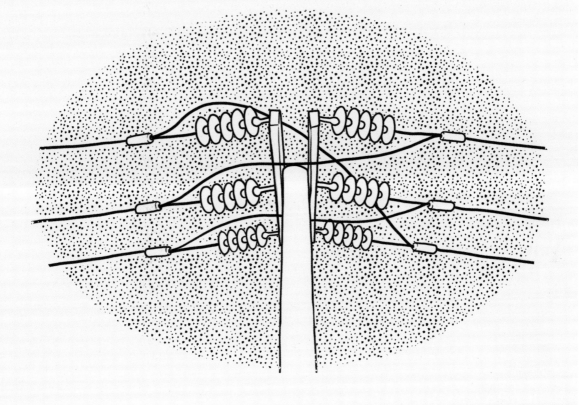

평행하게 연결된 전선을 흐르는 전류는 고압 송전선에 의해 형성된 자기장과 환경 요인에 의해 뒤틀릴 수 있습니다. 각 위상 사이의 배치에 따라, 그리고 지상과의 배치에 따라 각 전선의 전기 흐름은 약간씩 다른 방식으로 뒤틀립니다. 세 위상 사이의 뒤틀림을 상쇄해 균형을 맞추려면 긴 송전선을 일정한 간격으로 꼬아야 합니다. 길을 가다 보면 선로를 연결하는 과정에서 전선의 각 위상 위치를 바꾸는 특수한 철탑인 **연가 철탑**을 발견할 수 있을 것입니다.

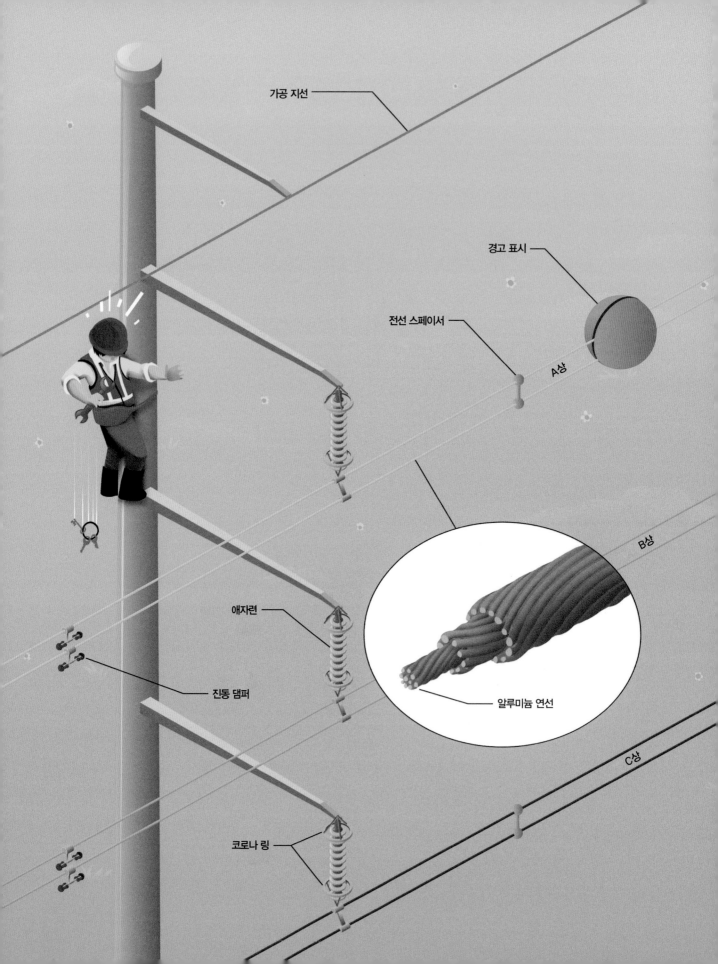

가공 지선

경고 표시

전선 스페이서

A상

B상

C상

애자련

알루미늄 연선

진동 댐퍼

코로나 링

송전 설비

가정에서 쓰는 일반적인 멀티탭과 달리, 송전 선로는 전선을 단순히 모은 것 이상의 요소로 구성됩니다. 워낙 규모가 크고 전압이 높다 보니 공학적으로 극복해야 할 문제점이 많죠. 송전 선로의 효율을 높이고 비용을 줄이며 유지 보수 인력과 대중의 안전을 위해 송전 선로는 다양한 장비와 구성 요소로 만들어졌습니다.

당연히 가장 중요한 요소는 선로 자체입니다. 전선은 거의 대부분 다수의 **알루미늄 연선** 가닥으로 만들어집니다. 알루미늄은 가볍고 쉽게 부식되지 않으며 전류에 대한 저항이 낮아 전선으로 최적입니다. 하지만 음료수 캔을 망가뜨린 적이 있다면 알겠지만, 알루미늄은 다른 재료에 비해 특출나게 강하지는 않습니다. 송전을 위한 전선은 전기를 전달할 뿐만 아니라, 각 철탑 사이의 먼 거리를 이어줘야 하고, 바람과 날씨의 변화에도 견뎌야 합니다. 전기를 많이 전달할 때에는 뜨거워질 수도 있습니다. 금속으로 된 전선은 팽창할 수 있기에, 이런 열로 인해 선로가 늘어질 수 있습니다. 만약 너무 늘어지면 전선이 나뭇가지나 다른 장애물과 접촉할 수 있고, 위험하게 누전을 일으키거나 심지어 화재가 발생할 수도 있습니다. 이러한 이유로 알루미늄 케이블의 강도를 높이기 위해 강철이나 탄소 섬유를 보강하기도 합니다.

가정용 멀티탭과 또 다른 차이점은 고압 송전선의 전선에 피복이 없다는 사실입니다. 외부를 둘러싼 절연체 껍질이 없습니다. 전기 아크를 막을 정도로 고무나 플라스틱으로 피복을 입히면 전선의 무게가 너무 많이 나가고 비용도 늘어난다는 문제가 있어서죠. 대신 고압 송전선은 대부분 고압 전선과 접지 가능한 대상 사이의 공간을 넓게 유지하는 방법으로 절연을 합니다. 여기에서도 어려운 지점이 있습니다. 전선은 지지대 없이 허공에 떠 있을 수 없죠. 하지만 전선이 닿는 물건은 그게 뭐가 됐든 위험할 만큼 에너지가 높은 상태입니다. 만약 전선이 직접 송전탑과 연결된다면, 땅에 위치한 사람이나 물건은 매우 위험해질 것입니다(각 위상을 지닌 전선이 누전을 일으킨다는 건 말할 필요도 없습니다). 그러므로 전선은 긴 **애자련**을 통해 송전탑에 연결됩니다.

애자는 전선과 송전탑을 연결하는 유일한 구조물이기 때문에 애자를 설계하고 제작하는 것은 대단히 중요합니다. 전통적으로 애자는 세라믹 원반(유리나 자기)을 이은 선으로 만들어졌습니다. 원반이 젖거나 오염되면 누전 전달 경로를 늘려 누전되는 양을 줄입니다. 원반은 크기가 표준화돼 있어서 원반의 수를 세면 그 선로의 전압을 대충 추정할 수 있습니다. 원반 하나마다 15킬로볼트씩 늘어나는 형태입니다. 하지만 최근 들어 실리콘 고무나 강화 폴리머 등 세라믹 외의 재료로 만든 애자도 점점 많이 사용합니다. 아쉽게도 새로운 비(非)세라믹 애자에는 15킬로볼트 법칙이 잘 통하지 않기 때문에, 선로의 전압을 추정하려면 다른 단서에 의존해야 합니다.

송전 선로에 사용되는 고전압은 재미있는 현상을 일으키기도 합니다. 교류는 대부분의 전류가 전선의 전체 단면을 통해 이동하는 게 아니라 표면 근처에서 이동하는 현상인 **표피 효과**를 유도합니다. 즉, 전선의 지름을 늘린다고 해서 전기 수송 능력이 늘 그에 상응해 늘어나지는 않는다는 뜻입니다. 또한 전선의 전력은 전선 주변 공기가 이온화될 때 발생하는 효과인 **코로나 방전**으로 유실되기도 하죠. 가끔, 특히 이슬이 맺히는 아침이나 폭풍우가 칠 때, 대기압이 낮은 고지대에서 잘 들어보면 코로나 방전이 일어나는 지글거리는 소리를 들을 수 있습니다.

이 두 가지 현상으로 인해 각 위상을 지닌 고압 송전 회로는 하나의 커다란 전선보다는, **스페이서**로 구분한 작은 전선 묶음인 **복도체**로 운영됩니다. 지름이 작은 전선이 교류 송전에는 더 효율적입니다. 전기가 이동하는 표면적이 상대적으로 더 넓기 때문이죠. 복도체의 전체 지름이 크면 코로나 방전을 줄이는 효과도 있습니다. 송전 선로의 전압을 추정하는 방법 중 하나는 각 위상의 복도체가 몇 개의 전선으로 구성돼 있는지 확인하는 것입니다. 220킬로볼트보다 낮은 전압의 선로는 보통 하나 또는 두 개의 전선으로 구성됩니다. 500킬로볼트 이상의 선로는 세 개 이상의 전선으로 구성됩니다. 코로나 방전은 애자련과 연결된 부위처럼 금속 표면의 뾰족한 모서리에서 가장 많이 발생하죠. 매우 높은 전압의 송전 선로나 비가 많이 내리는 지역의 송전 선로에서는 애자에 **코로나 링**이 붙어 있는 모습을 볼 수 있습니다. 이 링은 전기장을 넓은 영역에 분배하고, 날카로운 모서리를 없애 코로나 방전이 발생하는 빈도를 더욱 줄입니다.

바람 역시 전선에 영향을 주는 요인입니다. 바람은 진동을 일으켜 전선을 손상시키거나 끊는 결과를 낳습니다. 바람이 일으킨 진동은 오랜 시간에 걸쳐 전선에 피로를 주고 수명을 단축시킵니다. 전선을 교체하려면 비용도 많이 드는 매우 큰 작업입니다. 따라서 전력 사업자는 가능한 한 전선을 오래 사용하려 하죠. 따라서 바람의 에너지를 흡수하고 선로의 장기적 손상을 줄이기 위해 **진동 댐퍼**를 설치합니다. 작은 전선에는 나선형 댐퍼를 사용하고, 규모가 더 큰 선로에는 **스톡 브리지 댐퍼**라고도 하는 현수 댐퍼를 사용합니다. 하지만 바람이 항상 불청객인 것은 아닙니다. 바람은 전선을 냉각시키는 이로운 영향도 있습니다. 전선과 애자가 연결된 부분이 워낙 중요한 부분이다 보니 이를 보강하기도 합니다.

이런 조치 덕분에 위험한 송전 선로 아래임에도 불구하고 지상에서 이뤄지는 인류의 모든 활동은 안전합니다. 높은 장비를 다루거나 공중에 직접 올라가 작업하는 사람이 송전 선로를 잘 관측할 수 있도록 둥근 공 모양의 **경고 표시**를 전선에 부착하기도 합니다. 공항 근처나 강 위에서 특히 더 잘 발견할 수 있습니다.

특정 전압 이상이거나 일정 거리 이상이 되면, 교류보다는 직류를 사용하는 게 송전하기에 더 경제적입니다. 교류를 직류로 또는 직류를 교류로 전환하는 장비는 매우 비싸지만, **초고압 직류 송전(HVDC)** 선로는 교류보다 장점이 많습니다. 교류는 전류가 방향을 바꿀 때마다 충전해야 하는데, 이때 많은 추가 전력이 필요합니다. HVDC 선로는 이런 효과(전기 용량 또는 커패시턴스라고 부릅니다)에 영향을 받지 않으므로 더 효율적입니다. HVDC 선로는 교류가 동기화되지 않은, 서로 다른 전력망 사이를 연결할 때도 사용할 수 있습니다. HVDC 선로는 매우 높은 전압(최대 1100킬로볼트)을 사용하지만, 북미에서는 여전히 이 전압을 잘 사용하지 않는 편입니다. HVDC는 교류 선로처럼 세 가지 위상을 가진 전선을 사용하지 않고, 마치 배터리처럼 플러스와 마이너스, 두 종류의 전선만을 사용하므로 외관만 보고 쉽게 구분할 수 있습니다.

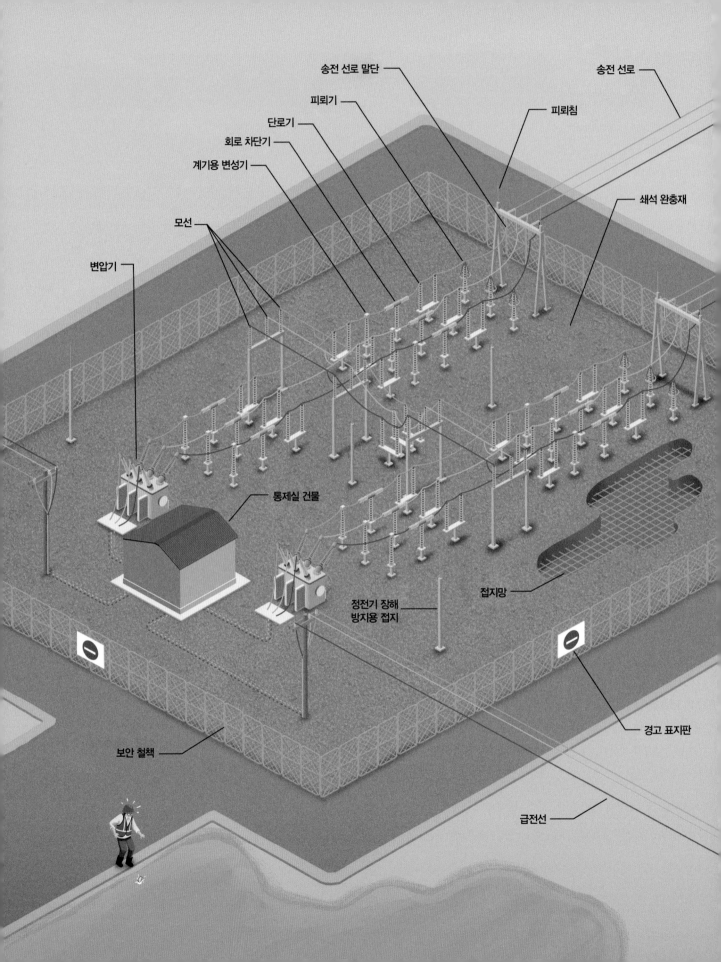

송전 선로 말단

피뢰기

단로기

회로 차단기

계기용 변성기

피뢰침

송전 선로

모선

쇄석 완충재

변압기

통제실 건물

정전기 장해
방지용 접지

접지망

경고 표지판

보안 철책

급전선

변전소

전력망을 거대한 기계라고 생각하면 **변전소**는 다양한 구성 요소를 한데 잇는 연결 고리입니다. 원래 작은 발전소를 지칭하던 변전소[8]는 전력망에서 광범위하고 중요한 역할을 하는 시설을 일컫는 일반적인 용어가 됐습니다. 변전소는 전력망의 성능을 관측해 이상 없이 작동하게 하며, 전압을 다른 수준의 전압으로 변환하는 일, 고장을 방지하는 역할을 합니다. 도시 주위에서 가장 흔하게 볼 수 있는 변전소는 고전압으로 송전된 전류를 인구 밀집 지역 내에 분배하기 위해 안전한 수준의 낮은 전압으로 낮추는 강압 변전소입니다.

언뜻 보기에(한참을 살펴봐도 그럴 수 있지만), 변전소는 전선과 장비가 모인 복잡한 시설입니다. 저는 어렸을 때 변전소가 놀이터인 줄 알았어요(부모님께는 기쁨이자 공포였죠). 전력망 초심자에게는 현대 전기 공학이 만들어낸 미로가 어려울 수 있습니다. 특히 뼈대를 이루는 구조물과 지지 구조물이 전선이나 모선(母線)이 작동하는 것과 비슷해 보이기 때문에 더 그렇습니다. 전류가 흐르는 전선과 장비를 구분하는 가장 쉬운 방법은 어떤 부분이 애자에 연결돼 있는지 살펴보는 것이죠. 이렇게 하면 전류가 어디로 흐르는지 찾을 수 있습니다. 전선의 각 위상은 그림에 여러 색으로 강조했으니 전류 흐름을 쉽게 따라갈 수 있을 겁니다. 변전소의 구체적인 장비와 그 기능은 다음 절에서 자세히 설명하겠습니다.

변전소는 대부분 **송전 선로**가 끝나는 지점입니다. 고압 송전선은 **송전 선로 말단**이라는 지지 구조물을 통해 변전소에 들어오죠. 이곳은 초고압 송전선이 안전한 높이에서 지상에 가까운 낮은 높이로 내려오는 유일한 장소입니다. 따라서 전선을 다룰 때 더 많은 주의가 필요합니다.

변전소의 핵심이자 변전소 내 모든 다양한 장치와 장비가 연결되는 주요 장비는 **모선**입니다. 모선에는 세 개의 전선(각 위상별로 하나씩 배정됩니다)이 평행하게 놓여 있습니다. 모선은 보통 변전소 전체의 공중에 걸려 있는 튼튼한 가공선으로 구성됩니다. 변전소의 전반적인 신뢰성은 모선의 배치에 달려 있는데, 배치 계획을 변경하면 변전소 여분의 자원을 활용할 수 있기 때문입니다. 장비가 누전을 일으키거나 계획된 정기 점검을 할 때 변전소 전체가 중단돼서는 안 됩니다. 따라서 모선은 사용할 수 없는 시설을 우회해 전력이 흐르도록 재설계합니다.

변전소는 고전압 시설과 저전압 시설로 나뉘며 둘은 **변압기**(다음 절에서 자세히 다룹니다)로 구분됩니다. 강압 시설에서 전기는 **급전선**이라는 개별 회로를 통해 변전소 밖으로 나갑니다. 각 급전선에는 회로 차단기가 설치돼 있어서, 누전이 발생했을 때 소비자 일부를 전체 전력망에서 분리해 피해를 최소화합니다. 대부분의 급전선은 지하 공간을 통해 변전소 밖으로 전기를 공급하며, 소비자 근처 전봇대에서 다시 지상으로 나와 전기를 공급합니다.

변전 설비는 주로 실외 개방된 공간에 설치됩니다. 하지만 기상 조건과 온도 변화에 취약한 중계기, 통제 설비와 일부 **회로 차단기** 같은 특정 장비는 변전소 내의 **통제실 건물**에 위치합니다. 송전 선로와 마찬가지로 낙뢰는 변전소의 중대한 위협이죠. 허공을 향해 세워진 **정전기 장해 방지용 접지**와 **피뢰침**은 낙뢰를

---

8 옮긴이 변전소는 영어로 substation이며 지국이라는 의미를 가지고 있습니다. 참고로 한국어 변전소는 전압을 바꾼다는 뜻입니다.

포착해 땅으로 흘려보냅니다. 이를 통해 급격한 전압 변화로부터 값비싼 장비를 보호합니다. **피뢰기** 역시 낙뢰의 피해를 다루는 데 도움을 줍니다. 피뢰기는 전선에 연결돼 있지만 전류가 흐르지는 않습니다. 피뢰기는 전압에서 크고 갑작스러운 스파이크가 감지됐을 때 즉시 전선으로 기능해 초과 전류를 땅으로 안전하게 유도합니다.

외부에서 관찰되는 변전소의 여러 특징은 이를 운영하고 유지 보수하는 작업자의 안전과 직결됩니다. 모든 변전소에서 장비와 작업자를 보호하기 위해 가장 중요한 요소는 누설되는 전기가 어딘가로 가게 해줘야 한다는 점입니다. 모든 변전소 지하에는 서로 연결된 구리 선 구조물인 **접지망**이 있습니다. 고장이 나거나 누전이 일어났을 때, 변전소는 이 접지망을 통해 많은 양의 전류를 저장하고, 회로 차단기가 최대한 빨리 작동하게 해야 합니다. 또한 접지망은 전체 변전소와 그 안의 장치가 같은 전압 수준을 유지하도록 조절합니다 (이를 **등전위**라고 합니다). 전기는 다른 전위 사이에

서만 흐르므로 모든 전압을 같게 유지하면 어떤 장비도 사람을 통과하는 전류를 생성하지 않습니다. 모든 장치의 외부 케이스와 지지 구조물은 접지망을 통해 하나로 연결됩니다.

대부분의 변전소가 바닥에 **쇄석층**을 두고 있다는 사실을 눈치챈 사람도 있을 것입니다. 전력 분야의 종사자들이 잔디 깎기가 싫어서 그런 것은 아닙니다. 쇄석은 배수가 잘 되고 습기를 머금지 않아 토양 위에 절연층을 형성하고, 비 온 뒤 웅덩이가 생기지 않도록 방지합니다.

고전압 시설로부터 멀리 떨어져야 한다는 것은 여러분도 흔히 아는 상식이죠. 하지만 허황된 소리처럼 들릴지 모르지만, 변전소는 구리 선을 훔치려는 도둑의 표적이 되곤 합니다. 변전소는 사람들에게 접근하지 말라는 의미에서 **보안 철책**을 치고 **경고 표지판**을 붙여둡니다. 주의 깊게 보면, 철책에도 땅속의 접지망으로 이어진 전선이 연결됩니다. 내부에서 일하는 작업자는 물론, 외부 사람도 등전위를 유지하기 위해서죠.

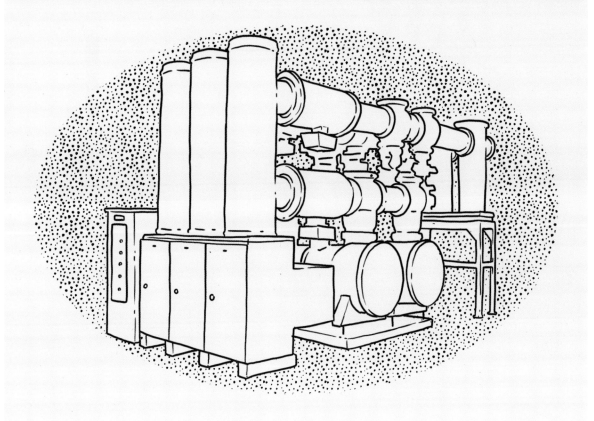

실외에 위치한 변전소에서 사용하는 여러 장비를 **공기 절연 개폐 장치(AIS)**라고 부릅니다. 전기를 띤 장치 사이에 아크가 발생하지 않도록 주변 대기와 공간을 이용해 막기 때문이죠. 또 다른 장비는 **가스 절연 개폐 장치(GIS)**라고 부르며 SF_6(**육불화 유황**) 가스를 농축한 금속 밀폐 장치에 둘러싸여 있습니다. 가스 절연 개폐 장치를 이용하면 공간이 부족한 장소에도 고전압 설비를 설치할 수 있습니다. 만약 모든 장비가 가스 절연 개폐 장치로만 구성된 변전소를 발견했다면 운이 좋았다고 할 수 있습니다. 가스 절연 개폐 장치는 가격이 훨씬 비싸서 실제로 설치한 곳이 매우 드뭅니다. 가스 절연 개폐 장치는 건물 안에 감춰져 있어서 야외에 노출되지 않고 날씨에도 영향을 받지 않습니다. 금속 배관 특유의 촘촘한 클러스터, 볼트로 관을 결합한 테두리 부위(플랜지), 그리고 각각 위상이 다른 전기를 다루기 위해 여러 구성 요소가 세 개의 그룹을 이루고 있다는 특징을 보면 가스 절연 개폐 장치임을 확인할 수 있습니다.

변압기

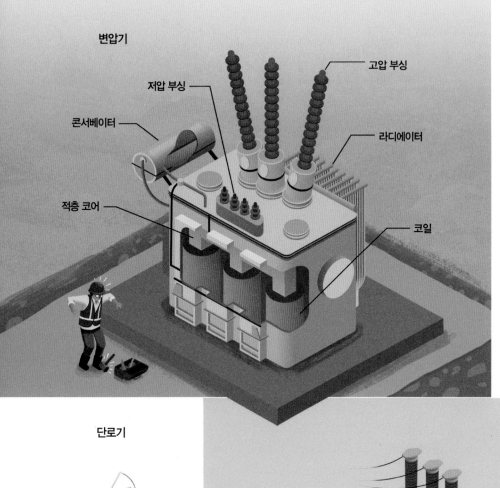

콘서베이터

저압 부싱

고압 부싱

라디에이터

적층 코어

코일

계기용 변성기

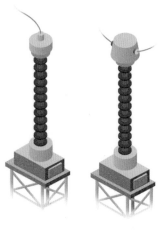

계기용 변압기　　　변류기

단로기

경첩식 단로기

팬터그래프 단로기

회로 차단기

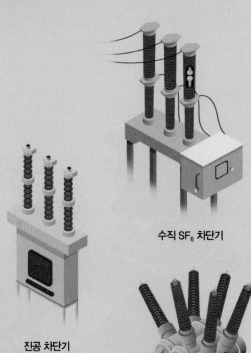

진공 차단기

수직 SF$_6$ 차단기

수평 SF$_6$ 차단기

유입 차단기

변전 설비

변전소 내에 설비가 어떻게 배치되고 전기가 흐르는지 이해했다면 이제 절반을 이해한 것에 불과합니다. 변전소는 다양한 개별 설비로 구성되며 각각 중요한 역할을 맡고 있습니다. 이 개별 설비를 구분하고 어떻게 작동하는지 이해한다면 실제로 변전소를 관찰할 때 더 큰 즐거움을 느낄 수 있습니다.

변전소의 가장 중요한 일은 전압을 높이거나 낮추는 작업입니다. 송전 선로를 통해 전달된 효율성이 높지만 위험한 고전압과 도시 지역에 연결된 작은 선로에 적합한 저전압(절연하기는 쉽지만, 여전히 상당히 위험합니다) 사이에는 전환이 이뤄집니다. **변압기**에서 이런 전환이 이뤄지죠. 변압기는 움직이는 부분 없이 **전자기력**을 활용해 작동합니다. 이때 전력망의 교류를 이용합니다. 변압기는 대개 인접해 있는 두 개의 전선 코일로 구성됩니다. 들어오는 교류 전기는 자기장을 형성하며, 여러 장의 얇은 철판으로 구성된 **적층 코어**(라미네이트 코어)가 자기장을 집중시켜 인접한 코일과 결합시킵니다. 이 과정에서 출력 전선에 전압이 유도됩니다. 변압기 밖으로 나가는 전기의 전압은 각 코일의 감은 횟수에 비례합니다. 대개 변압기는 전체 변전소의 설비 가운데 가장 크고 비싼 설비라 쉽게 구분할 수 있습니다.

전선(도체)을 변압기 내외로 연결되게 하는 절연체를 **부싱**이라고 합니다. 부싱은 전류가 흐르는 전선이 금속 케이스를 통과해 변압기를 드나들도록 지지해주며, 동시에 누전이 일어나지 않도록 보호합니다. 부싱의 크기를 보면 어디가 전압이 높은 전선인지 쉽게 알 수 있습니다. 전압이 높을수록 아크를 방지하기 위해 충분한 거리가 필요하며 부싱도 커집니다.

전력망에 사용되는 규모의 변압기는 효율성이 상당히 높지만, 여전히 소음과 열을 발생시키며 전력을 손실합니다. 만약 변압기에 가까이 다가간다면, 저음으로 윙윙거리는 소리를 들을 수 있을 것입니다. 이 소리는 끊임없이 변화하는 자기장이 변압기 내부 구성 요소를 진동시키는 과정에서 발생합니다. 열 역시 구리 코일의 내부 저항 때문에 발생하며, 열이 지속될 경우 변압기가 손상될 수 있습니다. 변압기 내부에는 냉각을 위해 기름이 채워져 있습니다. 송풍기와 히트 싱크$^{heat\ sink}$로 이뤄진 **라디에이터**가 외부 금속 케이스에 있는 경우도 있습니다. 라디에이터는 열을 흩뜨려 기름과 부속품을 냉각시킵니다. 변압기 케이스 위에 **콘서베이터**라고 하는 작은 탱크가 있는 경우도 있습니다. 여기에는 여분의 기름이 있어서 팽창 또는 수축이 가능하게 합니다.

유지 보수 또는 수리 시에는 변전소 대부분의 전선과 설비를 전류가 흐르는 시스템의 나머지 부분과 완벽하게 분리해야 합니다. 이를 위해 양쪽에 **단로기**를 설치합니다. 하지만 단로기는 시스템에 흐르는 많은 전류를 차단하지 못합니다. 단지 작업자가 안전하게 작업할 수 있도록 설비를 완전히 분리시키는 데에만 사용될 뿐이죠. 가장 흔한 단로기는 절연체 위에 경첩이 달린 날과 고정된 접점을 지닌, 모터로 작동하는 **경첩식 단로기**입니다. **팬터그래프 단로기**는 가위질 동작을 통해 높이가 높아지고 낮아지며 모선 막대에 접촉되거나 접촉이 떨어지면서 단로기 역할을 합니다.

때로는 전력망의 특정 부분에서 전류를 차단해야 할 경우가 있습니다. 가장 흔한 이유는 누전으로 인해 값비싸고 중요한 장비에 큰 손실을 입힐 수 있기 때문이죠. **회로 차단기**를 이용하면 전류를 멈추고 문제가 되는 부분을 시스템의 나머지 부분과 분리할 수 있습니다. 덕분에 전력망의 다른 장비를 보호할 뿐만 아니라, 문제를 쉽게 찾고 빨리 고칠 수 있습니다. 하지만 전류가 흐르고 있는 선로에서 전류를 차단하는 일은 말처럼 쉽지 않습니다. 전압이 매우 높다면 어느 것이든 전기가 통할 수 있으며 공기도 마찬가지입니다. 만약 전류가 흐르지 않도록 회로를 끊었다고 하더라도 **아크** 현상 때문에 전기는 공기 중으로 계속 흐를 수 있습니다. 아크는 차단기의 손상을 막고 작업자가 위험한 상태에 빠지지 않도록 하기 위해 가능한 한 빨리 제거해야 합니다. 즉, 고전압 설비를 위한 회로 차단기에는 모두 어떤 종류든 아크 억제 장치가 달려 있어야 한다는 뜻입니다.

조금 더 낮은 전압일 경우, 접촉면 사이에서 공기를 통한 전도가 일어나지 못하도록 **진공 상태**로 봉인된 용기 안에 회로 차단기가 들어갑니다. 높은 전압일 경우에는 비전도성 기름이나 밀도 높은 기체인 SF_6(육불화 유황)로 가득 채워진 탱크 안에 차단기가 있는 경우가 많습니다. 또 다른 대안은 공기를 대량으로 분사해 아크를 날려버리는 것입니다. 모든 차단기는 누전이 발생했을 때 자동으로 활성화되는 **중계기**라는 장비

로 연결돼 있습니다. 유지 보수가 필요하거나 전기 수요가 극단적으로 높을 때 부하를 분산해야 한다면 차단기를 수동으로 작동해 회로를 서비스로부터 분리할 수도 있습니다. 낙뢰가 발생한 것처럼 대부분의 문제는 일시적이기에 문제가 해결되면 **재폐로 차단기**(리클로저)는 자동으로 전류를 재공급합니다.

중계기는 전압과 전류, 주파수, 그 밖의 전력망 지표를 모니터링해서 문제를 찾아내고 차단기를 작동시킵니다. 하지만 운영 중인 민감한 장비에 고전압 전류를 그대로 집어넣을 수는 없습니다. 대신 **계기용 변성기**라는 특수한 변압기를 사용해 전선을 타고 흐르는 높은 전압과 전류를 가진 전기를 낮고 안전한 수준으로 바꿔 중계기에 보내죠. 계기용 변성기는 전력망의 눈입니다. 모든 게 제대로 작동하고 있는지 상태를 확인하죠. 모두 비슷해 보이지만, 쉽게 구분할 수 있는 방법이 있습니다. **계기용 변압기**의 1차 코일은 일반적으로 위상 중 하나와 지상을 연결합니다. 따라서 고전압 단자가 하나만 관찰됩니다. **변류기**의 1차 코일은 전선에 한 줄로(다시 말해 직렬로) 연결돼 있어서 두 개의 고전압 단자가 관찰됩니다.

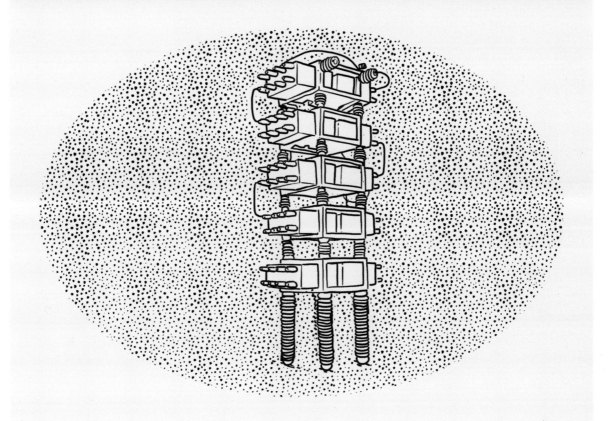

교류 전력에서 한 가지 까다로운 부분은 전압과 전류가 동기화되지 않을 수 있다는 점입니다. 특정 종류의 전기 부하는 반응 저항(리액턴스)[9]을 보입니다. 즉, 전력을 전력망에 반환할 때 먼저 일시적으로 전력을 저장한다는 뜻입니다. 이로 인해 전류가 전압보다 뒤처지거나 앞서게 되어 전력 성능이 저하됩니다. 실제로 사용하는 것보다 많은 양의 전기를 공급해야 하기 때문에 전력망에 전력을 공급하는 모든 전선과 장비의 효율도 저하될 수 있습니다. 이런 감소의 척도를 **역률**[10]이라고 합니다. 일부 변전소에는 전류와 전압을 다시 동기화해 선로의 역률을 개선하는 데 도움을 주는 축전기가 쌓여 있습니다. 이 축전기는 전압과 전류의 불일치를 일부 또는 모두 완충해 전선과 변압기, 기타 장비를 효율적으로 사용할 수 있게 하며 전력망의 안전성도 높입니다. 금속 선반 위에 작은 상자가 일렬로 놓여 있다면 잘 살펴보세요.

---

9 옮긴이 교류에서 나타나는 전기 저항입니다.

10 옮긴이 교류 회로의 평균 실효 전력과 피상 전력의 비율입니다.

안전기

애자

고압 배전선
(1차 배전선 · 상선)

완목

중성선

주상 변압기

접지선

버팀줄

통신선

인입선

인장 애자

전봇대

접지 전극

전봇대

도시에서 전봇대만큼 어디에서나 볼 수 있는 시설이 또 있을까요. 전봇대는 전력망에서 중요한 **배전**을 합니다. 배전이란 전력망에서 소비자 각각에게 전기를 전달하는 작업이죠. 만약 송전 선로가 전기의 고속 도로라면, 배전 선로는 골목길에 해당합니다. 배전선은 변전소에서 시작되며 이곳에서 **급전선**이라고 하는 전선이 주거, 상업, 산업 소비자에게 연결됩니다. 급전선도 전선이지만 어떤 측면에서 보면 놀랄 만큼 다른 전선입니다. 가장 두드러진 차이점은 전압이 절연하기 쉬운 수준까지 내려간다는 점이죠. 그래서 전봇대와 전선의 높이를 낮추는 게 가능합니다.

대부분의 북미 지역에서 목재는 비교적 풍부한 자원입니다. 따라서 주로 전봇대를 목재로 만듭니다. 목재를 날씨의 영향이나 벌레의 공격으로부터 쉽게 손상되지 않게 하기 위해 **보존제**를 사용합니다. 전봇대의 규격은 지역에 따라 다르지만, 보통 기둥의 2~3미터를 땅속에 묻습니다. 대부분의 전봇대는 기둥을 따라서 **접지선**을 가지며 접지선은 땅속으로 이어진 **접지 전극**으로 연결됩니다. 접지선은 전선을 통해 흐르지 않은 전류가, 즉 누전 전류가 기둥 자체에 흐르지 않고 안전하게 지나가도록 돕습니다. 덕분에 감전이나 화재를 방지할 수 있죠.

일직선으로 세워진 전봇대는 꼭대기에 수직으로 작용하는 전선의 무게만 지탱하면 됩니다. 하지만 만약 전봇대가 한쪽 모퉁이에 위치하거나 마지막 전봇대에 해당한다면, 한쪽으로 당기는 힘을 받게 됩니다. 이 장력이 크지 않다고 하더라도 긴 기둥이 지렛대처럼 작용해 지면에 가해지는 힘이 증폭되고, 결국에는 기둥이 완전히 쓰러질 수 있습니다. 기둥에 가해지는 수평 방향의 힘이 균형을 이루지 못할 때는 추가로 이를 지탱하기 위해 **버팀줄**을 설치합니다. 각 버팀줄에는 **인장 애자**가 있어서, 사고가 발생하더라도 위험한 전압이 케이블의 아랫부분까지 전달되지 않도록 막습니다.

전봇대 꼭대기에서 볼 수 있는 **고압 배전선**은 중전압으로 간주되며 보통 4~25킬로볼트 범위의 전압이 흐릅니다. 통전 선로는 **애자**로 지지되고 있기 때문에 구분하기 쉽습니다. 송전 선로보다 매우 낮은 전압이지만, 고압 배전선의 전압은 여전히 가정이나 사무실에서 쓰기에는 너무 위험합니다. **주상 변압기**(다음 절에서 더 자세히 설명합니다)가 일반 소비자를 위한 마지막 수준으로 전압을 낮춥니다. 이 수준의 전압을 **주전압** 또는 **2차 전압**이라 부릅니다. 고압 배전선 아래에는 각 소비자와 전력망을 연결하는 **인입선**이 위치합니다. 작업자의 안전을 위해 통전 선로는 항상 전봇대 꼭대기에 위치하며 고압 배전선 사이 또는 고압 배전선과 다른 통신선(케이블이나 전화, 광섬유 등) 사이에 작업할 수 있는 공간을 확보합니다. 전봇대의 배전 선로와 나란히 이어진 통신 인프라 설비에 대해서는 2장에서 더 자세히 알아봅니다.

송전 선로와 가장 다른 점은 배전 전력망의 전선 수가 3개에서 4개로 늘어났다는 점입니다. 이는 전력 수요가 전력망의 3상 사이에서 분산되는 방식 때문입니다. 모든 전기 회로는 폐회로이므로 두 가지 선이 필요합니다. 하나는 전류를 공급하는 선이고, 다른 하나는 전류를 왔던 곳으로 되돌리는 선입니다. 고압 송전 선로에서 3상 각각의 전기 사용량은 완벽한 균형을 이룹니다. 따라서 전기를 되돌리기 위한 별도의 전선이 필요하지 않습니다. 하지만 배전 쪽으로 오면 그렇게 문제가 깔끔하게 풀리지는 않습니다. 가정을 포함한 전력 소비자 대부분은 단상만 사용합니다. 사실, 배전 전력망에서 3상은 각각 분리돼 완전히 다른 지역에 공급될 때가 많죠. 주거 지역에 설치된 전봇대 대부분을 살펴보면 전선이 하나만 있고 **완목**은 없는 모습을 볼 수 있습니다. 전력망 운영자는 배전 선로 각 상의 부하를 거의 동일하게 만들려고 합니다. 하지만 완벽하게 동기화시키는 것은 절대 불가능합니다. 이렇게 상 사이에 존재하는 불균형 때문에 누설 전류를 되돌릴 **중성선**이 필요합니다.

전력망이 복잡한 이유는 문제가 생겼을 때 큰 피해가 가지 않도록 하기 위해서입니다. 전력망이라는 이름에는 이유가 있습니다. 전력망은 서로 연결된 시스템입니다. 즉, 우리가 주의를 기울이지 않는다면 작은 문제가 물결처럼 퍼져 더 넓은 지역에 피해를 입힐 수 있습니다. 엔지니어는 전력망의 주요 부분에 퓨즈와 회로 차단기를 설치해 보호 구역을 확보합니다. 이를 통해 고장이나 누전이 발생했을 때 문제의 확산을 막고, 잘못된 곳을 쉽게 찾아 고칠 수 있습니다. 마치 가정에 있는 누전 차단기처럼 이런 장비를 이용하면 시스템의 나머지 부분을 보호하는 대가로 일부 서비스 제공을 중단하는 '관리된 장애'를 발생시킬 수 있습니다. 문제가 생겼을 때 장비를 격리하면 소비자에게 다시 전력을 공급하기 위한 작업 속도가 빨라지고 수리 비용도 절감할 수 있습니다. 전기가 끊기면 불편함에 짜증만 내기 쉽죠. 하지만 이 상황이 전체 전력망을 보호하는 동시에 장애를 신속하고 비용 효율적으로 복구하기 위해 시스템이 설계한 대로 잘 작동하고 있다는 사실에 감사하는 마음을 가져보면 어떨까요.

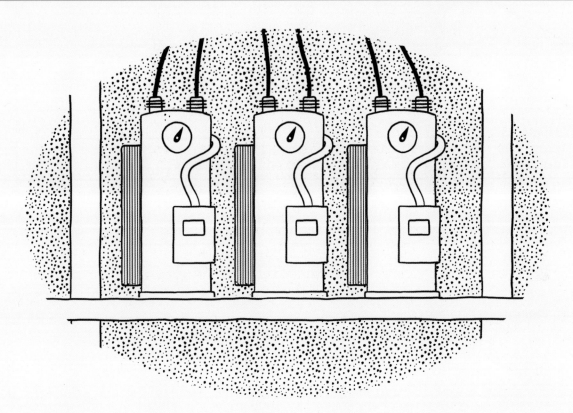

교외에는 고압 배전선이 매우 긴 경우가 있습니다. 이렇게 거리가 길어지면 추가 저항이 생기고 전압을 꾸준히 일정 수준으로 유지하기가 어려워집니다. 전력망에 연결된 태양광 패널을 설치하는 사람이 점점 늘고 있다는 점도 어려움을 가중시킵니다. 불시에 구름이 나타나 태양광 패널에 그림자를 드리우면 여러 패널이 연결된 지역에서는 배전 전압이 불안정할 수 있습니다. **전압 조정기**는 여러 개의 탭을 이용해 배전 전압을 조금씩 조절하는 장치입니다. 변압기와 비슷하게 작동하지만, 전압을 10퍼센트 정도 가감하는 수준으로 미세하게 조정합니다. 전압 조정기는 전선의 전압을 직접 모니터링하거나 측정한 전류를 바탕으로 전압 강하를 자동으로 계산해 탭을 올리거나 낮춰 전압을 조정합니다. 이들은 원통형 케이스(위상마다 하나씩 있습니다)가 있는 주상 변압기처럼 생겼는데, 몇 가지 눈에 띄는 차이점이 있습니다. 전압 조정기의 입력과 출력은 모두 고압 배전선에 연결되며, 두 부싱의 크기는 모두 같습니다. 또한 금속 용기 상단에 전압 조정기의 탭 위치를 나타내는 다이얼이 있습니다. 운이 좋다면 전선의 전압을 올바르게 유지하기 위해 자동으로 위치를 전환하는 모습을 볼 수 있습니다.

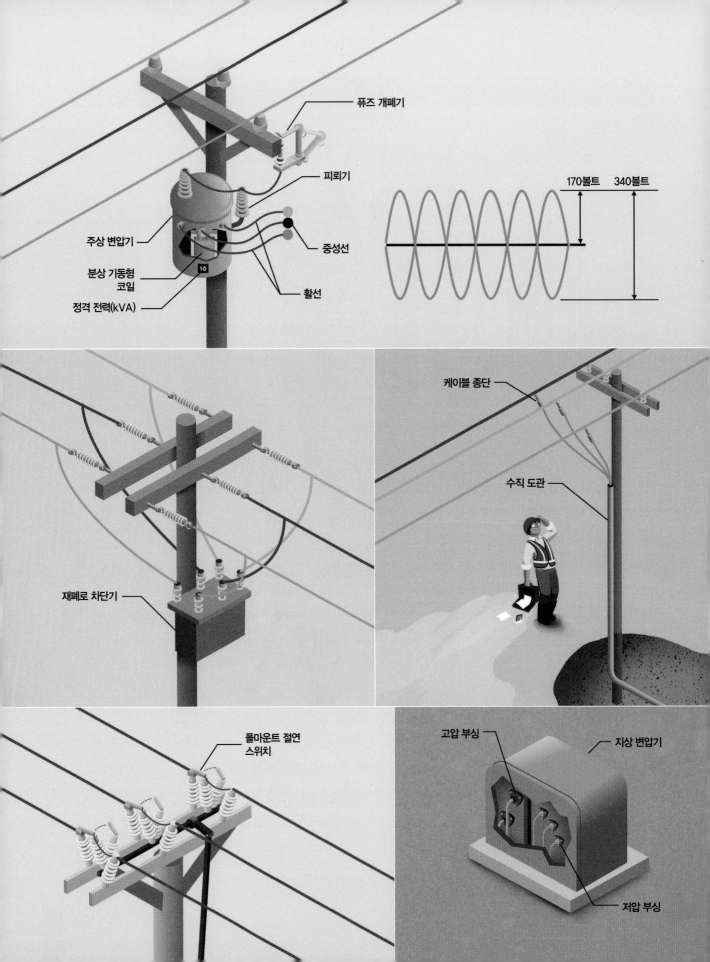

퓨즈 개폐기

피뢰기

주상 변압기

분상 기동형
코일

정격 전력(kVA)

중성선

활선

170볼트　　340볼트

케이블 종단

수직 도관

재폐로 차단기

폴마운트 절연
스위치

고압 부싱

지상 변압기

저압 부싱

배전 설비

전력망의 다른 모든 부분이 그렇듯, 배전 역시 신뢰성과 안전을 담보하기 위해 다양한 장비가 필요합니다. 변전소에서처럼 배전 전력망에서 가장 중요한 장비는 전압을 바꾸는 장비입니다. 송전 전압보다는 많이 낮지만, 고압 배전선 회로에는 여전히 대부분의 가정이나 사무실에서 사용하기에는 위험한 수천 볼트의 전기가 흐릅니다. 건물에서 조명이나 가전, 기타 전자 제품에 사용할 수 있는 수준으로 전압을 낮추기 위해서는 주로 **주상 변압기**를 이용합니다. 변압기는 전봇대 전선 바로 아래에 위치한 회색 금속 용기 모양으로 관찰됩니다. 주상 변압기에는 변전소의 변압기처럼 기름이 가득 차 있는데, 작동 원리도 이와 거의 비슷합니다.

전 세계의 주상 변압기에서 볼 수 있는 흥미로운 차이점 가운데 하나는 **분상 기동형** 설계 방식을 따른 주상 변압기 코일의 성능입니다. 이 구성에서 두 개의 통전 선로(또는 **활선**이라고 표현합니다)와 접지에 연결된 하나의 중성선이 소비자에게 공급됩니다. 하나의 활선은 다른 선로와 정반대 위상을 갖습니다. 북미 대부분의 지역에서 소형 가전제품은 중성선과 하나의 활선 사이의 전압인 약 120볼트를 사용합니다(피크에서 피크 사이를 기준으로 계산하면 170볼트가 됩니다).[11] 히터나 에어컨, 의류 건조기처럼 전력이 더 필요한 제품이라면 두 개의 활선 사이에 연결해 두 배의 전압을 받습니다. 주거 지역에서 하나의 주상 변압기가 여러 가정에 전기를 공급할 수 있습니다. 집 밖을 살펴보면 이웃 몇 집과 주상 변압기를 공유하고 있다는 사실을 알 수 있죠. 대형 에어컨 같이 큰 장비를 지닌 소비자는 전력망의 세 위상을 모두 활용할 수 있습니다. 이 경우 하나의 전봇대 위에 세 개의 단상 변압기가 모여 있습니다. 변압기 옆면을 보면 **킬로볼트암페어**(kVA로 킬로와트(kW)와 비슷한 값입니다)로 적힌 **정격 전력**[12]을 확인할 수 있습니다.[13]

송전 선로와 변전 설비처럼 배전 전력망 역시 누전이나 낙뢰로부터 보호해야 합니다. 전봇대 꼭대기에서 볼 수 있는 장비 상당수는 문제가 생겼을 때를 위한 것입니다. 대표적인 보호 장치는 **퓨즈 개폐기**입니다. 퓨즈 개폐기는 회로 차단기와 절연 스위치 역할을 모두 하는 장비입니다. 퓨즈는 누전이 발생하거나 전압이 급상승하는 경우로부터 자동으로 변압기를 보호합니다. 만약 퓨즈의 전류가 너무 높아지면 내부 물질이 녹아 회로를 끊고, 걸쇠를 풀어 퓨즈의 입구를 엽니다. 퓨즈에는 내부에서 발생한 아크를 끄는 데 도움이 되는 폭발성 내장재가 들어가 있는 경우도 있습니다. 이 때문에 근처를 지나가다 터지는 듯한 큰 소리를 들을 수도 있습니다. 소리가 꽤 크다 보니 변압기가 터졌다고 생각하는 사람이 많은데, 실제로는 퓨즈가 변압기의 손상을 막은 것입니다.

퓨즈 개폐기의 퓨즈가 나간 경우가 아니더라도 전선 작업자가 퓨즈를 일부러 끊는 경우가 있습니다. 유

---

11 옮긴이 활선과 중성선 사이의 전압은 선간 전압이라고 부르며 한국은 220볼트입니다. 두 활선 사이의 전압은 상전압이라고 부르며 한국은 380 볼트입니다.

12 옮긴이 장비에 흐를 수 있는 최대 전력입니다.

13 옮긴이 킬로볼트암페어(kVA)는 피상 전력의 단위이고 킬로와트(kW)는 유효 전력의 단위입니다. 피상 전력에는 무효 전력이 포함되므로 실제로 는 피상 전력(kVA)이 유효 전력(kW)보다 더 큽니다.

지 보수를 위해 전선을 분리해야 할 경우죠. 퓨즈는 가장 간단한 보호 장비입니다. 조금 더 복잡한 회로 차단기도 종종 볼 수 있습니다. **재폐로 차단기**(리클로저)가 대표적입니다. 재폐로 차단기는 보통 작은 원통형 또는 직사각형 금속 용기에 들어 있습니다. 누전을 감지하면 재폐로 차단기가 열리고, 누전이 해결됐는지 시험하기 위해 다시 닫힙니다. 전력망에서 발생하는 대부분의 누전은 낙뢰나 작은 나뭇가지가 통전 선로에 닿는 등 일시적인 원인으로 발생합니다. 재폐로 차단기 덕분에 사소한 일로 변압기의 퓨즈를 갈기 위해 작업자가 일일이 오지 않아도 됩니다. 누전이 영구적이라고 판단하고 차단하기 전까지 재폐로 차단기는 연결과 폐로를 몇 번이나 반복합니다. 만약 짧은 시간 동안 전기가 끊겼다가 다시 들어오는 경험을 겪은 적이 있다면, 재폐로 차단기가 작동했기 때문일 가능성이 높습니다. 전봇대 꼭대기에 있는 또 다른 **절연 스위치**도 전봇대 유지 보수를 할 때 유용한 역할을 합니다. 대부분 3상 전선을 모두 한꺼번에 끊는 방식입니다. 마지막으로 **피뢰기**는 낙뢰를 맞아 급상승하는 전압을 지상으로 안전하게 유도합니다.

모든 전력망 배전이 가공선을 통해 이뤄지는 것은 아닙니다. 도심에서 가공선을 볼 수 없는 경우도 많죠. 대신 지하 배전선을 통해 전력을 공급합니다. 최신 주거 및 상업 지역을 개발할 때 지저분하고 어수선한 가공선이 보이는 것을 피하기 위해 배전선을 매설하는 경우가 많습니다. 지하 배전선을 쓰는 것은 쉬운 선택

이 아닙니다. 설치하는 데 비용이 훨씬 많이 들 뿐만 아니라, 손상을 입었을 때 수리하는 데 시간이 더 오래 걸릴 때도 많습니다. 하지만 지하 배전선은 날씨의 영향을 덜 받고 도시 경관의 미학을 해치지 않죠. 배전선이 지하로 계속 이어지지 않더라도, 가공선으로 건설됐을 때의 위험을 피하거나 표지판이 가려지지 않도록 하기 위해 지하로 내려갔다가 잠시 후 다시 지상으로 올라오는 경우도 꽤 됩니다.

비록 지하에 위치한 배전선을 볼 수 없더라도, 어디에서 시작되고 끝나는지는 볼 수 있습니다. 커다란 **수직 도관**을 가진 전봇대를 살펴보세요. 지하에 건설된 전선은 습기나 누전을 방지하기 위해 절연 피복이 필수입니다. 전선을 둘러싼 절연체는 아무 곳에서나 시작하거나 끝날 수 없습니다. 그 끝을 통해 안으로 습기가 침투할 수 있기 때문이죠. **케이블 종단**(흔히 포트헤드pothead라고 부릅니다)은 절연 케이블과 노출 케이블이 전환되는 부위를 봉합하기 위해 사용합니다.

지하 전선이 지상으로 올라오는 다른 지점은 변압기가 있는 곳입니다. **지상 변압기**는 가공선에 설치되는 주상 변압기에 비해 눈에 덜 거슬리는 변압기로, 이 기기가 설치된 곳은 비록 가공선이 없더라도 전력망이 존재한다는 사실을 알 수 있습니다. 녹색 보호 캐비닛에 담긴 이 설비 안쪽에는 무엇이 있을까요? 전봇대에 설치된 주상 변압기와 정확히 똑같습니다. 캐비닛 입구를 통해 주상 변압기에서도 볼 수 있는 **고압 부싱**과 **저압 부싱**에 접근할 수 있습니다.

못다 한 이야기

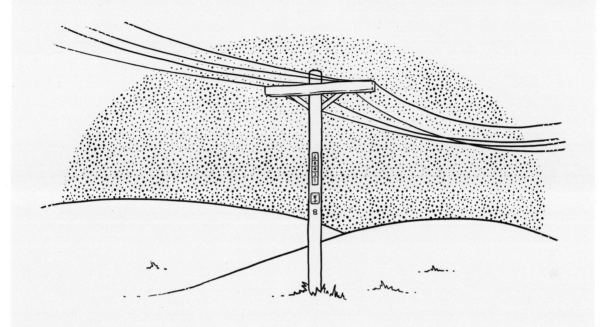

전봇대에는 수수께끼 같은 표시와 금속 태그가 부착돼 있습니다. 단순히 장비를 식별할 목적으로 붙인 식별 표시이거나 제조업체의 인장일 때도 있지만 아닌 경우도 있습니다. 화살표가 있는 빨간색 태그는 전봇대가 망가졌으니 조심하거나 전봇대에 올라가지 말라고 전선 작업자에게 경고하는 표시입니다. 전봇대의 태그는 전봇대가 벌레의 공격을 받거나 썩지 않도록 보호하기 위해 이를 언제 점검했고 어떤 조치를 취했는지 알려주기도 합니다. 나무에 찍힌 도장은 전봇대가 언제 제작됐고, 어떤 수종을 사용했으며, 길이가 얼마인지 등을 알려줍니다. 다른 표시도 살펴보고 의미를 이해할 수 있는지 확인해보세요.

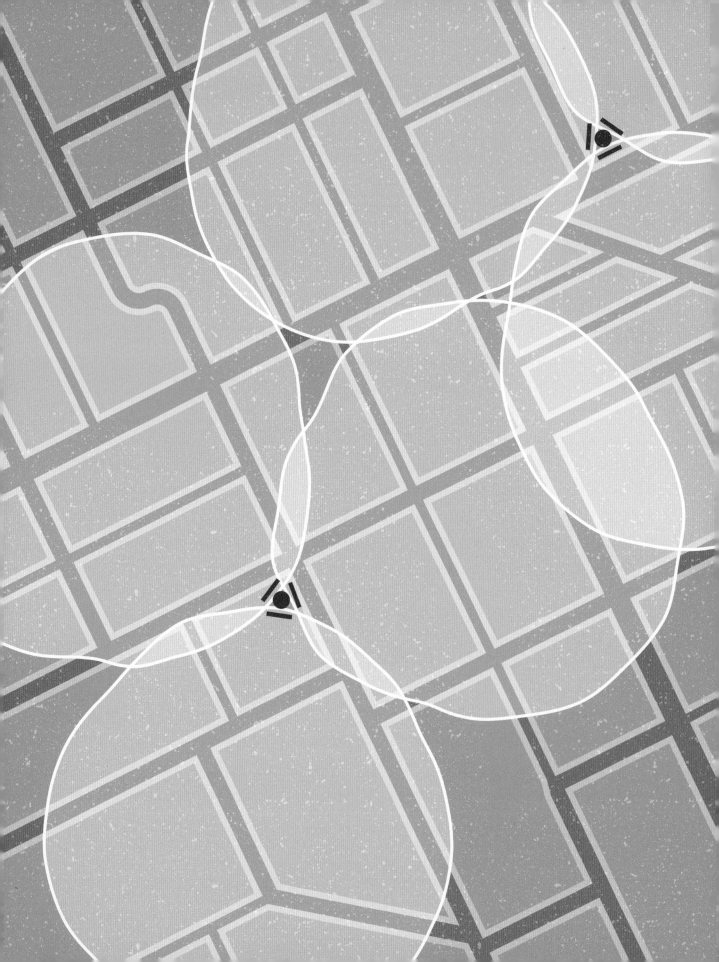

2

통신

들어가며

소통은 인류만의 고유한 특징은 아닙니다. 하지만 통신을 할 수 있는 종은 인류뿐이죠. 소리가 들리는 거리 너머로 정보를 교류하려면 무수한 혁신이 필요합니다. 인류가 이룩한 상당수의 중요한 발전은 넓은 지역을 가로질러 메시지를 보내고 받는 과정을 통해 이뤄졌습니다. 봉화와 전서구부터 GPS와 인터넷에 이르기까지, 통신은 우리가 생활하고, 일하고, 즐기는 방식에 큰 영향을 미쳐왔습니다.

이번 장에서는 먼 거리까지 정보를 보내고 수신하는 방법을 알아봅니다. 특히 이 모든 것을 가능하게 한 인프라 설비에 대해 알아보겠습니다. 모든 시대를 아우르는 기술이 아닌, 지금 이 글을 쓰고 있는 시점의 인프라를 다룹니다. 통신 기술보다 빠르게 변화하는 사회 분야는 없습니다. 10년 뒤에는 이번 장에서 쓰인 기술이 옛 기술이 되어 있을 수 있고, 20년 뒤에는 여기에 적힌 기술이 무엇인지조차 모르는 사람이 대부분일 수도 있습니다. 정보화 시대에는 이런 시스템을 공기처럼 당연하게 생각하기 쉽죠. 하지만 우리가 지식과 즐거움을 전하고 나눌 수 있게 해주는 공학 기술의 이면에는, 여전히 놀랍고 흥미로운 부분이 많습니다.

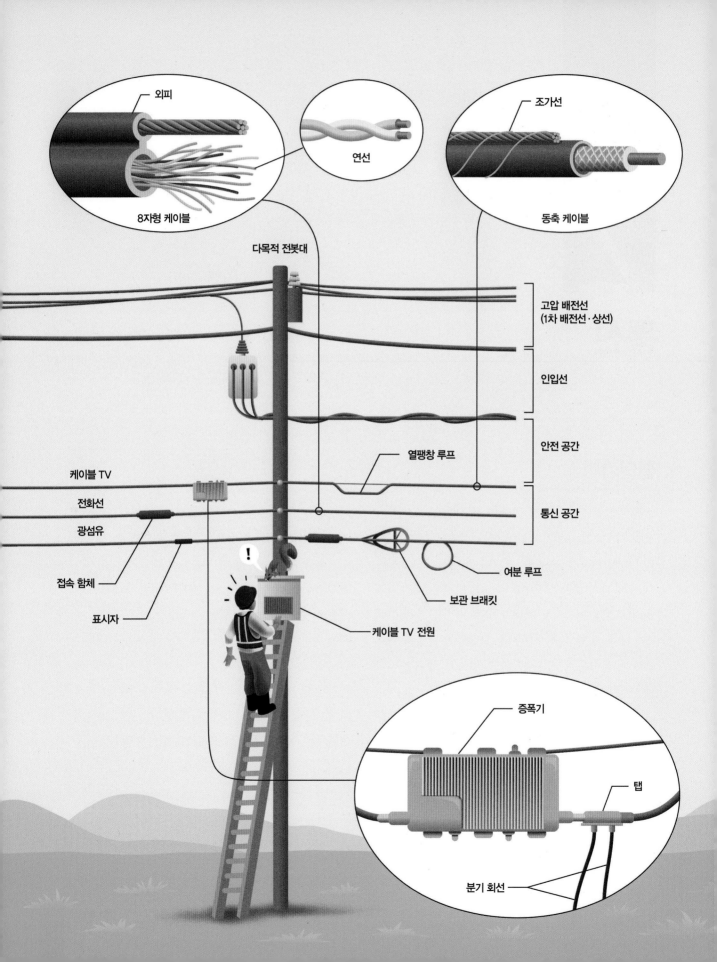

외피

연선

조가선

8자형 케이블

동축 케이블

다목적 전봇대

고압 배전선
(1차 배전선·상선)

인입선

안전 공간

열팽창 루프

케이블 TV

전화선

광섬유

통신 공간

여분 루프

접속 함체

보관 브래킷

표시자

케이블 TV 전원

증폭기

탭

분기 회선

가공 통신선

통신은 대부분 물리적인 선을 통해 이뤄집니다. 선에는 금속 선과 유리 섬유 선이 있는데 인간의 다른 활동과 충돌하지 않도록 두 곳 중 한 곳에 설치될 수밖에 없습니다. 공중 아니면 지하죠(해저를 제3의 안으로 선택하는 경우도 있습니다). 이번 절에서는 공중에 설치된 가공 통신선을 다루며 다음 절에서 지중 통신선에 대해 살펴봅니다.

가공 통신선은 거의 대부분 다른 설비와 함께 기둥에 설치됩니다. 1장에서 배전을 위해 사용하는 전봇대를 살펴봤습니다. 하지만 전봇대가 배전만 담당하는 것은 아닙니다. 그림에 등장하는 **다목적 전봇대**는 여러 설비가 사용하는 전봇대입니다. 다목적 전봇대라고 해서 모든 설비를 다 지지하는 것은 아닙니다. 하지만 전봇대에 어떤 선이 지나가든 각 설비의 위치는 신중하게 정해져 있습니다. **고압 배전선**은 가장 위험하기 때문에 지상에서 가장 멀리 떨어진 전봇대 꼭대기에 연결됩니다. 소비자에게 전기를 전달하는 **인입선**이 그 아래에 위치합니다. 전기선과 통신선 사이에는 **안전 공간**이 있어서 작업자가 선을 연결하거나 유지 보수를 할 때 고압선의 위험에 노출되지 않게 합니다. **통신 공간**은 전봇대에서 가장 낮은 곳에 위치합니다. 감전 위험이 없기 때문이기도 하고, 유지 보수할 일이 잦기 때문이기도 합니다.

전봇대에 걸쳐진 통신선에는 여러 유형이 있지만, 일반적인 전봇대에서 자주 볼 수 있는 통신선은 대부분 세 가지입니다. **전화선, 동축 케이블 TV, 광섬유**입니다. 세 가지 통신선이 모두 같은 전봇대에 나란히 걸려 있는 모습을 쉽게 볼 수 있으며 찾고 싶은 선이 무엇인지 알고 있다면 쉽게 구분할 수 있습니다.

멀리 떨어진 곳을 선으로 가로질러 이으면 매우 큰 장력이 발생합니다. 대부분의 통신선은 전봇대와 전봇대 사이에서 자신의 무게를 지탱하도록 만들어져 있지 않습니다. 대신 강철 **조가선**(가공선)[1]이 지지를 도와줍니다. 통신 케이블이 조가선에 묶여 있는 경우도 있고, **8자형 케이블**처럼 조가선이 보호 **외피**에 통합돼 있는 경우도 있습니다.

과거의 전화 서비스에서 사용하던 구리 선 네트워크는 빠르게 사라지는 추세지만, 전 세계적으로 전봇대에서는 여전히 이 구리 선을 볼 수 있습니다. 1876년 이후, 인류는 전용 구리 선을 통해 음성 신호를 전달해왔으며, 지금도 가정이나 사무실 등 수많은 장소에 전화를 걸 수 있는 가장 간편한 방법입니다. 각 지상 통신선은 가는 구리 선이 꼬인 **연선** 구조로 구성됩니다. 각 가정과 사무실마다 **지역 전화 교환국**으로 연결되는 직통 회선을 갖고 있기에 케이블이 매우 굵어질 수 있습니다. 때로는 수백 또는 수천 가닥의 연선으로 구성되기도 합니다. 전화선은 합쳐져서 점점 더 큰 케이블이 됩니다. 이 접합 지점은 전봇대 근처에 있는 검은색의 **접속 함체**[2] 때문에 금방 눈에 띄죠.

서로 평행하게 걸려 있는 이 모든 선은 전자기 간섭을 일으켜 회로간 **혼선**을 유발합니다. 하지만 전화선의 전선 다발을 연선으로 만드는 방식으로 이 문제를 해결할 수 있습니다. 의도하지 않은 간섭 효과가 각 연선 가닥마다 동일하게 영향을 미치기 때문입니다.

---

1 옮긴이 통신선이나 전선 등 케이블을 매달기 위한 선입니다.
2 옮긴이 함체란 케이블 등을 담도록 튼튼하게 제작된 금속성 물체입니다.

의도한 통신 신호는 연선을 구성하는 두 전선의 전압 차를 통해 전송되고, 따라서 두 연선에 공통으로 발생하는 불필요한 전압은 제거됩니다.

또 다른 통신 매체로는 케이블 TV 네트워크(흔히 CATV로 줄여 부릅니다)가 있습니다. 이름과 달리, 대부분의 케이블 TV 네트워크는 텔레비전 프로그램 외에도 전화 및 고속 인터넷 서비스를 지원합니다. 과거의 전화 네트워크처럼 케이블 TV 네트워크는 중앙 관리 시설인 **전파 중계소**에서부터 시작됩니다. 여기에서 신호는 주로 **동축 케이블**을 통해 분배됩니다. 동축 케이블은 내부의 전선과 주변을 감싸고 있는 절연체가 공통의 축을 중심으로 원을 그리며 꼬여 있기 때문에 동축 케이블이라는 이름이 붙었습니다. 이렇게 만들어진 케이블은 손실이나 간섭 문제를 거의 겪지 않으며 고주파 무선 신호를 전송할 수 있습니다. 외부 전선의 차폐 효과 덕분이죠. 이 케이블은 여러 배전선에 공급하는 중계선에서 시작됩니다. 신호를 증폭하는 **증폭기**(라인 익스텐더line extender라고도 하는데, 방열판이 달려 있어 쉽게 알아볼 수 있습니다)는 중계선을 따라 일정한 간격으로 배치됩니다.

케이블 TV 전원은 넓은 반경 안에 있는 증폭기에 필요한 전원을 공급합니다. 배전선의 **탭**(중간 인출선)에는 여러 개의 **분기 회선**을 연결할 수 있고, 분기 회선으로 개별 소비자에게 서비스를 공급합니다. 케이블 TV 중계선과 배전선은 **열팽창 루프**를 보면 금방 구분할 수 있습니다. 동축 케이블은 경직성이 매우 강하기 때문에 열팽창 루프가 필요합니다. 동축 케이블은 온도가 변화하면 팽창하거나 수축하는데, 그 정도가 조가선의 팽창 또는 수축과 다릅니다. 온도에 따라 변동할 수 있는 여지가 없다면, 동축 케이블은 과도한 스트레스를 받아 손상되고, 심하면 장력으로 인해 연결이 끊어질 수도 있습니다.

오늘날 케이블 공급업체나 전화 서비스 제공업체는 구리 선이나 동축 케이블과 함께 광섬유 케이블을 사용해 신뢰성 높고 품질이 매우 좋은 신호를 전달합니다. 광섬유 케이블은 유리나 플라스틱 섬유 다발을 이용해 빛의 펄스 형태로 된 신호를 전달합니다. 광섬유 신호는 전자기 간섭의 영향을 받지 않으므로 먼 거리까지 신호가 손실되지 않고 전달할 수 있습니다. 광섬유 외부에는 주황색이나 노란색 **표시자**나 피복이 덮혀 있기도 합니다. 이 표식을 보면 전화선이나 케이블 TV 선과 구분하기 쉽습니다.

광섬유 네트워크에는 필요한 것보다 많은 광섬유가 들어 있습니다. 전선은 물리적으로 접합해 쉽게 연결할 수 있지만, 광섬유는 접합해서 연결하기가 어렵다는 문제가 있습니다. 따라서 향후 수요량이 증가할 때를 대비해 일부러 그렇게 설계한 것입니다. 광섬유 케이블은 빛 신호가 산란되거나 반사되지 않도록 훨씬 더 주의하며 다뤄야 합니다. 개별 광섬유를 분리한 뒤 세척하고, 끊고, 정렬하고, 정확하게 연결한 뒤 열을 가해 이어붙여야 합니다. 이렇게 주의가 필요한 작업은 사다리나 사다리차 위에서 바로 하기란 어렵죠. 그래서 대신 이 작업에 특화된 **접합 트럭**을 이용해 케이블을 연결하거나 수리합니다. 즉, 지상에서 작업할 수 있도록 케이블 여분이 충분해야 한다는 뜻입니다. 메인 케이블에는 이 작업을 위한 **여분 루프**가 있습니다. 광섬유 케이블은 급격한 각도로 꺾거나 감을 수 없습니다. 광섬유가 파열되기 때문이죠. **보관 브래킷**(눈에서 신는 신발처럼 생겨 눈신snowshoe이라고 부르기도 합니다)을 이용해 케이블을 손상시키지 않고 방향을 바꾸거나 여분의 선을 보관합니다.

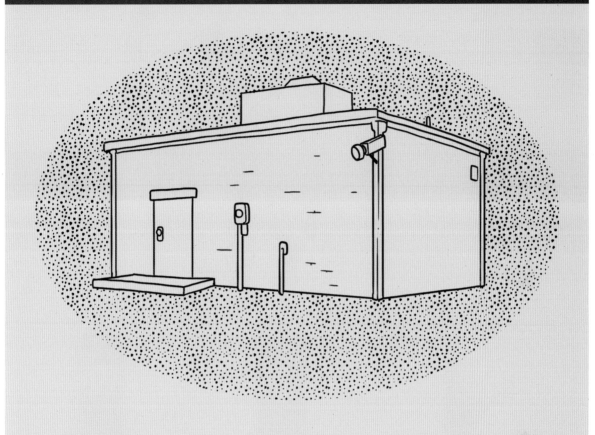

구리 선 전화 시스템에서 사용하는 전기 신호는 상대적으로 미약해서 먼 거리에 전달되지 못하는 경우가 많습니다. 즉, 우리는 지역 전화 교환국의 반경 수 킬로미터 이내에서 모여 살고 있다는 뜻입니다. 오늘날 전화 교환은 데이터 센터의 서버를 통해 이뤄지지만 예전에 사용된 교환소 건물은 여전히 남아 있습니다. 이 건물을 중앙 전화국이라고 부르기도 하며, 전화 서비스 제공업체가 소유하면서 각 개별 회선을 거대한 통신망에 연결하는 장비와 스위치를 보관합니다. 창문이 없는 흔한 형태의 건물이라서 주의를 기울이지 않으면 알아차리기 어렵습니다. 건물을 알아볼 수 있는 단서로는 감시 카메라와 장비를 식히기 위한 에어컨, 정전에 대비해 준비돼 있는 발전기 정도입니다.

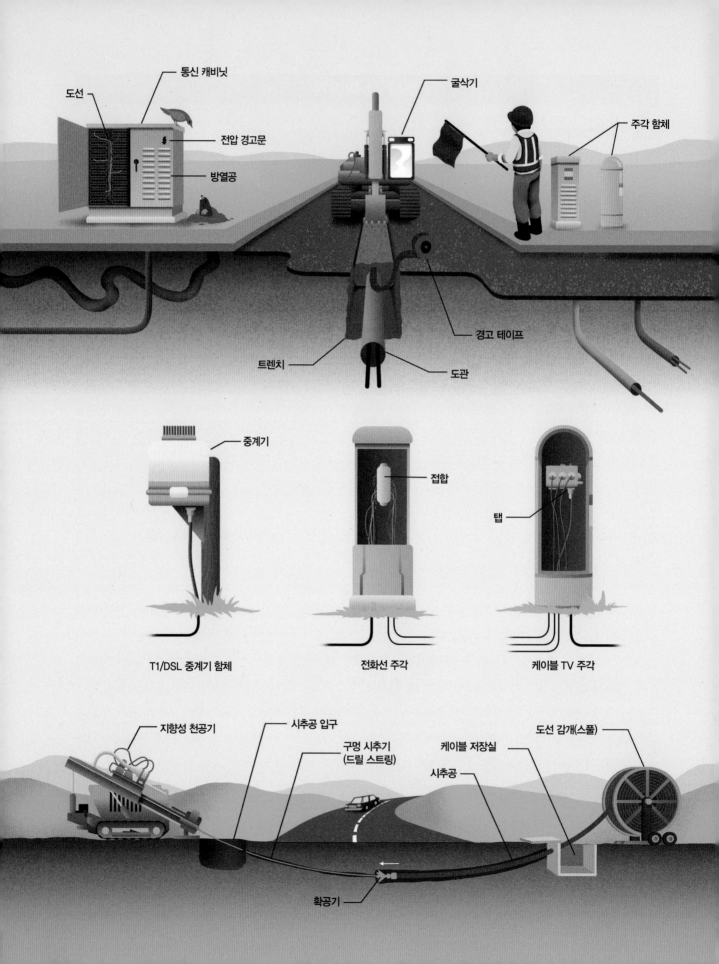

도선 — 통신 캐비닛 — 굴삭기 — 주각 함체

전압 경고문

방열공

경고 테이프

트렌치 — 도관

중계기

접합

탭

T1/DSL 중계기 함체

전화선 주각

케이블 TV 주각

지향성 천공기 — 시추공 입구 — 도선 감개(스풀)

구멍 시추기
(드릴 스트링) — 케이블 저장실

시추공

확공기

지중 통신선

통신선을 전봇대를 이용해 가공선으로 연결하는 대신 지중에 매립하면 큰 장점이 있습니다. 전봇대 사이의 무게를 지탱하기 위한 지지 구조물이 필요하지 않고, 거치적거리지도 않으며 풍경을 해치지도 않습니다. 또한 새나 다람쥐, 바람, 눈, 햇빛, 그리고 자동차가 전봇대를 들이받는 등의 다양한 위기로부터 안전합니다. 비록 지중 통신선의 건설 비용은 비싸지만, 더 안정적입니다.

지중 시설물은 보호 **도관** 안에 놓이며 도관은 두 가지 방식 중 한 형태로 건설됩니다. 하나는 구덩이를 파는 **트렌치 공법**이고, 다른 하나는 **지향성 압입 공법**이죠. 트렌치 공법은 굴삭기를 이용해 땅을 파 긴 구덩이인 **트렌치**를 설치합니다. 트렌치 안에 도관을 놓고 흙으로 다시 덮습니다. 매설 전 **경고 테이프**를 설치해 나중에 주변이 파헤쳐질 경우 케이블이 존재한다는 사실을 알립니다. 이러한 테이프 중 일부는 전선이나 강철 리본을 포함하고 있어 지표에서부터 탐지가 가능합니다. 이 방법으로 향후 전선의 위치를 쉽게 파악할 수 있습니다. 트렌치 공법의 가장 큰 단점은 지표면에 불편을 준다는 점입니다. 전선을 매립하는 곳을 공사 기간에는 폐쇄해야 하고, 트렌치를 메운 뒤에는 인도와 차도, 잔디밭 등을 다시 복구해야 합니다. 아무리 복구해도 전과 똑같을 수 없으며 원래의 매력을 되찾을 수도 없습니다.

지향성 압입 공법은 트렌치를 파지 않고 **시추공**을 통해 도관을 설치하므로 지표면을 많이 건드리지 않습니다. 이 공법은 강이나 혼잡한 도심, 트렌치를 설치하기 곤란하거나 폐쇄할 수 없는 도로를 가로질러 전선을 설치해야 할 때 유용합니다. 먼저, 지표에 위치한 **지향성 천공기**가 **시추공 입구**와 출구 사이에 시험용 구멍을 뚫습니다. 작업자는 **구멍 시추기**(드릴 스트링)에 설치된 탐사 장비를 이용해 지상의 모니터로 시추기가 땅속 어디를 지나는지 확인합니다. 시추 방향을 조정할 수 있도록 시추기의 맨 앞의 날은 비대칭으로 되어 있습니다. 날은 어느 방향으로도 휘어질 수 있고, 시추기는 시추를 하는 동안 자연스럽게 원하는 방향으로 이동할 수 있습니다. 시험용 구멍이 완성되면 시추기를 철수하고, **확공기**를 사용해 구멍을 크게 만듭니다. 도선 감개(스풀)에서 도선을 뽑아 설치하면 내부에서 케이블이 이동할 수 있는 경로가 만들어집니다.

지중 통신선은 지중에 묻혀 있기 때문에 공중에 설치한 선과 달리 눈으로 볼 수 없습니다. 하지만 지중 통신선도 언젠가는 지상에 나와야 하므로 지중 통신선을 발견할 수 있는 기회는 많습니다. 지중 설비와 관련된 가장 간단한 구조물은 **케이블 저장실**입니다. 케이블 저장실은 도관으로 연결되는 지하 매설 함체입니다. 이 시설물의 입구는 지표에서 쉽게 확인할 수 있습니다. 주로 커다란 사각형 모양일 때가 많으며 안에 무엇이 있는지 자세히 적혀 있습니다.

지중 통신선과 관련된 또 다른 구조물은 **통신 캐비닛**입니다. 이런 캐비닛은 지상에 위치하며 여러 다양한 서비스 제공업체가 제각기 다양한 장비를 설치하고 있어 안에 정확히 무엇이 들어 있는지 알고 싶다면 추정해볼 수밖에 없습니다. 첫 번째 단서는 레이블을 확인하는 것입니다. 회사 이름이나 연락처 정보를 캐비닛에 적어 놓은 경우가 많으며 이를 통해 안에 어떤 장비가 있는지 단서를 얻을 수 있습니다. 일반적으로 캐비닛은 단순한 접합 지점으로, 용량이 큰 중계선을 접합하기 위한 편리한 지점이 되기도 하고, 소비자에게 분배되는 작은 배전선을 위한 공급 케이블 역할을 하기도 합니다. 이런 경우, 캐비닛에는 케이블 TV나 전화, 광섬유를 연결하기 위한 **도선**[3]을 보관합니다.

일부 통신 캐비닛은 **활성 상태**(즉, 전력이 공급되고 있는 상태)인 장비를 보관하고 있습니다. 이 경우 **전압 경고문**이 외부 어딘가에 붙어 있으며, 열 발산을 위해 환기가 필요하므로 **방열공**이 있습니다. 전기가 흐르는 장비에는 케이블 TV 네트워크를 위한 전력 공급 장치나, 광섬유 신호를 동축 케이블을 통해 분배할 수 있도록 전파로 변환하는 **광 신호 노드**가 있습니다.

더 복잡한 장비를 포함하고 있는 캐비닛도 있습니다. **원격 집중기**는 전화선이 직접 근처의 중앙 전화국으로 연결됐을 때보다 정보를 훨씬 더 빨리, 그리고 안정적으로 전달할 수 있게 합니다. 개별 전화 고객으로부터 온 신호를 디지털화하고 이를 중앙 전화국으로 바로 연결되는 광섬유 신호로 결합해, 전화 회사가 더 많은 수의 고객에게 서비스를 제공하고 고품질 음성과 빠른 데이터 서비스를 제공할 수 있게 합니다.

지중 통신선의 존재를 알려주는 다른 흔적은 **주각**입니다. 여기저기에서 볼 수 있는 이 설비는 보통 여러 곳의 소비자에게 케이블 TV나 전화, 그 밖의 다른 통신 서비스를 연결하기 위해 흩어지는 케이블과 더 큰 분배 케이블을 연결하는 종단점일 경우가 많습니다. 여기에는 접근 패널이 있기도 하고, 기술자가 연결하거나 문제를 해결하기 위해 시설을 분리하는 역할도 합니다. 케이블 TV 주각에는 여러 곳에 서비스를 제공하는 다수의 **탭**(중간 인출선)이 있습니다. 전화선 주각은 주로 케이블 접합부를 가리는 역할을 합니다.

지중 시설과 관련된 마지막 장비는 **중계기**입니다. T1과 DSL은 표준 구리 전화선을 이용해 전송할 수 있는 가장 흔한 고속 디지털 신호 유형입니다. 하지만 음성 신호에 비해 주파수가 높기 때문에 이러한 고속 디지털 신호를 멀리 전송하면 지나치게 감쇠가 일어나거나 왜곡될 수 있습니다. 전화국 사이의 거리가 먼 시골에서는 신호의 품질을 유지하기 위해 이런 회선에 중계기를 설치합니다. 중계기는 페인트 통이나 냄비 모양의 방수 함체에 들어 있으며 1.6~3킬로미터 간격으로 회선을 따라 일정하게 놓여 있습니다.

---

3 옮긴이 회로 절단부를 연결하는 선입니다.

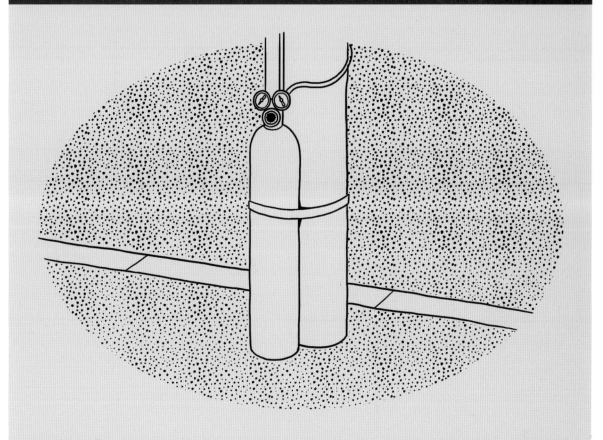

설치 비용이 비싼 지중 통신선의 또 다른 단점은 습기에 취약하다는 점입니다. 비 또는 녹은 눈, 지하수가 지중 통신선이 들어 있는 도관 안으로 흘러 들어갈 수 있습니다. 케이블 외피 안으로 물이 들어가면 부식을 일으킬 뿐만 아니라, 누전이 발생하거나 신호 품질이 저하될 수 있습니다. 습기는 주로 전화선에 피해를 입힙니다(동축 케이블이나 광섬유 케이블은 피해가 적습니다). 전화선에는 구리 선 가닥이 많고 오래된 전화 케이블의 경우 절연체로 종이를 쓴 경우도 있습니다. 습기의 침투를 막기 위해, 중앙 전화국 부근에서 압축기를 이용해 전화 케이블 피복 안에 압축 공기를 채워 넣습니다. 인도 위나 차로 옆에서 질소 탱크를 만날 때도 있는데, 이 역시 지중 통신선에 압력을 가하기 위한 시설이죠. 이처럼 압력을 가하는 방식으로 피복에 물이 침투하는 현상을 예방합니다. 또한 압력을 모니터링함으로써 기술자가 심각한 열화가 일어나기 전에 전선의 문제점을 찾고 진단할 수 있습니다. 전선이 끊어지거나 구멍이 생기면 공기나 질소가 새어나가면서 압력이 지속적으로 떨어집니다. 대부분의 신형 전화 케이블은 발수성 젤로 채워져 있지만, 공기가 채워진 지중 통신선이 많다는 사실은 예방적 유지 보수를 위해 압력을 현명하게 사용하고 있다는 사실을 보여줍니다.

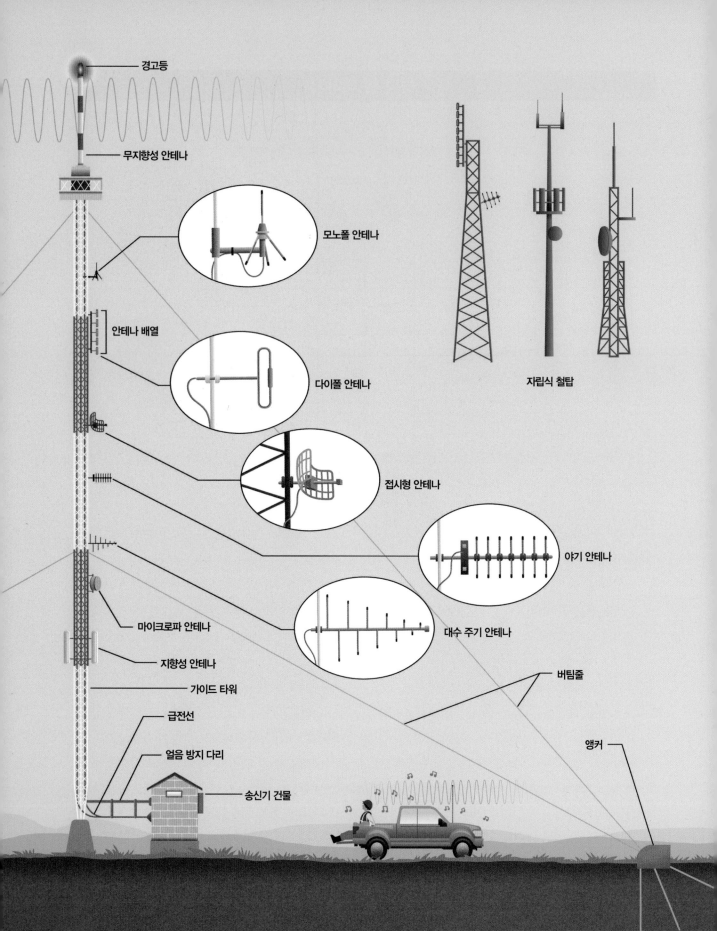

경고등

무지향성 안테나

모노폴 안테나

안테나 배열

다이폴 안테나

접시형 안테나

야기 안테나

대수 주기 안테나

마이크로파 안테나

지향성 안테나

가이드 타워

급전선

얼음 방지 다리

송신기 건물

자립식 철탑

버팀줄

앵커

송신탑

라디오 통신은 멀리 떨어진 곳에 정보를 전하기 위해 전자기 방사 가운데 눈에 보이지 않는 파장 영역을 사용합니다. 이 단순하면서도 놀라운 기술 덕분에 차고 자동 개폐 장치부터 휴대 전화까지 수많은 무선 전자기기를 사용할 수 있게 됐습니다. 만약 인류가 전자기 방사의 모든 스펙트럼을 감지할 능력이 있다면, 아마 공중을 날아다니는 정보의 엄청난 양과 다양함에 크게 놀랐을 것입니다.

라디오와 텔레비전 방송을 포함해 통신에 이용하는 대부분의 주파수는 **전망선**^{line of sight} 이 필요합니다. 송신기와 수신기 사이를 잇는 경로가 방해물로 막혀서는 안 된다는 뜻입니다. 라디오 신호는 지평선을 넘어서까지 전달되지 않습니다. 거대한 타워 꼭대기에 수많은 **안테나**가 설치돼 있는 이유죠. 타워가 높을수록 신호는 더 멀리까지 전달됩니다. 송신탑은 인간이 만든 가장 높은 구조물에 속하며, 600미터가 넘는 타워도 많습니다. 너무나 높은 나머지 비행기의 안전을 위협하기도 해서 주황색과 흰색을 번갈아 칠하거나 꼭대기에 **경고등**을 설치합니다. 송신탑은 라디오와 텔레비전 신호를 널리 전파하고 응급 구조대원과 소통하게 하는 등 현대 사회에서 매우 중요한 역할을 합니다.

송신탑에는 여러 형태가 있지만 여기서는 두 가지 주요한 구조인 **자립식 철탑**과 **가이드 타워**를 살펴봅니다 (높은 건물 꼭대기의 첨탑은 제외합니다). 자립식 철탑은 지지대 없이 서 있을 수 있게 설계되었으며 바람이 불어도 온전히 홀로 버틸 수 있습니다. 보통 강철이나 콘크리트로 만들며 기초를 넓게 두어 대자연의 힘으로부터 스스로를 지탱합니다. 자립식 철탑은 공간을 많이 차지하지 않기 때문에 땅이 귀한 도심지에 설치하기에 적합합니다. 하지만 측면에서 부는 바람의 힘

을 견디기 위해 추가로 재료를 사용하기 때문에 다른 방식에 비해 비용이 많이 듭니다.

가이드 타워는 가느다란 격자 구조와 이를 지탱하는 여러 개의 강철 케이블(**버팀줄**)로 이뤄져 있습니다. 가이드 타워가 가느다란 이유는 바람의 힘을 견딜 필요가 없기 때문입니다. 버팀줄이 측면을 지탱하며, 타워는 자신의 무게만 지탱하면 됩니다. 사실 일부 가이드 타워는 지면과 작은 점으로 만나기 때문에 흔들려봤자 타워가 구부러지거나 휘지는 않고 회전하는 정도의 영향만 있습니다. 버팀줄은 바람이 부는 방향에 관계없이 지지력을 제공할 수 있도록 정삼각형의 형태로 배열됩니다.

현장의 토양이나 암석의 종류에 따라 예상되는 하중이 다르기 때문에 버팀줄은 각기 다른 방법으로 지면에 고정됩니다. **앵커**는 대개 하나 이상의 깊은 구멍에 강철 막대를 꽂고 굳혀(그라우트) 지반에 단단히 고정하는 방식입니다. 버팀줄이 타워 기초에서 멀리 떨어진 지점까지 뻗어 있기 때문에 가이드 타워를 지지하기 위해서는 자립식 철탑보다 훨씬 더 많은 공간이 필요합니다. 가이드 타워가 주로 땅값이 저렴한 시골에 위치하는 이유죠.

방송을 할 때 엔터테인먼트 프로그램 신호나 기타 신호는 라디오 송신기에서 타워 부지로 도착합니다. 송신기는 보통 타워에서 멀리 떨어진 곳에서 환경을 제어할 수 있는 **송신기 건물** 내부에 위치합니다. AM 라디오 방송국의 경우 타워 자체가 안테나이며, 타워 지하에는 송신기에서 타워로 전력을 효율적으로 전송하는 데 필요한 장비가 갖춰진 주파수 조정실이 있기도 합니다. FM이나 TV 방송국의 경우에는 **급전선**(송전선이라고도 합니다)을 통해 송신기에서 타워 구조

물에 부착된 안테나까지 신호를 전달합니다. 추운 지역에서는 송신기 건물에서 타워까지 수평으로 놓여진 급전선을 보호하기 위해 **얼음 방지 다리** 구조물을 통해 떨어지는 얼음을 막습니다. **안테나**는 신호를 전자기파로 방사하는 장치입니다. 타워는 상당히 비싸고 눈에 띄는 시설이기 때문에 여러 방송국이나 사용자가 하나의 타워를 공유하는 경우가 많습니다(병행 설치colocation라고 합니다). 타워 소유주는 송신기 건물 내부와 타워 구조물의 공간을 라디오 및 텔레비전 방송국, 경찰 및 소방서, 정부 기관, 다양한 민간 기업에 임대해 자체 무선 통신 시스템을 구축합니다.

안테나는 신호의 주파수, 방향 및 세기에 따라 형태가 다양합니다. **무지향성 안테나**는 모든 방향으로 똑같이 전파를 전송하며 원통 형태인 경우가 많습니다. 여기에는 **모노폴(단극) 안테나**가 포함됩니다. 모노폴 안테나는 접지면(땅 자체일 경우도 있고, 방사형 수평 도체로 구성될 때도 있습니다)이 필요한 직선 전도성 설비입니다. **다이폴(쌍극) 안테나**는 똑같은 방사 장비로 구성된 또 다른 종류의 무지향성 안테나입니다.

지향성 안테나는 특정한 방향성을 갖는 전파를 주로 전송합니다. **접시형 안테나**는 격자 구조 또는 속이 메워져 있는 접시를 이용해 전파를 반사해 집중시킵니다. **야기 안테나**는 전기가 흐르는 다이폴 설비 하나와 전기가 흐르지 않는 여러 개의 설비를 이용해 원하는 방향으로 전파를 집중시킵니다. 야기 안테나와 겉모습이 비슷한 **대수 주기 안테나**는 길이가 약간씩 다른 일련

의 다이폴을 사용해 광범위한 무선 주파수를 송수신합니다. 다이폴과 같은 간단한 안테나 요소를 배열 형태로 결합해 동시에 작동시키면 전파를 빔으로 만들거나 특정 패턴을 따르게 할 수 있습니다(휴대 전화 서비스에 사용되는 다른 종류의 안테나는 나중에 설명합니다).

모든 인프라가 그렇듯이, 송신탑도 가끔씩 유지 보수를 해야 합니다. 높은 곳에서 작업 가능하고, 전기의 위험성에 대해 전문 교육을 받은 기술자가 이런 구조물을 검사하고 유지 관리합니다. 아주 높은 타워에는 색을 칠하거나 수리하고 장비를 교체할 수 있도록 엘리베이터가 설치돼 있기도 합니다. 높이가 낮은 타워라면 기술자가 직접 꼭대기까지 올라가야 하죠.

무선 통신에 사용되는 주파수의 전파는 **비이온화 전파**(파동이 원자를 분해하지 못한다는 뜻입니다)입니다. 하지만 그렇다고 해서 위험하지 않다는 의미는 아닙니다. 전자기파는 사람을 포함해 수분을 함유한 물체에 열을 발생시킬 수 있습니다(전자레인지가 이 효과를 이용해 음식을 데우죠). 그렇기 때문에 높은 출력을 송신하는 안테나 근처는 일반인의 접근이 제한됩니다.

송신탑을 관리하는 작업자는 전원이 켜진 안테나로부터 거리를 유지해야 합니다. 가까운 거리에서 작업해야 한다면 작업 전에 전원을 꺼서 위험에 노출되지 않도록 해야 합니다.

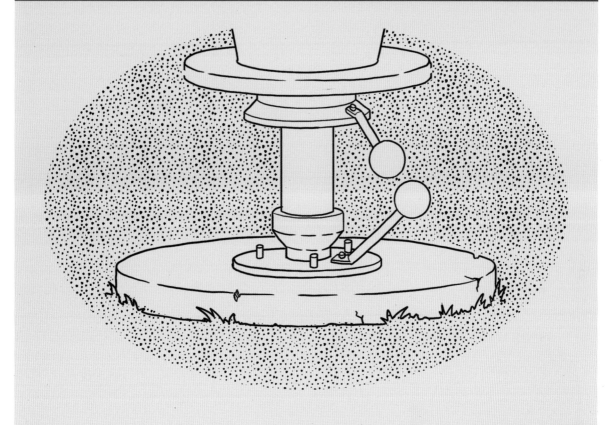

AM 라디오 신호는 대단히 낮은 주파수를 사용하므로 매우 큰 안테나가 필요합니다. 대부분의 경우 AM 방송국은 철탑 자체를 안테나로 사용해 방송합니다. 타워 전체에 전기가 공급되기 때문에 지상과 절연되어야 합니다. 자세히 보면 이러한 타워는 작은 세라믹 절연체 위에 타워 전체가 올라가 있을 때가 많습니다. 지상으로부터 완전히 격리해야 하기 때문에 여러 가지 흥미로운 문제가 생기는데, 그중 하나는 낙뢰를 맞을 때 입게 되는 손상으로부터 타워 및 타워 내 장비를 어떻게 보호할지입니다. 많은 AM 타워는 **스파크 갭** spark gap을 사용해 급상승한 전압(서지)이 지상으로 안전하게 흐르도록 하고 타워를 절연 상태로 유지합니다. 정상 작동할 때는 스파크 갭에 전류가 흐르지 않지만 타워에 낙뢰가 내리치면 접점 사이의 공기가 이온화돼 아크가 만들어지고, 치솟은 전압을 지상으로 보내는 전도 경로가 만들어집니다.

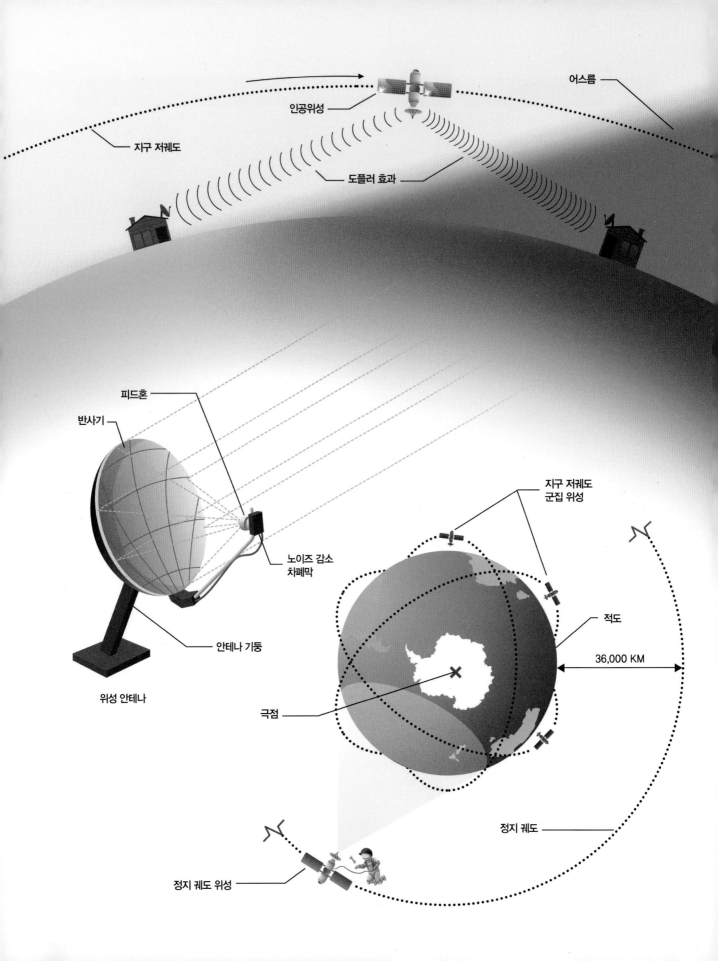

어스름

인공위성

지구 저궤도

도플러 효과

피드혼

반사기

노이즈 감소
차폐막

안테나 기둥

위성 안테나

지구 저궤도
군집 위성

적도

36,000 KM

극점

정지 궤도

정지 궤도 위성

위성 통신

안테나 기둥을 마냥 높이기에는 현실적으로 제약이 많습니다. 재정적인 문제, 공학 및 안전 문제로 더 높이 안테나를 세울 수 없는 순간이 오죠. 다행히 하늘 높이 안테나를 세울 수 있는 다른 방법이 있습니다. 바로 **인공위성**입니다. 인공위성은 발사체를 이용해 지구 궤도에 올려놓은 장치입니다. 적어도 범위 측면에서 보면, 인공위성은 무선 통신의 정점입니다. 상당수의 위성이 지구 전역의 3분의 1 범위에서 동시에 무선 신호를 송수신할 수 있습니다. 이는 가장 높은 송신탑보다 훨씬 더 먼 거리입니다. 오늘날 우리는 라디오, 텔레비전, 인터넷, 전화, 내비게이션, 날씨, 환경 모니터링 등 다양한 통신에 위성을 사용합니다. 통신에 사용되는 위성의 가장 기본적인 역할은 지상의 한 지점에서 신호를 수신하고 증폭해 지구 다른 곳으로 다시 보내는 것입니다. 즉, 중계기 역할을 하죠. 이 중계기는 유선으로 직접 연결할 필요가 없습니다. 지상 안테나는 지구의 곡률로 인해 전파 범위에 제약을 받지만 통신 위성은 이러한 제약이 없는 통신 채널입니다.

통신 위성은 지구 주위의 다양한 궤도에 배치할 수 있습니다. 위성이 궤도를 도는 속도는 위성의 **고도**와 직접적으로 연관됩니다. 궤도가 높을수록 한 바퀴 도는 데 걸리는 시간이 길어지죠. **지구 저궤도**에 있는 위성은 하루에도 여러 차례 지구를 돌기 때문에 특정 지점의 상공에는 잠깐씩만 머뭅니다. 서비스를 지속적으로 유지하려면 하나의 궤도를 공유하는 여러 개의 위성, 즉 **군집 위성**이 필요합니다. 지상의 어느 위치에서든 항상 전망선 내에 적어도 하나의 위성이 존재할 수 있도록, 각 위성의 위치는 전략적으로 결정됩니다. 저궤도 위성은 지구에 더 가깝기 때문에 신호를 송수신하는 데 전력이 적게 들고 통신 지연도 적습니다. 또

한 신호를 수신하기 위해 대형 안테나를 둘 필요가 없습니다. 사실 우리는 저궤도 위성의 신호에 정기적으로 접속하는 안테나를 주머니에 넣고 다니죠. 휴대 전화의 **GPS** 안테나 말입니다. 하지만 저궤도 위성은 **도플러 효과**를 고려해야 합니다. 위성은 지구상의 관측자에 비해 매우 빠르게 움직이기 때문에 전파는 안테나를 향해 이동하는 동안 압축되고 머리 위를 지나갈 때 늘어납니다. 신호를 수신하고 해독하는 작업을 복잡하게 만드는 요인이죠.

약 3만 6천 킬로미터 상공에서 위성의 **궤도 주기**는 정확히 하루에 해당하는 24시간입니다. 지구 적도 상공의 이 고도에 있는 위성은 **정지 궤도**에 위치해 있다고 말합니다. 지구를 공전할 때 늘 하늘 한 곳에 머물러 있기 때문입니다. 이렇게 높은 고도로 위성을 발사하려면 상당한 노력이 필요하지만 **정지 궤도 위성**에는 큰 이점이 있습니다. 지상을 기준으로 위치가 고정돼 있으므로 안테나를 고정된 위치에 장착할 수 있습니다. 이는 설계를 단순화시켜주죠. 또한 정지 궤도 위성의 전망선은 지구의 약 40퍼센트를 커버하기 때문에 신호가 도달하는 범위가 훨씬 더 넓습니다. 이 궤도에서 신호가 닿기 힘든 곳은 극지방 정도입니다.

정지 궤도 위성의 한계는 지구 적도 상공의 고리(**클라크 벨트**^{Clarke Belt})에만 위치할 수 있다는 점입니다. 위성끼리 신호 간섭을 일으키지 못하도록 국제 통신 커뮤니티는 이 고리 주변 구역을 마치 부동산 구획처럼 하나하나의 지점(슬롯이라고 합니다)으로 지정하기로 합의했습니다. 정지 궤도에는 위성이 너무 많이 몰려 있어 슬롯에 들어가려면 대기자 명단에 이름을 올리고 기다려야 합니다. 운영 중이던 위성의 수명이 다하면 슬롯에서 벗어나 자리를 이동해야 합니다.

그래야 대기자 명단에 있던 교체 위성이나 새 위성이 그 자리를 차지할 수 있습니다.

정지 궤도 위성의 또 다른 단점은 지구와의 거리가 멀다는 점입니다. 이 광활한 공간에서 무선 신호를 송수신하는 것은 결코 쉽지 않습니다. 이 거리를 극복하기 위해서 안테나를 사용하는데, **위성 안테나**는 다른 안테나와 쉽게 구분할 수 있습니다. 위성 안테나는 굴곡이 있는 **반사기**를 사용해 희미한 무선 신호를 모아 **피드혼**에 집중시킵니다. 금속으로 된 원뿔 형태의 구조물인 피드혼은 **노이즈 감소 차폐막**으로 전파를 전환합니다. 피드혼은 전자 회로가 있는 위성 안테나의 핵심 장비로, 크게 두 가지 기능이 있습니다. 먼저 약한 무선 신호를 사용 가능한 수준으로 증폭합니다. 그리고 장거리 무선 전송에 사용되는 고주파 신호를 케이블을 통해 효율적으로 전송할 수 있는 저주파 신호로 **다운컨버팅**합니다.

신호를 정지 궤도 위성에 전송하는 안테나는 보통 훨씬 더 큽니다. 하지만 증폭과 주파수 전환을 위한 장비, 허공의 정확한 지점으로 전파를 지정하는 반사기 등 작동 방식은 동일합니다. 안테나를 지탱하는 기둥은 고정돼 있기도 하고, 모터를 이용해 움직이기도 합니다. 이는 안테나가 하나의 정지 궤도 위성과 통신하는지 또는 여러 대의 위성과 통신하는지 여부에 따라 결정됩니다.

일부 위성은 밤에 지상에서도 볼 수 있을 정도로 크고 빛을 잘 반사합니다. 실제로 최근에는 지구 주위에 워낙 많은 위성이 공전하고 있다 보니, 위성을 촬영하는 게 인기 있는 취미가 됐습니다. 많은 웹사이트가 위성의 궤도를 추적하고 언제 어디에서 볼 수 있는지, 하늘에서 얼마나 밝게 빛날지 예측 정보를 제공합니다. 위성이 밝게 보이는 이유는 매끄러운 위성 표면이나 태양광 패널에 태양 빛이 반사되어 반짝거리는 모습이 지구에서 관측되기 때문입니다. 밤이 막 찾아온 시간이나 새벽 직전에 위성이 가장 잘 보이곤 하는데, 이때 하늘은 지구의 그림자(**어스름**이라고 부르기도 합니다)로 인해 어두운 반면 태양은 지표면 근처에 있어서 높은 고도에 있는 물체를 비추기 때문입니다. 지구를 도는 가장 유명한 위성은 국제 우주 정거장(ISS)이죠. 국제 우주 정거장은 가장 크고 가장 눈에 잘 보이는 위성입니다. 오늘날 공학이 이룩한 결정체인 이 위성은 지구 거의 대부분의 밤하늘에서 한 달에 몇 번씩 관측할 수 있습니다. 매우 장관이죠.

정지 궤도 위성은 지구에서 훨씬 더 먼 궤도를 돌기 때문에 밤새도록 태양의 조명을 받습니다. 하지만 거리가 멀다는 것은 밤하늘에서 훨씬 더 어둡게 보인다는 의미이기도 합니다. 보통 이런 위성은 망원경을 써야만 볼 수 있습니다. 하지만 다른 좋은 방법이 있습니다. 장노출 사진을 이용해 관찰하는 방법이죠. 카메라에 삼각대를 장착하고 천구의 적도를 향하게 하고 2~4분 동안 셔터를 열어 둡니다. 이렇게 해서 얻은 사진에서 지구의 자전에 의해 생긴 별의 긴 궤적을 볼 수 있습니다. 하지만 자세히 보면 한 줄로 늘어선 점 모양의 빛을 찾을 수 있습니다. 이 빛이 바로 정지 궤도 위성입니다. 정지 궤도 위성은 지구 자전 속도와 정확히 일치하는 속도로 공전하기 때문에 항상 하늘의 같은 지점에서 볼 수 있습니다.

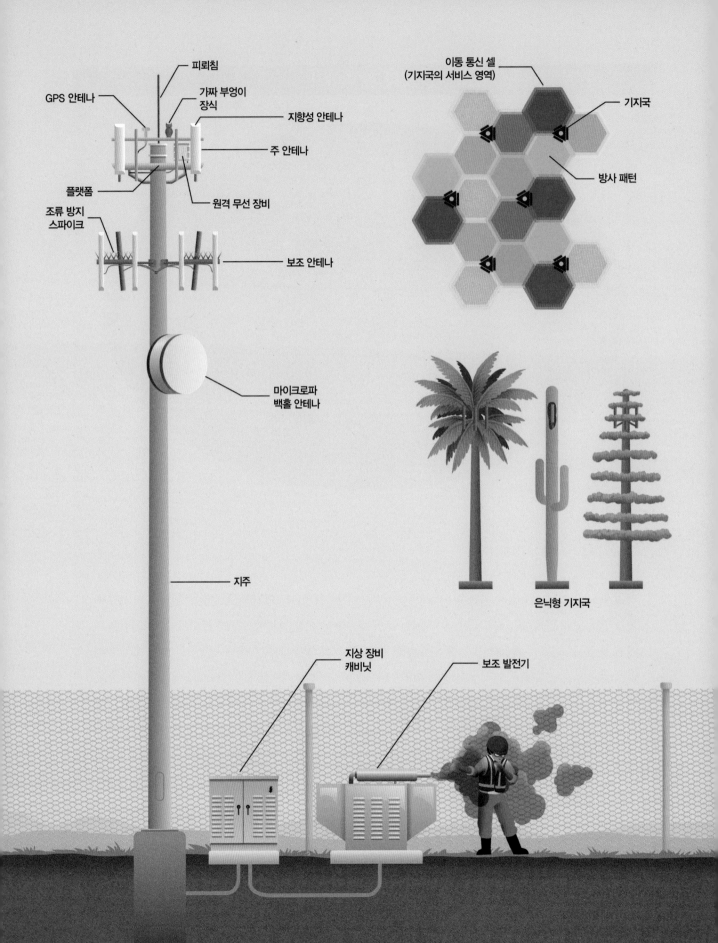

피뢰침

GPS 안테나

가짜 부엉이 장식

지향성 안테나

주 안테나

플랫폼

원격 무선 장비

조류 방지 스파이크

보조 안테나

마이크로파 백홀 안테나

지주

이동 통신 셀 (기지국의 서비스 영역)

기지국

방사 패턴

은닉형 기지국

지상 장비 캐비닛

보조 발전기

이동 통신

무선 통신은 신호가 단방향으로 전송되는 방식(AM 및 FM 라디오)과 제한된 그룹 사이에서 양방향으로 전송되는 방식(대표적으로 경찰 급파용 네트워크)으로 나뉩니다. 하나의 개별 통신 채널에서 사용할 수 있는 전자기 스펙트럼에서 주파수를 여러 개 사용하려면 제약이 따릅니다. 게다가 경찰 및 소방서 같은 공공 안전 기관, 군대, 항공기 교통관제, 텔레비전 및 라디오 방송국 등 다양한 무선 신호 사용자 사이에서 이렇게 제한된 주파수 대역을 차지하기 위해 치열한 경쟁을 벌이고 있습니다. 더 많은 사람에게 무선 전화 및 인터넷 연결을 제공하는 것은 공학이 풀어야 할 중요한 과제입니다. 무선 통신 사업자들은 좁은 주파수 범위 내에서 모바일 기기를 가진 모든 사람이 전화 네트워크와 인터넷에 접속할 수 있는 방법을 강구해왔습니다. 이를 가능하게 한 근본적인 혁신은 넓은 서비스 지역을 더 작은 **셀**로 세분화하는 기술입니다. 이동 통신을 일컫는 '셀룰러 통신'이라는 용어가 이 기술에서 비롯되었죠.

통신 안테나를 높은 타워 꼭대기에 설치해 최대한 넓은 지역에 전파가 닿게 하는 것이 더 경제적일 것 같지만, 이렇게 하면 한 번에 몇 개의 연결만 가능합니다(사용할 수 있는 무선 주파수 대역 내에서 채널당 하나씩만 연결할 수 있기 때문이죠). 대신, 통신 사업자는 여러 개의 소형 안테나를 분산 설치해 적절히 관리할 수 있는 규모의 소비자에게 서비스를 제공합니다. 이 전략을 사용하면 인접하지 않은 셀이 동일한 채널(그림에서 다른 색상으로 표시된 영역)을 재사용할 수 있기 때문에 단 수백 개의 채널만으로 하루에 수십억 개의 무선 신호를 전송할 수 있습니다. 각 이동 통신사는 유동 인구가 거의 없는 지역을 제외한 모든 지역을 커버하는 자체적인 셀 영역을 구축합니다. 육각형 모양의 격자가 이상적이지만, 각 셀의 크기와 모양은 지형, 안테나가 설치 가능한 지역의 위치, 그리고 무엇보다 서비스 수요에 따라 결정됩니다. 인구 밀집 지역은 셀의 크기가 작고, 외곽 지역의 셀은 훨씬 더 클 수 있습니다.

셀이 생겨나면서 풍경에도 변화가 나타났습니다. 바로 **기지국**(셀 사이트[cell site]라고도 부릅니다)이 생겼습니다. 기지국에는 하나 이상의 무선 셀에 서비스를 제공하는 데 필요한 모든 설비가 갖춰져 있습니다. 여기에는 타워, 안테나, 증폭기, 신호 처리 장비, 네트워크에 대한 백홀 연결, 배터리, 그리고 정전에 대비한 **보조 발전기**가 포함됩니다.

안테나를 장착하는 데 사용하는 무선 통신탑은 친숙하죠. 도시에서는 보통 **지주** 또는 격자 구조로 설치됩니다. 신호 처리는 안테나 부근에 설치된 **원격 무선 장비**에서 이뤄질 때가 많지만, 무선 장비가 지상의 **장비 캐비닛**에 위치하는 경우도 있습니다. **피뢰침**은 민감한 장비를 낙뢰로부터 보호합니다. 안테나를 야생 동물에 의한 손상으로부터 보호할 억제 장치도 필요합니다. 통신탑을 자세히 살펴보면 이 문제를 해결하기 위한 다채롭고 창의적인 아이디어를 발견할 수 있습니다. 가장 흔한 방법은 포식자를 닮은 동상(주로 부엉이 모양을 하고 있습니다)을 설치해 새를 쫓거나, 새가 안테나에 올라가거나 둥지를 틀기 어렵도록 플라스틱으로 된 **조류 방지 스파이크**를 설치합니다. 통신탑에서 발견할 수 있는 또 다른 장치는 **GPS 안테나**입니다. 이 안테나는 보통 달걀 모양을 하고 있으며 신호 처리 장비를 동기화하기 위해 상공의 위성으로부터 정확한 시간 정보 신호를 수집합니다.

하지만 기지국이 항상 독립된 타워로만 있는 것은 아닙니다. 도시 지역을 잘 살펴보면 건물, 급수탑, 전봇대, 광고판 등 거의 모든 높은 구조물에 안테나가 설치된 것을 볼 수 있습니다. 사실, 기지국 설치를 위해 임대한 공간 주변에는 경제가 고도로 발단한 경우가 많습니다. 이곳에 자리 잡은 기업은 에이전트, 투자 회사, 그 밖에 부동산 시장의 전통적인 고객이 모두 포함됩니다. 통신 사업자는 비용을 줄이고 눈에 잘 띄는 특성을 지닌 인프라가 경관을 크게 해치지 않도록 타워나 건물을 공유하기도 합니다. 같은 타워에 둘 이상의 안테나가 층을 이루고 있는 경우도 자주 볼 수 있습니다. 기지국이 눈에 띄지 않게 하기 위해 나무나 선인장처럼 자연스러운 모습으로 위장하기도 합니다. 이런 **은닉형 기지국** 중 일부는 다른 기지국보다 더 은밀하게 우리 주변에 있습니다.

요즘에는 모바일 기기에서 사용하는 신호를 송수신하는 데 사용하는 직사각형 모양의 **지향성 안테나** 세트가 매우 쉽게 관측됩니다. 이 안테나는 셀 사이의 경계를 명확히 유지하기 위해 명확한 방향성을 지니며, 대개 120도에 이르는 범위를 커버합니다. 일부 통신탑에서 볼 수 있는 삼각형의 **플랫폼**은 하나의 기지국에서 세 개의 셀에 서비스를 제공할 수 있도록 안테나가 설치돼 있으며, 각 안테나는 인접 셀과의 간섭을 피하기 위해 방향이 세심하게 정해져 있습니다. 일부 안테나는 셀 경계를 넘어 신호가 확산되는 것을 줄이기 위해 아래쪽으로 기울어져 있기도 합니다. 각 안테나 영역의 **방사 패턴**은 대략 원형을 이룹니다. 단말기가 한 셀에서 다른 셀로 이동할 때 디지털 신호를 넘기기 위해서는(핸드오프) 중첩되는 구간이 필요합니다. 이 구간을 고려하면 셀은 대략 육각형 격자가 됩니다.

각 기지국을 코어 네트워크에 연결하는 것을 **백홀**이라고 합니다. 대부분의 휴대 전화 기지국은 광섬유 케이블을 사용해 가장 가까운 교환 센터에 연결되는 방식으로 백홀을 구성합니다. 광케이블 설치가 불가능한 경우 통신 사업자는 무선 백홀을 사용합니다. 가끔 기지국에서 볼 수 있는 베이스 드럼 모양의 원형 돌출부는 고출력 **마이크로파 안테나**입니다. 보호 덮개 속에는 위성에서 신호를 송수신하는 데 사용하는 것과 유사한 접시형 안테나가 있습니다. 이 안테나는 지향성이며 만약 이 안테나를 가운데에서 볼 수 있다면, 멀리 떨어져 있는 타워에 장착된 두 개의 안테나가 우리를 정면으로 바라보고 있는 것을 관측할 수 있을 것입니다.

이동 통신 인프라는 이 책에서 다루는 모든 주제 중에서 가장 빠르게 진화하고 있는 분야일 것입니다. 이동 전화 서비스를 제공하기 위한 수단으로 시작된 휴대 전화는 이제 많은 사람이 인터넷에 접속하는 주요 수단이 되었고, 음성 대화는 휴대 전화의 부차적인 기능이 되었습니다. 많은 사람이 '전화기'라는 용어보다 '디바이스'라는 용어를 더 선호할 정도입니다. 점점 더 많은 디바이스가 인터넷에 연결됨에 따라(흔히 **사물 인터넷(IoT)**이라고도 합니다) 초고속 무선 서비스에 대한 수요는 더욱 증가할 것입니다. 무선 통신 사업자는 계속해서 혁신을 거듭해야 하겠죠. 미래의 이동 통신 인프라가 오늘날의 인프라와 비슷한 모습이 아닐 가능성이 높을 것 같네요.

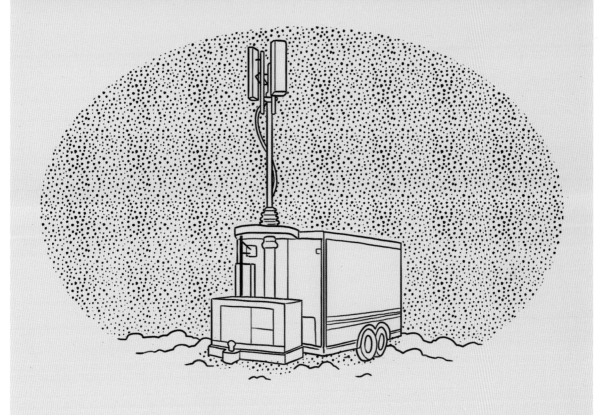

스포츠 경기나 콘서트 같이 큰 이벤트가 열리는 동안에는 이동 통신망의 수요가 용량을 훨씬 초과할 수 있습니다. 또한 통신망이 가장 필요한 순간인 재난과 같은 비상사태 발생 시에도 서비스가 중단될 수 있습니다. 이때 이동형 기지국을 사용하면 원할 때 이동 통신망을 확장할 수 있습니다. 이를 통해 이동 통신망의 용량을 추가하거나 새로운 지역으로 서비스를 일시적으로 넓힐 수 있습니다. 영어로는 '바퀴 달린 기지국cell site on wheels'이라는 뜻을 가진 카우(COW)라고도 부릅니다. 트럭이나 트레일러에 타워가 장착된 형태이며 언제든 필요할 때 대여를 통해 현장에 배치할 수 있습니다. 나중에 큰 행사에서 트레일러나 트럭에 텔레스코핑 타워가 설치돼 있는지 확인해보세요. 모바일 티켓에 접속하거나 동영상 전송을 가능하게 해준 이러한 이동 통신 서비스에 감사함을 느낄 것입니다.

3

도로

들어가며

건설 환경을 구성하는 모든 요소 가운데, 도로는 가장 눈에 띄지 않을지도 모르겠습니다. 하지만 도로는 공기만큼이나 중요하고 기본적인 요소죠. 우리는 분명 도로를 통해 지금 이 장소에 도착했고, 도로를 통해 다음 목적지로 향할 것입니다. 역사상 최초의 도로는 사람이나 동물이 두 지점 사이를 잇는 같은 길을 오래 반복해서 지나다닌 결과, 침식이 일어나면서 만들어졌습니다. 도로는 늘 어떤 형태로든 존재해왔지만, 언제나 안전하거나 편안했던 것은 아닙니다. 이전에는 오늘날의 도로 시스템이 매일 감당하는 많은 차량과 무게를 수용할 수도 없었습니다. 점점 더 많은 사람과 물품이 이동하게 되면서 도로와 자동차 전용 도로에 대한 수요는 계속 증가했습니다. 도로의 설계도 이런 수요와

함께 발전해왔습니다. 그렇게 보이지 않을 때도 있지만, 오늘날 도로는 역사상 그 어느 때보다 무거운 차량을 많이 수용할 수 있습니다. 도로는 어디에나 존재하기 때문에 그 사회적 가치를 간과하기 쉽습니다. 하지만 도로를 연구하고 설계하며 건설 및 유지 관리하는 엔지니어와 건설업자, 공공 근로자들은 도로가 물품을 운송하고 사람을 수송하는 데 얼마나 중요한지 잘 알고 있습니다. 오늘날에는 누구나 버스, 자동차, 자전거, 트럭, 오토바이, 스쿠터를 이용해 비교적 쉽고 편안하게 전 세계의 웬만한 지역을 여행할 수 있습니다. 도로가 풍경을 지배하는 모습이 마음에 들든 들지 않든, 놀라운 일인 것만은 틀림없습니다.

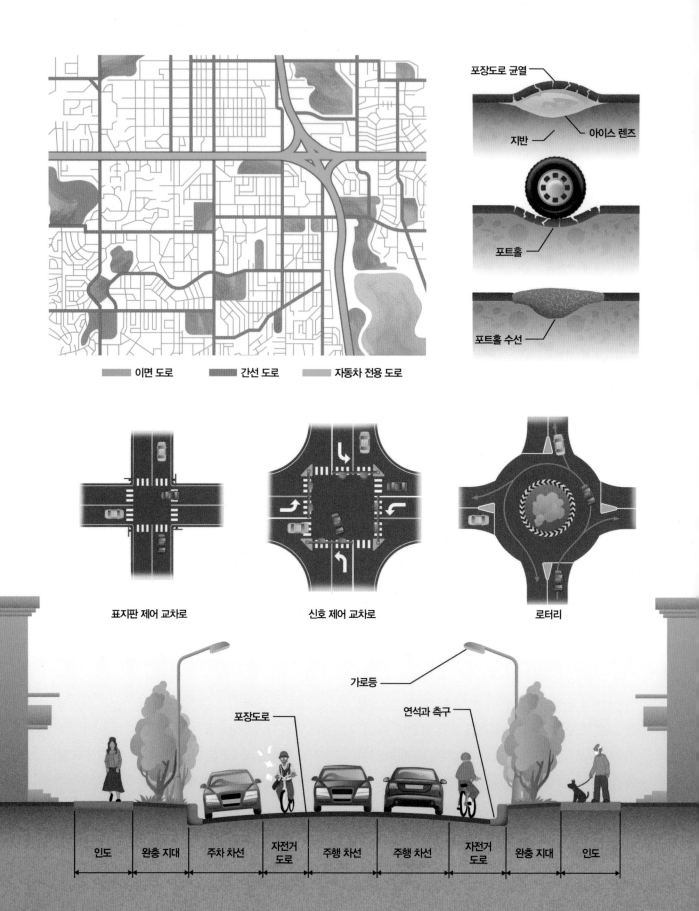

이면 도로　　간선 도로　　자동차 전용 도로

포장도로 균열

지반　　아이스 렌즈

포트홀

포트홀 수선

표지판 제어 교차로　　신호 제어 교차로　　로터리

가로등

포장도로　　연석과 측구

인도　　완충 지대　　주차 차선　　자전거 도로　　주행 차선　　주행 차선　　자전거 도로　　완충 지대　　인도

도시 간선 도로와 이면 도로

지난 100여 년 동안 자동차만큼 도시 계획과 설계에 큰 영향을 미친 요소는 없습니다. 20세기 초 자동차의 인기가 폭발적으로 증가하면서 자동차는 도시 교통의 표준 수단이 됐습니다. 이에 따라 도시는 증가하는 교통량을 수용할 도로가 필요해졌습니다. 도시는 인체 해부학에 비유할 수 있는데, 도로 역시 이 비유에 딱 맞습니다. 실제로 도로는 심혈관계에 비유될 때가 많죠. 이를테면 **자동차 전용 도로**[1]는 대동맥과 같습니다. 수송하는 양이 많고 주 목적지는 한 곳뿐입니다. 작은 **이면 도로**는 모세 혈관과 비슷합니다. 수송량이 많지 않지만 모든 개별 주택 및 사업체와 연결됩니다. 이 두 종류의 도로 사이에는 도심과 도심을 연결하는 중간 수송량의 **간선 도로**가 있습니다. 이 모든 도로가 모여 도시 교통망을 형성합니다. 덕분에 차량은 지도상의 두 장소를 (어느 정도) 효율적으로 이동합니다.

그렇지 않아 보일 때도 있지만, 도시의 도로는 자동차만을 위한 존재가 아닙니다. 이면 도로와 간선 도로는 자동차, 트럭, 버스, 자전거, 보행자, 배전 및 송전 설비, 심지어 빗물 배수 시설 경로까지 제공하는 도시의 진정한 순환 시스템입니다. 똑같은 도로는 하나도 없지만, 대부분의 도로는 기능이 대동소이합니다. 여기서는 도시에서 볼 수 있는 가장 일반적인 도로가 갖는 요소를 간략하게 살펴보겠습니다.

도로를 특징에 따라 분류하는 방법 가운데 한 가지는 **교차로**라고 부르는 도로의 교차 방식입니다. 이면 도로와 간선 도로는 같은 층, 그러니까 같은 지면 높이에서 교차하는 경우가 많습니다. 즉, 적은 수의 차량만 동시에 통과 가능하다는 뜻이며 교통 흐름에 방해를 초래할 수 있습니다. 교차로는 대다수의 충돌 사고가 발생하는 곳이기도 합니다. 이런 이유로 교통 엔지니어는 교차로를 설계하는 방법과 교차로를 최대한 안전하고 효율적으로 만드는 방법을 숱하게 고민하고 분석합니다. 이 문제를 해결하려면 공간, 비용, 탈것의 유형, 교통량, 그리고 습관이나 기대치, 반응 시간 같은 인적 요소까지 수많은 상충되는 요건을 고려해야 합니다. 가장 단순한 교차로는 정지 또는 양보 표지판을 사용해 교통 흐름을 관리하는 **표지판 제어 교차로**입니다. 비용이 많이 들지 않으면서 효율적이고 추가 공간이 필요하지 않지만, 통과하는 모든 차량이 통행에 방해를 받기 때문에 많은 교통량을 처리할 수는 없습니다. **신호 제어 교차로**는 신호등으로 통행이 가능한 방향을 지시합니다(교통 신호는 조금 뒤에 자세히 살펴봅니다). **로터리**는 중앙에 놓인 교통섬을 중심으로 차량이 계속 이동할 수 있는 회전 교차로입니다. 다른 유형의 교차로보다 공간을 더 많이 차지할 때도 있지만 뚜렷한 장점이 있습니다. 로터리는 차량이 출발하고 멈추는 과정을 생략해 교통 흐름을 방해하지 않아 효율적으로 교통을 처리합니다. 또한 속도가 느리고 차량이 한 방향으로만 이동하기 때문에 위험한 충돌이 잘 일어나지 않습니다. 물론 이 세 가지 기본 교차로 사이에는 무궁무진한 교차로 구성이 존재합니다. 운전을 오래 하다 보면, 엔지니어들이 도로 교통의 흐름을 안전하고 효율적으로 유지하기 위해 다양한 교차로 유형과 레이아웃을 사용한다는 사실을 알 수 있습니다.

---

1 옮긴이 원문은 highway입니다. 한국어로 흔히 고속 도로라고 번역하지만, 영문 highway는 간선 도로 또는 자동차 전용 도로, 진입 통제로 등의 개념으로 뜻의 범위가 넓습니다. 이 책에서는 해당 용어가 미국의 도심 자동차 전용 도로(motorway) 또는 진입 통제로(controlled access highway)의 개념으로 쓰이고 있어 자동차 전용 도로라고 옮겼습니다.

도로에는 차량을 위한 **주행 차선**이 있고, 여기에 **자전거 도로**와 **주차 차선**을 위한 공간이 더해지기도 합니다. 보통 도로 표면은 중앙이 솟아 있고 바깥쪽 가장자리로 갈수록 낮게 경사가 져 있어 빗물을 도로 표면으로부터 흘려보냅니다. 가장자리에는 **연석**이 포장도로와 건물이 있는 지역을 분리하고, **측구**가 빗물이 이동할 수 있는 통로를 제공합니다. 도시와 마을에는 도로와 인도 사이에 좁은 간격을 둘 때가 많습니다. 빠르게 달리는 차량과 보행자 사이에 안전을 위한 **완충 지대**를 제공하기 위해서입니다. 여기에는 연석, 경계석, 갓길, 도로변 화단 등 다양한 이름이 있습니다. 전봇대, 표지판, 가로등을 설치할 장소가 되기도 합니다.

포장도로가 영구적인 해결책은 아닙니다. 도시에서 운전할 때 가장 흔하게 느끼는 불만은 **포트홀**[2]입니다. 포트홀은 단순히 성가신 정도가 아니라 차량의 타이어, 충격 완화 장치에 수십억 원 규모의 손상을 입힙니다. 하지만 포트홀의 진짜 문제는 위험하다는 점입니다. 자동차는 포트홀을 피하려다 도로를 이탈합니다. 자전거, 오토바이, 스쿠터가 포트홀에 부딪히면 큰 사고가 날 수 있습니다. 포트홀은 여러 단계를 거쳐 발생합니다. 첫 번째 단계는 노면 포장의 약화입니다. 노면의 **균열**은 무해해 보일 수 있지만, 물이 스며들면서 포장도로에 치명적인 결함을 만들 수 있습니다. 포장도로 아래의 토양은 강수로 인해 **지반**이 약해지고, 도로 아래의 물이 얼어붙게 되면 **아이스 렌즈**(빙판)라고 하는 지형을 형성합니다. 물이 얼면서 팽창하는 힘으로 지반과 포장도로 사이에 균열을 만듭니다. 이후 아이스 렌즈가 녹으면 도로를 지지하던 얼음이 사라지면서 내부에 빈 공간이 생겨납니다. 타이어가 이 부분을 밟을 때마다 밑에 깔린 흙과 물이 포장도로 밖으로 밀려나게 되죠. 처음에는 이 과정이 느리게 진행되지만 포장도로 아래에서 지반이 조금씩 침식될 때마다 지지력은 줄어들고, 지지력이 줄어들면 차량에 의해 들어오고 나가는 물의 양이 많아집니다. 결국 포장도로는 충분한 지지력을 잃게 되고, 끝내 파손되어 포트홀을 형성합니다.

포트홀은 매우 큰 피해를 입힐 수 있고 차량에 불편을 끼칩니다. 따라서 도로 소유주는 포트홀이 생기지 않도록 예방하고, 포트홀이 생겼다면 수리에 시간과 비용을 많이 투자해야 합니다. 포트홀을 예방하려면 물의 침입을 막기 위해 균열을 메우는 작업을 해야 합니다. 수리는 재료, 비용, 기후 조건에 따라 다양한 방법으로 이뤄집니다. 하지만 유실된 토양과 포장도로를 교체하고 더 이상 물이 들어가지 못하도록 해당 위치를 메우는 작업은 동일하게 진행합니다. 만약 포트홀을 수리한 위치가 도로의 나머지 부분과 잘 연결되지 않은 경우에는 동일한 위치에 포트홀이 다시 생겨날 수 있습니다.

---

2 **옮긴이** 움푹 패인 구멍입니다.

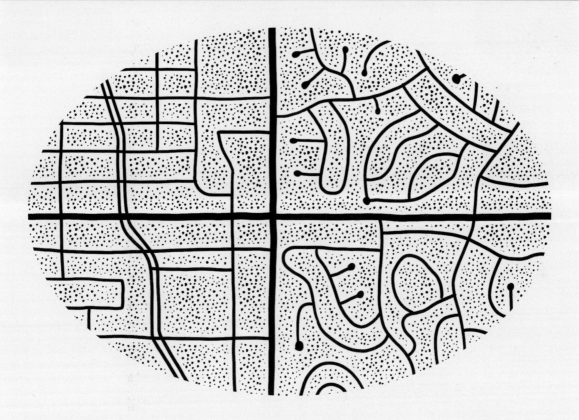

도시의 거리 배치는 나라마다 다르고, 한 나라 안에서도 도시마다 다릅니다. 하지만 공통적으로 논리적인 격자 패턴으로 배열된 도시가 많습니다. 격자무늬는 인류 역사만큼이나 오래된 패턴입니다. 역사 초기에 계획된 많은 도시는 일정한 간격을 유지하며 서로 직각을 이루는 거리로 구성됐습니다. 격자 패턴으로 구성된 거리에서는 길을 쉽게 찾을 수 있고 경로도 다양하게 선택할 수 있죠. 하지만 교차로가 많다는 단점이 있습니다. 교차로는 충돌 사고가 발생할 가능성이 가장 높은 곳입니다. 또한 모든 도로를 우선 도로through street로 만들기 때문에 소음도 더 많이 발생하고 운전자가 주변을 덜 주의할 수 있습니다.

여러 신도시에서는 주요 교통망과 도로를 일부 단절하는 설계 방식으로 교통량을 억제합니다. 곡선형 루프, T자형 교차로, 막다른 골목으로 구성된 도로를 배치해 교통량을 줄이고 사고도 예방합니다. 한정된 몇몇 지역에서만 주요 도로가 연결되는 구조입니다. 즉, 도로를 주행하는 차량은 주로 인근 거주자들의 차량이라는 뜻이죠. 이들은 운전을 조심스럽게 할 가능성이 높습니다. 물론 이런 도로 배치 방식에도 단점은 있습니다. 단절된 순환 도로에서는 자동차 이외의 다른 교통수단을 이용하기가 어렵습니다. 오늘날 세계 곳곳에서 지역 계획을 세울 때에는 보행자와 자전거 이용자, 대중교통 이용자를 연결시키는 데 중점을 두고 있습니다.

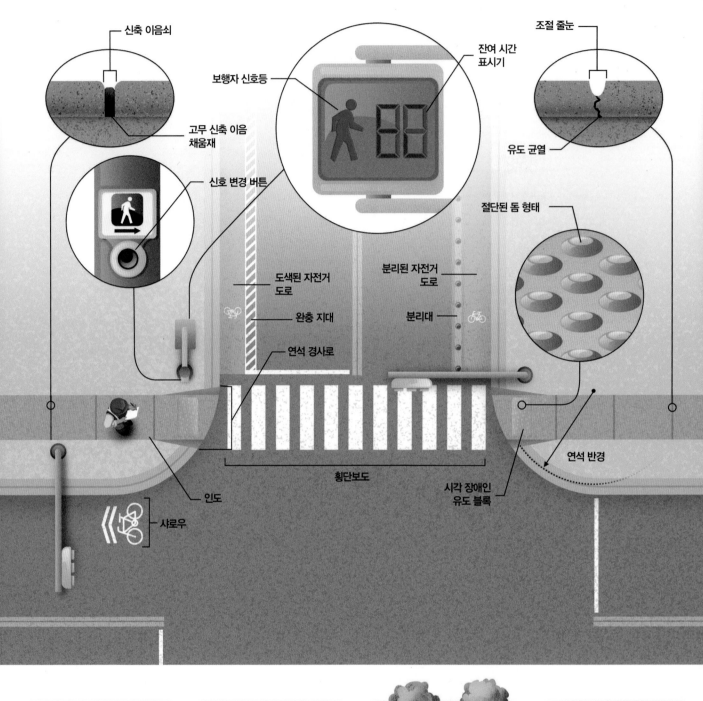

신축 이음쇠

고무 신축 이음 채움재

신호 변경 버튼

보행자 신호등

잔여 시간 표시기

조절 줄눈

유도 균열

절단된 돔 형태

도색된 자전거 도로

완충 지대

분리된 자전거 도로

분리대

연석 경사로

인도

샤로우

횡단보도

시각 장애인 유도 블록

연석 반경

차도 폭 좁힘

장애물 설치

가로수 식재

과속 방지턱 설치

교통 정온화 방법

보행자와 자전거 인프라

현재 도로 시스템은 대부분 한 가지 성능 척도, 자동차의 안전하고 효율적인 이동만을 고려해 설계됐습니다. 자동차가 도시 생활의 중심이 아니었던 시절도 있었습니다. 하지만 지난 100여 년 동안 자동차는 도시 계획과 설계의 모든 부분에서 주요한 고려 대상이었습니다. 안타깝게도 이런 자동차 위주의 접근 방식은 보행자와 자전거 등 도시의 도로를 이용하는 다른 모든 사용자의 권리를 빼앗았습니다. 개인용 자동차가 아닌 다른 교통수단을 이용해 도시를 돌아다니다 보면 여러 가지 불편과 위험에 직면하는 경우가 많습니다. 다행히 여러 도시에서 보행과 자전거 이용의 중요성을 깨닫고 있으며, 나아가 삶의 질로 연결된다는 것도 알게 됐습니다. 오늘날 사람들은 도로를 이용하는 모든 사람의 안전과 편의가 균형을 이루는 **완전한 도로**를 열망하고 있습니다.

가장 눈에 띄는 보행자 편의 시설은 도로와 분리된 좁은 길인 **인도**입니다. 인도는 다양한 재료로 만들 수 있지만, 대부분의 도시에서는 조각조각 분리된 콘크리트나 보도블록으로 구성됩니다. 인도는 보기에는 단순한 것 같지만 설계와 시공에 상당한 공학 기술이 필요합니다. 콘크리트의 균열은 반드시 발생하며, 나무 뿌리가 땅속을 침입하기도 하고 얼었다 녹기를 반복하면서 토양이 들뜨기도 합니다. 올라와서는 안 되는 차량이 인도에 올라와 강한 하중을 가하기도 합니다. 인도에는 일부러 설계한 **조절 줄눈**이 설치돼 있습니다. 조절 줄눈은 콘크리트를 인위적으로 약화시켜 균열의 위치를 일정한 간격으로 조정해줍니다. 이렇게 해서 만들어진 **유도 균열**은 무작위로 발생하는 보기 흉한 균열보다 그나마 보기 좋습니다. 또한 콘크리트는 온도에 따라 수축과 팽창을 반복합니다. 작은 구조

물에서는 이런 현상이 눈에 띄지 않을 수 있지만, 인도처럼 긴 경우에는 열에 의한 움직임이 추가될 수 있습니다. 인도가 휘거나 큰 틈이 생기는 것을 방지하기 위해 콘크리트에는 **신축 이음쇠**라는 공간을 남겨두기도 합니다. 신축 이음쇠는 때에 따라 움직일 수 있도록 목재, 코르크 또는 고무로 채워집니다.

접근성이란 장애인을 포함한 모든 사용자가 안전하고 효율적으로 인도와 기타 보행자 시설을 이용할 수 있도록 하는 방법을 설명하는 용어입니다. 인도에는 최소 폭과 경사를 지정해 쾌적한 보행 환경을 제공합니다. 인도가 연석과 만나는 곳에는 도로 바닥으로 내려가는 경사로가 있는 경우가 많습니다. 이 경사로를 **연석 경사로**라고 부르며 휠체어, 보행 보조 장치, 지팡이를 사용하는 사용자가 도로로 쉽게 이동할 수 있도록 합니다. 카트나 유모차를 밀고 있는 보행자나 자전거를 탄 어린이에게도 유용합니다. 인도에는 종종 **시각 장애인 유도 블록**이 설치돼 있습니다. 이렇게 울퉁불퉁하게 만든 부분은 시각 장애인이 인도와 도로의 경계를 구분하는 데 도움이 됩니다. 잠재적인 위험을 식별할 수 없는 사람들에게 지하철 선로나 가파른 경사, 계단, 횡단보도 등이 있다고 경고하는 역할을 하죠. 주로 대비되는 색상을 사용해 쉽게 알아볼 수 있고, **절단된 돔 형태**로 친숙한 질감을 활용하는 경우가 많습니다.

보행자 인프라에서 중요한 점은 보행자가 안전하게 길을 건너는 것입니다. **횡단보도**는 보행자가 도로를 횡단할 수 있도록 지정된 구역으로, 운전자의 눈에 잘 띄어 미리 대비할 수 있습니다. 횡단보도는 보통 교차로에 위치하며 도로에 커다란 흰색 막대 모양으로 표시됩니다. 교차로에 교통 신호가 있는 경우 각 횡단보

도 양쪽 끝에 있는 **신호등**이 보행자에게 횡단 시기를 알려줍니다. 일부 보행자 신호등에는 횡단까지 남은 시간을 알려주는 **잔여 시간 표시기**도 있습니다. 교통량에 따라 차량을 통행시키는 녹색 신호와 횡단 신호가 동시에 켜지기도 하고, 오직 보행자만 이동하는 신호 단계가 있을 수도 있습니다. 어떤 신호등은 신호 단계에 시차를 두어 보행자가 운전자보다 먼저 출발하도록 합니다. 사전에 프로그래밍된 시간대로만 작동하는 신호등이 있는가 하면, 인도에 있는 **신호 변경 버튼**을 눌러야만 작동하는 신호등도 있습니다. 하지만 신호 변경 버튼이 있다고 해서 반드시 신호 컨트롤러에 연결돼 있는 것은 아닙니다. 때로는 이런 버튼이 단순히 플라세보 효과를 내는 경우도 있고, 하루 중 특정 시간에만 작동하는 경우도 있습니다.

자전거는 가장 효율적이고 건강에 도움이 되며 재미있는 이동 수단입니다. 하지만 자전거 전용 인프라가 없는 도시에서 자전거를 탄다는 것은 종종 생명의 위협을 느끼는 일일 수 있습니다. 대부분의 지역에서는 자동차와 자전거가 동일한 주행 차선을 사용할 수 있도록 허용하는 법이 있습니다. 하지만 아주 한적한 도로를 제외하고는 주행 차선에서 자전거를 타는 게 편하다고 느끼는 자전거 운전자는 거의 없습니다. 도시에서 자전거 통행을 받아들이는 방법에는 여러 가지가 있습니다. 가장 직접적인 방법은 자동차와 자전거가 모두 다닐 수 있는 주행 차선에 자전거가 다니는 경로를 **샤로우**[3]로 표시하는 방식입니다. **통일성**은 교통 공학에서 매우 중요한 개념입니다. 모든 도로 사용자가 무슨 일이 일어날지 예상할 수 있다면 사고로 이어질 수 있는 오판을 덜 하게 될 것입니다. 샤로우는 자전거 운전자를 명시적으로 보호하거나 분리하지는 않

지만, 자동차 운전자는 여기에 자전거가 다닐 수 있다는 사실을, 자전거 운전자는 여기에 자동차가 다닐 수 있다는 사실을 암묵적으로 예상할 수 있습니다. 이를 통해 도로에서의 혼란(그리고 긴장)을 방지하는 데 도움을 주죠.

조금 더 강화된 자전거 인프라는 **도색된 자전거 도로**입니다. 이런 전용 도로는 차량과 물리적으로 구분되지는 않지만, 주요 주행 차선을 시각적으로 구분해 두 가지 교통 흐름(두 차선의 속도 차이가 많이 납니다)을 지각적으로 구분할 수 있습니다. 미국에서는 자전거 도로에 녹색 페인트를 칠해 도로의 나머지 부분과 더욱 명확하게 구분하고, 차량과 자전거 사이에 더 많은 공간을 확보하기 위해 흰색 페인트를 칠한 **완충 지대**를 두기도 합니다. **분리된 자전거 도로**는 모든 자전거 이용자에게 최고 수준의 안전과 편안함을 제공합니다. 분리된 자전거 도로는 일반 도로와 물리적인 **분리대**로 구분합니다. 물론 분리대를 설치하는 데 비용이 많이 들기 때문에 교통량이 가장 많은 경로에만 설치하는 경우가 많습니다.

보행자와 자전거를 더 안전하게 보호하는 방법은 자동차의 속도와 교통량을 줄이는 것입니다. 표시된 제한 속도를 변경하는 것만으로는 차량 속도를 늦출 수 없는 경우가 많습니다. 엔지니어와 도시 계획가들은 보다 창의적인 **교통 정온화** 방법을 사용합니다. 교차로에서 **연석 반경**을 줄이면 회전하는 차량의 속도를 늦추고 보행자의 횡단 거리를 단축할 수 있습니다. 그러나 이 방법은 트럭의 통행량이 많지 않은 지역에서만 사용할 수 있습니다. 트럭은 회전할 공간이 더 많이 필요하기 때문이죠. 교차로에서 멀리 떨어진 곳에서 교통을 정온화하는 방법으로는 **차도 폭 좁힘**, 완만

---

3 **옮긴이** 샤로우(sharrow)는 share(공유)와 arrow(화살표)를 합친 합성어로 자전거와 자동차가 공유하는 도로를 의미합니다.

한 회전 구간을 추가하는 **장애물 설치**, 시야 거리를 줄   한 물리적 장애물인 **과속 방지턱**이 있습니다.
이는 **가로수 식재**, 빠르게 속도를 내지 못하도록 설치

못다 한 이야기

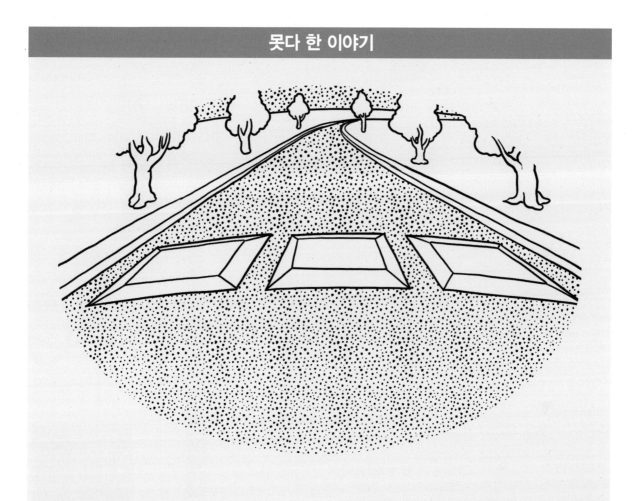

과속 방지턱에는 세 가지 종류가 있습니다. 스피드 험프, 스피드 범프, 스피트 럼프입니다. 스피드 험프는 공공 도로에서 차량 속도를 늦추기 위한 장치입니다. 보통 폭이 4미터입니다. 스피드 범프는 폭은 작지만 높이가 더 높으며 주차장이나 차고에 사용됩니다. 스피드 럼프(쿠션이라고도 합니다)는 스피드 험프와 비슷하지만 긴급 차량이 속도를 줄이지 않고 통과할 수 있도록 틈새가 있습니다. 하지만 아무리 속도를 줄인 상태라고 해도 불편하기 때문에 운전자들이 별로 좋아하지 않죠. 요즘은 차량이 빠른 속도로 지나가면 딱딱해지지만, 느리게 가면 쿵하고 부딪히는 느낌 없이 통과할 수 있는 유체를 사용하는 방식을 개발하고 있습니다.

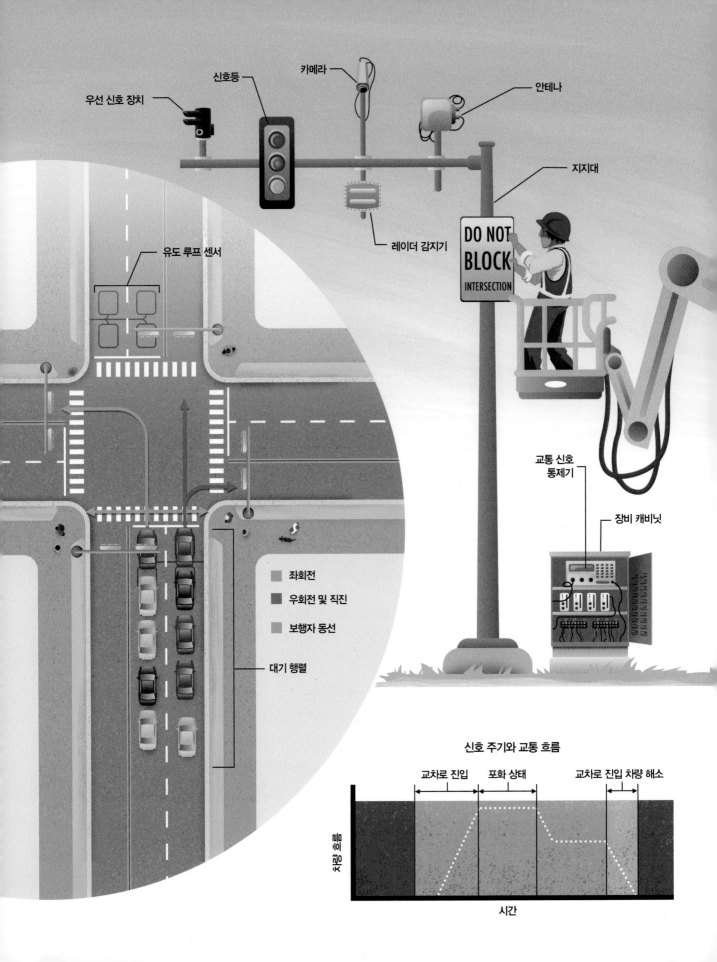

우선 신호 장치

신호등

카메라

안테나

지지대

DO NOT
BLOCK
INTERSECTION

레이더 감지기

유도 루프 센서

교통 신호
통제기

장비 캐비닛

좌회전

우회전 및 직진

보행자 동선

대기 행렬

신호 주기와 교통 흐름

교차로 진입   포화 상태   교차로 진입 차량 해소

차량 흐름

시간

교통 신호

밀집된 도시의 교통 관리는 여러 가지 상충되는 목표와 과제를 해결해야 하는 복잡한 문제입니다. 가장 중요한 문제는 자동차, 자전거, 보행자 등 여러 교통 흐름이 서로 안전하고 효율적으로 교차되어야 하는 교차로에서 발생합니다. 교차로에서 **통과할 권한**을 제어하기 위해 가장 널리 쓰이는 방법은 **교통 신호**입니다. 신호를 사용하는 것이 모든 교통 문제를 해결하는 만병통치약은 아니지만, 최소한의 공간만 사용하고 교통 흐름을 약간만 중단시키면서 많은 양의 교통량을 처리할 수 있는 등 필요한 조건을 균형 있게 만족시키는 방법입니다.

교차로는 엄격하게 표준화되어야 합니다. 그래야 익숙하지 않은 교차로에서 차량과 보행자의 조심스러우면서 혼란스러운 움직임을 마주했을 때도 각자가 해야 할 일을 알 수 있습니다. 그렇기 때문에 지역이나 국가와 상관없이 거의 모든 교통 신호가 비슷해 보입니다. 가장 단순한 교통 신호는 교차로의 각 차선을 향해 세 개의 신호등이 모여 있는 형태입니다. 신호등은 공중에 매달린 케이블이나 단단한 **지지대**에 매달려 있습니다. 신호등이 녹색이면 해당 차선의 차량이 교차로를 지나갈 수 있습니다. 신호등이 빨간색일 때는 지나갈 수 없고요. 노란색 신호등은 신호가 녹색에서 빨간색으로 곧 바뀔 것임을 알려줍니다. 이런 기본 기능 외에도 교통 신호는 모든 종류의 상황을 수용하기 위해 무수히 많은 복잡한 기능을 수행할 수 있습니다.

교차로에 접근할 때마다, 차량은 우회전, 직진, 좌회전이라는 세 가지 통행 중 하나를 택해 이동합니다. 우회전과 직진은 보통 한 번의 신호로 동시에 이뤄집니다. 따라서 사거리 교차로에는 두 가지의 차량 통행과 한 가지 보행자 통행이 이뤄집니다. 이런 통행을 묶어 교통 신호 단계를 만들 수 있습니다. 예를 들어 서로 반대편에서 마주보는 좌회전 통행은 충돌 없이 동시에 진행할 수 있으므로 같은 단계로 묶을 수 있습니다. 교통 엔지니어는 신호 주기를 통해 통행을 묶어 신호 체계를 구성하고 각 단계의 순서를 결정합니다.

또 하나 결정해야 할 중요한 지점은 각 단계의 지속 시간입니다. 이상적으로는 빨간색 신호가 켜진 동안 쌓인 대기 행렬을 해소할 수 있을 만큼 녹색 신호가 충분히 오래 지속돼야 합니다. 하지만 특히 출퇴근길의 혼잡한 교차로에서 매번 그럴 수는 없습니다. 녹색 신호일 때는 **교차로 진입** 및 **진입 차량 해소** 구간이 포함되는데, 이 시점에 교차로에는 수용할 수 있는 최대의 통행량이 진입한 상태는 아닙니다. 따라서 교차로가 **포화 상태**인 경우에는 녹색 신호가 켜지는 시간을 늘려서 주기 수를 줄일 수 있습니다.

노란색 신호는 운전자가 경고를 인지한 뒤 차량 속도를 자연스럽게 감속해 정지할 수 있을 만큼 충분히 오래 지속돼야 합니다. 여러 가지 요소를 고려해 설계 지침이 세워졌습니다. 노란색 신호의 지속 시간은 제한 속도 시속 16킬로미터당 약 1초입니다. 북미 대부분의 지역에서 노란색 신호가 켜져 있는 동안에는 교차로에 진입할 수 있습니다.[4] 빨간색 신호가 켜지더라도, 교차로에 진입한 차량이 교차로를 무사히 통과할 수 있도록 여유 시간이 필요합니다. 보통 약 1초의 여유 시간을 두지만, 제한 속도와 교차로 크기에 따라 더 늘어나거나 줄어들 수 있습니다.

---

4 옮긴이 한국에서도 마찬가지입니다.

일부 교통 신호는 컨트롤러에 프로그래밍된, 정해진 타이밍 순서를 사용합니다. 하지만 이보다 더 정교한 교통 신호가 많습니다. 신호등에 **감응식 신호 제어**를 이용하면 외부 입력을 통해 타이밍과 단계 순서를 즉시 조정할 수 있습니다. 작동 신호는 **카메라, 레이더 감지기** 또는 노면에 내장된 **유도 루프 센서** 등 교통 감지 시스템의 데이터에 의존합니다. 유도 루프 센서는 자동차나 트럭이 도로에 존재하는지 감지하는 대형 금속 탐지기입니다(자전거, 스쿠터, 오토바이는 크기가 너무 작아 이 센서에 감지되지 않을 때가 있습니다). 센서는 종류와는 상관없이, 모두 근처에 있는 **장비 캐비닛**으로 데이터를 전송합니다. 아마 이런 캐비닛을 본 적이 많을 것입니다. 무엇인지는 몰랐겠지만 말이죠.

이 캐비닛 안에는 **교통 신호 통제기**가 있습니다. 이 통제기는 간단한 컴퓨터로, 감지기의 정보를 바탕으로 각 신호 단계가 언제, 얼마나 오래 유지돼야 할지 결정합니다. **교통 감응식 신호**의 도움을 받으면, 교통 신호를 처리할 때 교통량 변화를 훨씬 더 유연하게 반영할 수 있습니다. 예를 들어 인근 도로가 폐쇄돼 평소에는 교통량이 많지 않은 교차로로 교통량을 우회시켜야 한다고 해보죠. 이 경우 도로를 폐쇄하기 전에 통제기의 프로그래밍을 바꿔야 합니다. 하지만 교통 감응 기능이 탑재된 신호등을 쓰면, 추가 교통량을 파악하고 그에 따라 신호 단계를 조정하기만 하면 됩니다. 콘서트나 스포츠 경기와 같이 평소와 다른 엄청난 교통 수요를 유발하는 특별한 이벤트가 있을 때도 유용합니다. 또한 길을 건너는 사람이 없을 때 신호가 바뀔 때까지 차량이 오래 대기하지 않아도 됩니다. 마지막으로 교통 감응식 신호는 특수한 송신기를 장착한 긴급 차량이나 대중교통 차량을 먼저 통과시킬 수 있게 우선권을 부여합니다. 적외선 또는 음파 **우선 신호 장치**는 우선권을 지닌 차량의 송신기와 통신해 신호 통제기에 녹색 신호를 켜달라고 요청합니다.

교통 감응식 신호가 가장 복잡한 신호 제어 방식인 것은 아닙니다. 각 교차로는 실제로는 더 큰 교통망의 일부지만, 교통 감응식 신호는 여전히 각 교차로를 독립된 단일 신호등으로 취급합니다. 교통망의 각 요소는 시스템의 다른 부분에 영향을 미칩니다. 대표적인 예로 차량 대기 행렬이 인접한 교차로를 막아 **정체 현상**을 일으켜 교통 흐름을 멈추게 합니다. 이 문제를 풀 수 있는 방법 중 하나는 신호를 조정해 신호등끼리 서로 동기화돼 작동하도록 만드는 **신호 연동 체계**를 활용하는 것입니다. 작은 교차로를 자주 만날 수 있는 긴 도로에서 신호 연동 체계를 사용하며, 주요 도로의 신호 타이밍을 하나로 맞춥니다. 그러면 교통 엔지니어가 **군집 주행 차량**이라고 일컫는 많은 수의 차량이 멈추지 않고 도로의 일부 또는 전체를 통과할 수 있습니다. 신호 연동 체계는 교차로를 통과하는 교통량을 크게 늘리지만, 진입로나 사업장 등 다른 교통 방해 요인이 없는 도로 구간에서만 효율적인 방식입니다. 군집 주행 차량이 움직이지 못하면 신호 연동 체계의 장점이 퇴색되죠.

효율 측면에서 다음으로 중요한 단계는 교통망 내의 신호를 조정하는 일입니다. **적응형 신호 제어 기술**이 그 역할을 합니다. 적응형 시스템에서는 각각의 신호등 그룹이 아니라 감지기로부터 수집한 모든 정보를 중앙 집중식 시스템에 보냅니다(대개 각 신호마다 설치된 **안테나**를 이용해 무선으로 전달합니다). 이 시스템은 고급 알고리즘을 사용해 도시 전체의 교통 흐름을 최적화합니다. 이 시스템을 활용하면 교통 혼잡을 획기적으로 줄일 수 있습니다. 따라서 여러 도시가 교통 신호에 이 시스템을 적용하고 있습니다.

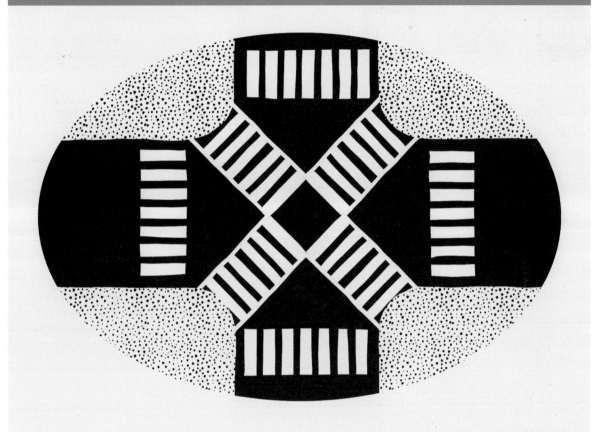

대각선 횡단보도는 모든 차량 통행을 막아 보행자가 대각선을 포함한 모든 방향으로 교차로를 건널 수 있도록 하는 신호 단계입니다. 대각선 횡단보도에서는 보행자가 대각선을 가로지르는 데 시간이 오래 걸려 운전자의 대기 시간이 길어집니다. 따라서 보행자 통행량이 많은 교차로에서만 사용할 수 있습니다. 차량이 우회전(또는 좌회전)하기 위한 신호가 보행자의 보행 신호와 겹치는 경우가 있습니다. 이때 길을 건너는 보행자가 많으면 차량은 한참을 기다려야 합니다. 대각선 횡단보도는 주로 도심지에 많이 설치됩니다.

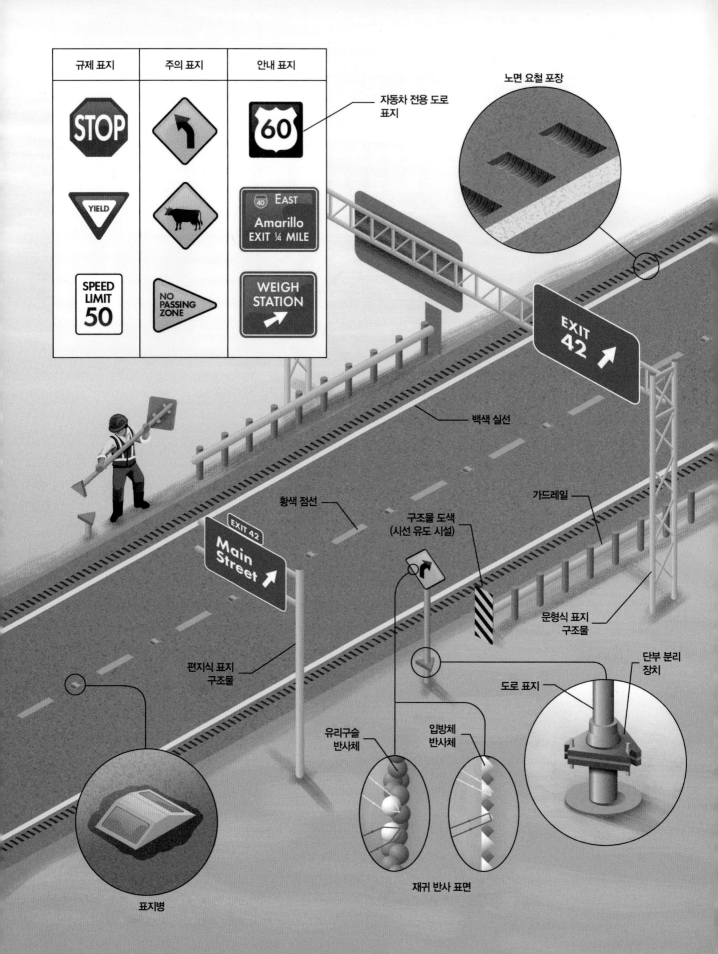

규제 표지	주의 표지	안내 표지
STOP	↰	60
YIELD	🐄	40 EAST Amarillo EXIT ¼ MILE
SPEED LIMIT 50	NO PASSING ZONE	WEIGH STATION ↗

자동차 전용 도로 표지

노면 요철 포장

백색 실선

EXIT 42 ↗

황색 점선

구조물 도색 (시선 유도 시설)

가드레일

문형식 표지 구조물

EXIT 42 Main Street ↗

편지식 표지 구조물

유리구슬 반사체

입방체 반사체

단부 분리 장치

도로 표지

표지병

재귀 반사 표면

도로 표지판과 차선

도로를 안전하고 효율적으로 만들기 위해서는 무엇보다 표지판과 도로 표시에 통일성을 주는 데 신경을 써야 합니다. 빠르게 이동하는 운전자는 판단을 내릴 시간이 별로 없습니다. 표지판을 순간적으로 알아보고 이해할 수 있어야 운전자는 물론 그 외의 도로 이용자가 혼란을 겪거나 놀라는 일을 줄일 수 있습니다. 즉, 위험한 상황을 잘못 판단하거나 잘못된 결정을 내릴 가능성을 낮출 수 있다는 뜻입니다. 도로에서 교통을 규제하거나 경고 또는 안내하는 데 사용하는 표지판과 표시를 **교통 제어 시설**이라고 통칭합니다. 교통 제어 시설을 설계할 때는 각 국가가(때로는 국제적으로) 거의 대부분의 요소를 엄격하게 표준화합니다. 크기, 모양, 위치, 색상, 기호, 문구 등을 모두 세심하게 규정하고 있어 운전자가 어디를 가든 편안하게 도로를 탐색할 수 있습니다. 나라 어디를 가든 자재, 제품, 장비가 표준화돼 있기 때문에 같은 비용으로 인프라의 효율성을 더 높일 수 있습니다. 미국에서는 교통 제어 시설의 통일성을 규정하는 매뉴얼이 800쪽이 넘습니다. 여기에는 도로 설계에서 발생할 수 있는 거의 모든 상황에 대한 지침이 적혀 있습니다.

도로 사용자가 **교통 표지판**을 인지하고 이해하며 반응하는 데 쓸 수 있는 시간은 매우 짧습니다. 따라서 가능한 한 명확하고 직접적으로 정보를 전달해야 합니다. 표지판은 먼저 형태를 통해, 그다음에는 색상을 통해, 마지막으로 의미나 기호를 통해 메시지를 전달합니다. 가장 중요한 표지판은 형태만으로도 쉽게 알아볼 수 있어야 합니다. 팔각형 모양의 정지 표지판이 대표적입니다.

도로에는 **규제 표지, 주의 표지, 안내 표지** 등 세 가지 대표적인 표지판을 사용합니다(여러 가지 부수적인 표지판도 있습니다). 규제 표지는 도로 사용자에게 교통 법규를 알립니다. 속도 제한, 정지, 양보 표지판이 여기에 포함되죠. 주로 검은색, 흰색, 빨간색의 조합을 사용합니다.[5] 주의 표지는 도로 사용자에게 위험이나 예상치 못한 상황에 대해 경고합니다. 주의 표지는 대부분 검은색 글씨가 있는 노란색 마름모 형태입니다.[6] **구조물 도색**(시선 유도 시설)은 노란색과 검은색 대각선 줄무늬를 사용해 도로 또는 도로 옆에 있는 장애물을 표시하는 또 다른 유형의 주의 표지입니다. 안내 표지는 도로 사용자가 길을 찾는 데 유용한 정보를 제공하거나 길을 안내하는 표지판입니다. 대부분 녹색 사각형 판에 흰색으로 문구가 쓰여져 있으며, 흰색 테두리가 둘러져 있습니다.[7] **자동차 전용 도로 표지판**은 또 다른 유형의 안내 표지판입니다. 이 표지판은 독특한 형태(주로 방패 형태)와 색상을 사용해 다른 도로임을 알립니다.

대부분의 표지판은 도로에 인접한 금속 기둥에 설치됩니다. 기둥에 설치한 표지판은 모든 도로 사용자가 쉽게 볼 수 있도록 충분히 높게 고정해야 합니다. 표지판을 고정하는 다른 방법은 공중에 설치하는 가공 구조물을 활용하는 것입니다. 차선 한가운데에 있는 차량에서는 기둥에 장착된 표지판을 보지 못할 수도 있기 때문에, 자동차 전용 도로에서는 가공 구조물을 널리 사용합니다. 가공 구조물에 표지판을 설치하면

---

5 옮긴이 한국에서는 흰색 원에 빨간색 테두리가 둘러져 있는 표지판이 대부분이지만 다른 형태나 색도 일부 있습니다.

6 옮긴이 한국에서는 노란색 삼각형에 빨간색 테두리가 둘러져 있는 표지판을 사용합니다.

7 옮긴이 한국에서도 비슷한 색상과 모양의 표지판을 사용합니다.

모든 차선에서 표지판을 쉽게 볼 수 있습니다. 표지판을 설치하는 방식에는 두 가지가 있는데, 하나는 단일한 수직 부재에 매다는 경우입니다. 이를 **편지식 표지 구조물**이라고 부르며 가해지는 하중이 불균형하기 때문에 가까운 곳까지만 표지판을 설치할 수 있습니다. 더 넓은 도로에서는 **문형식 표지 구조물**을 활용해 표지판을 설치합니다.

표지판은 도로를 안전하고 효율적으로 유지하는 데 매우 중요하지만, 자칫하면 위험 요소가 될 수도 있습니다. 표지판의 좁은 기둥은 자동차나 트럭을 두 동강 낼 수 있습니다. 길을 잘못 든 차량이 표지판이나 수직 지지대에 부딪히면 차량 피해를 늘리고 다른 차와의 충돌 위험도 높아질 수 있습니다. 따라서 표지판은 충돌을 견딜 수 있어야 합니다. 대부분의 표지판 기둥은 쉽게 찌그러지는 특성이 있습니다. 차량과 표지판이 충돌할 경우 차량에 가해지는 충격을 줄여 탑승자의 부상을 최소화하기 위해서입니다. 나무로 된 기둥일 경우에는 미리 기둥에 구멍을 뚫어두어 부딪혔을 때 쉽게 부러지게 합니다. 금속으로 된 표지판 기둥은 **단부 분리 장치**를 사용할 때가 많습니다. 단부 분리 장치는 개방된 홈에 볼트로 연결된 장치입니다. 충돌하면 볼트가 쉽게 빠져나와 표지판 기둥이 휘어지죠. 단부 분리 장치에는 또 다른 장점이 있습니다. 쓰러진 표지판 기둥을 간단히 새것으로 교체할 수 있죠. 콘크리트와 받침대는 그대로 남아 있기에, 원래 있던 받침대 위에 새로운 표지판 기둥을 설치하는 것은 볼트로 고정하는 것만큼이나 간단합니다. 공중에 설치한 표지판과 구조물은 매우 튼튼하게 설계해야 합니다. 혹시나 사고로 인해 떨어지면 도로 사용자를 위험에 빠뜨릴 수 있기 때문이죠. 대신 **가드레일**이나 방벽 또는 충돌 흡수 시설을 사용해 지지대에 충돌하지 않도록 구조물을 보호합니다(이와 관련된 자세한 내용은 조금 뒤에 설명합니다).

또 다른 유형의 교통 제어 시설도 있습니다. 도로 표면 자체에 표시하는 방식이죠. 도로 사용자에게 정보를 주고 길을 안내하기 위해 페인트로 **실선**이나 **점선**을 포장도로에 칠합니다. 교통량과 예산에 따라 단순한 라텍스 페인트부터 노면에 녹여 사용하는 열가소성 플라스틱에 이르기까지 다양한 재료를 사용합니다. 눈이 내리는 지역에서는 제설기로부터 노면 표시를 보호하기 위해 표시선을 포장도로 안쪽으로 움푹 들어가게 음각 처리해서 그리는 경우도 많습니다.

표지병은 운전자를 안내하기 위해 도로 표면에 사용하는 또 다른 장치입니다. 표지병 위를 운전하면 울퉁불퉁함을 느낄 수 있기 때문에 시각 및 촉각 정보를 모두 받습니다. 표지병은 반사경의 색상에 따라 의미가 다릅니다. 흰색과 노란색은 차선을 표시하는 데 사용되죠. 파란색은 소화전 위치를 표시합니다. 빨간색 반사경을 만나면 차를 돌려야 합니다. 길을 잘못 든 운전자에게 경고하기 위해 표지병 반대쪽에 빨간색 반사경을 설치하기도 하기 때문입니다. **노면 요철 포장**은 시각보다는 청각을 위한 안전장치입니다. 포장도로에 일정한 간격으로 홈을 파서 만들죠. 차량이 차선을 벗어나면 소리와 진동을 발생시켜 운전자에게 차선 이탈을 경고합니다.

어두울 때 교통 제어 시설이 보이지 않으면 효용이 크게 떨어질 것입니다. 예전에는 야간이나 악천후시 도로 표지판을 비추는 전용 조명을 설치할 때가 많았습니다. 요즘 거의 모든 표지판과 노면 표시는 빛이 들어온 방향과 같은 방향으로 빛을 다시 반사하는 재귀 반사 방식을 사용합니다. **재귀 반사 표면**은 헤드라이트가 보낸 빛을 차량 내부와 운전자를 향해 직접 반사합니다. 덕분에 재귀 반사되지 않은 주변 환경에 비해 표지판과 노면 표시가 훨씬 밝게 보입니다. 표지판은 미세한 **유리구슬** 또는 **입방체 반사체**가 내장된 플라스틱 시트로 표면 처리해 만듭니다. 재귀 반사하는 유리구슬 반사체는 도로 표면의 표지판에도 들어 있어 전조등을 켠 차량이 표지판을 더 잘 볼 수 있게 합니다. 유리구슬과 입방체 반사체는 마치 고양이 눈이 밤에 빛을 받으면 반짝이는 것과 비슷한 기능을 합니다. 이 때문에 고양이 눈이라고 불리기도 하죠.

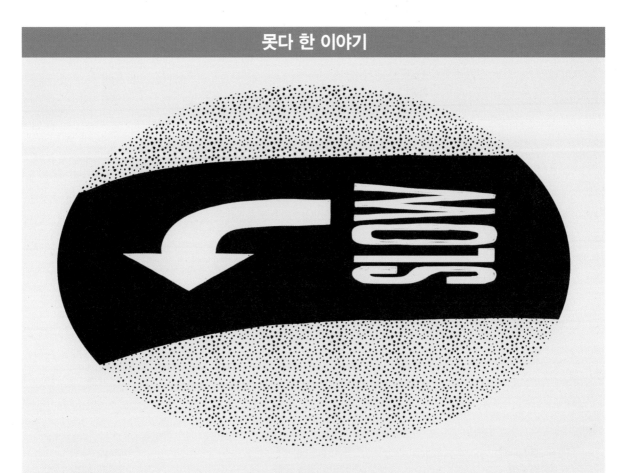

때로는 메시지나 경고가 매우 중요하기 때문에 운전자가 확실히 볼 수 있는 노면에 바로 표시하는 경우도 있습니다. 하지만 운전자의 시선과 높이가 일치하는 표지판과 달리, 노면은 낮은 각도에서만 볼 수 있습니다. 이 경우 표지판이 위아래로 납작하게 보이기 때문에 읽기 힘들죠. 운전자가 빠른 속도로 주행할 경우 이런 현상은 더욱 심해집니다. 대표적으로 대부분의 사람은 도로에 있는 점선의 길이를 실제보다 많이 짧다고 느낍니다. 점선의 표준 길이는 3미터인데, 그보다 훨씬 짧아 보입니다. 이런 착시 현상을 방지하고 운전자의 판독성을 높이기 위해 도로 표면의 문자와 기호는 위아래로 길게 그립니다. 따라서 대부분 도로 표면의 표시는 진행 방향을 따라 표준 길이의 2~5배로 길어집니다. 이 책을 눈높이에 맞춰 들어보세요. 그림의 글자가 완전히 정상으로 보일 것입니다.

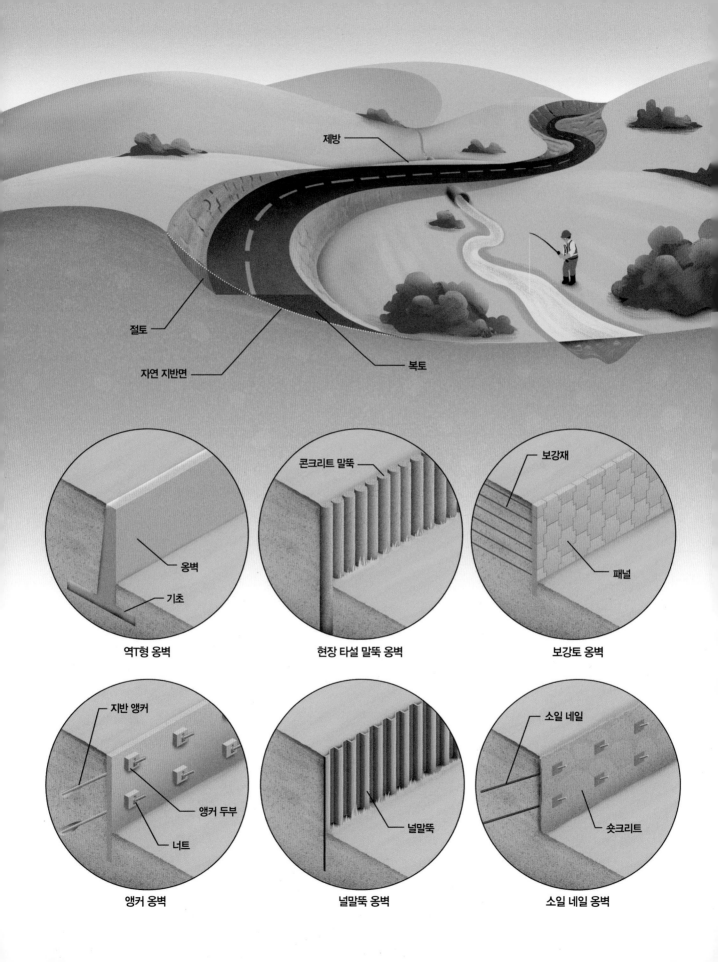

제방

절토

자연 지반면

복토

옹벽

기초

역T형 옹벽

콘크리트 말뚝

현장 타설 말뚝 옹벽

보강재

패널

보강토 옹벽

지반 앵커

앵커 두부

너트

앵커 옹벽

널말뚝

널말뚝 옹벽

소일 네일

숏크리트

소일 네일 옹벽

도로의 토목 공사와 옹벽의 종류

자연 그 자체로는 도로 건설에 그다지 적합하지 않습니다. 지구는 평평하지 않아서 생각처럼 빠르고 쉽게 가로지를 수가 없습니다. 안전하고 효율적으로 이동하기 위해서는 수평, 수직 방향으로 완만하게 휘어 있어야 합니다. 경사는 너무 가파르지 않아야 하고, 가고자 하는 지점 사이를 잇는 도로를 직접 만들어야 합니다. 한마디로 도로를 건설하려면 지구 표면을 매끄럽게 다듬을 방법이 필요합니다. 땅의 모양과 구조를 바꾸기 위해 사용하는 모든 방법을 **토목 공사**라고 합니다 토목 공사는 도로 건설에서 가장 중요한 부분입니다.

엔지니어와 계약 업체는 **단면도**를 사용해 도로의 모양을 전달합니다. 이 도면은 도로의 길이에 따라 도로를 가로지르는 단면을 보여줍니다. 도로 건설에서 사용하는 언어라고 할 수 있습니다. 단면도를 보면 공사 전의 표고(**자연 지반면**이라고 합니다)와 완공 후의 지표면을 확인할 수 있습니다. 이 두 선에 차이가 있으면 토목 공사가 필요하다는 뜻입니다. 건설이 이뤄질 도로 위의 영역은 굴착이 필요합니다. 이 영역을 **절토** 영역이라고도 부르죠. 가파른 언덕을 통과할 때처럼 최종 표고가 주변 지형보다 낮을 경우 굴착이 필요합니다. 개울 위를 지날 때나 다리에 연결되는 곳의 도로는 **복토** 작업을 통해 아래 영역을 높여야 합니다. 더 넓은 영역에 걸쳐 이뤄지는 복토는 **제방**이라고 부릅니다. 절토와 복토는 모든 토목 공사에서 가장 기본이 되는 요소입니다. 물론 토목 공사 전과 후를 나란히 놓고 시각적으로 비교할 수는 없습니다. 하지만 주의를 기울이면 자연 경관에서 어디가 바뀌었는지 쉽게 알 수 있습니다.

절토와 복토 작업을 완료한 부분을 살펴보면 자연 지반면과 비슷하다는 사실을 알 수 있습니다. 토양의 강도는 거의 전적으로 개별 토양 입자 사이의 마찰력에 달려 있습니다. 책상 위에 모래를 붓는다고 생각해 봅시다. 모래 더미는 똑바로 쌓이지 않고 경사면을 형성할 것입니다. 이 경사면의 각도를 **안식각**이라고 부릅니다. 안식각은 흙이 자연스럽게 놓여 있을 수 있는 가장 가파른 각도입니다. 만약 흙더미 꼭대기에 무게를 조금 더하면 흙은 더 많이 무너질 것입니다.

경사면의 안정성은 토양의 종류와 견뎌야 하는 하중에 따라 크게 달라집니다. 하지만 엔지니어들은 25도보다 가파른 경사면을 안전하게 지을 수 있다고 보지 않죠. 즉, 경사면이 높이보다 최소 두 배 이상 길어진다는 뜻입니다. 이는 두 가지 측면에서 문제가 됩니다. 먼저 수직으로 세울 수 있는 경사면보다 약 2배의 자재가 필요합니다. 건설에 더 많은 굴착이나 복토가 필요해진다는 뜻입니다. 더 많은 공간을 차지한다는 것도 문제입니다. 특히 혼잡한 도시에서는 공간이 부족할 수 있죠. 많은 경우, **옹벽**을 사용해 가파른 경사면(심지어 수직 경사면)을 지탱하는 방법으로 이런 단점을 피하는 것이 합리적입니다.

흙은 물처럼 쉽게 흐르지는 않지만, 무게는 두 배나 무겁습니다. 따라서 옹벽에 가해지는 힘(측지압)이 매우 큽니다. 옹벽은 이 압력을 견딜 수 있도록 매우 튼튼해야 합니다. 다양한 옹벽을 사용해서 여러 방식으로 이 문제를 해결할 수 있습니다. 잘 살펴보면 건설 환경에 따라 다양한 옹벽이 사용됩니다. 옹벽은 도로 건설에만 사용되는 것이 아닙니다. 다양한 용도로 응용해서 사용되죠. 가장 기본적인 옹벽은 중력을 이용해 안정성을 확보하는 **역T형 옹벽**입니다. 이 옹벽은 내부에 가둬진 토양의 무게를 활용합니다. 흙이 지렛대 역할을 하는 **기초** 위에 놓인 덕에, 벽이 횡력에 대항해 똑바로 세워질 수 있게 돕습니다.

앵커 옹벽은 수평 안정성을 제공하기 위해 **지반 앵커**(타이백이라고도 합니다)를 사용합니다. 앵커는 벽 뒤의 토양에 그라우팅된 강철 가닥 또는 철근으로 구성됩니다. 설치된 뒤에는 유압잭이 각 앵커에 장력을 가하고 끝이 뾰족한 쐐기 너트가 앵커를 벽에 단단히 고정합니다. **앵커 두부** 또는 플레이트는 앵커의 하중을 더 넓은 영역으로 분산합니다. 옹벽의 패턴이 반복되므로 겉모양만 봐도 금방 알아볼 수 있습니다.

말뚝이나 수직 부재를 땅에 박거나 뚫는 옹벽도 있습니다. 거대한 울타리 기둥과 같은 굴착 장비를 이용해 설치한 **철근 콘크리트 말뚝**이 여기에 포함되죠. **널 말뚝**이라고 하는 맞물리는 강철 모양도 여기 속합니다. 널말뚝 옹벽은 건설 중 임시 굴착이 필요할 때 자주 사용합니다. 굴착을 시작하기 전에 벽을 먼저 설치해 굴착된 면이 공사 전체를 지지할 수 있도록 합니다.

흔한 옹벽 유형 중 하나는 흙덩어리를 한데 묶어 그 자체가 벽 역할을 하게 하는 것입니다. 이 기술을 활용한 옹벽이 **보강토 옹벽**입니다. 복토 작업 시 사이에 **보강재**를 층층이 설치합니다. 보강재로는 강철선이나 지오텍스타일 또는 지오그리드라고 하는 플라스틱 섬유로 만든 직물을 사용합니다. 자연 지반면을 굴착해 가파른 면을 만들 때는 보강재를 층층이 추가할 수 없습니다. 대신 **소일 네일**을 경사면에 보강재로 삽입하는 방법을 사용합니다. 지반 앵커와 마찬가지로 소일 네일은 드릴로 뚫은 구멍에 강철 막대를 그라우팅 처리해 완성합니다. 다만 앵커와 달리 장력을 받지는 않습니다. 소일 네일은 벽면에 힘을 가하지 않고 대신 흙 덩어리를 한데 뭉치게 해 그 자체와, 뒤에 있는 흙을 지탱하는 역할을 합니다.

보강토 옹벽과 소일 네일 옹벽 모두 외벽에 콘크리트를 사용합니다. 이 벽면은 하중을 거의 지지하지 않습니다. 대신 노출된 토양을 침식으로부터 보호하고, 임시가 아니라 영구적으로 사용할 때에는 벽의 외관을 개선하는 역할을 합니다. 임시로 사용할 때는 압축 공기를 사용해 호스로 분사하는 콘크리트인 **숏크리트**로 외장을 완성하기도 합니다. 영구적으로 사용하기 위해 설치할 때는 장식 패턴이 있는, 서로 맞물리는 구조의 콘크리트 **패널**을 사용합니다. 이 패널은 보기에도 좋지만, 약간씩 움직임을 허용하기도 하고 이음새 사이로 물이 빠져나갈 수 있습니다.

때때로 바닥이 흙이 아닌 암석으로 이루어진 곳에 도로를 내기 위해 절개를 해야 하는 경우가 있습니다. 암석을 뚫고 굴착하는 것은 흙을 파는 것보다 훨씬 더 어렵습니다. 대신 노출된 면을 지탱할 목적으로 옹벽을 설치할 필요는 없습니다(공학적으로 분석해본 결과, 일부가 절개된 암석도 스스로를 지탱할 수 있다고 결론을 내린 경우가 많습니다). 이 말은 많은 절개면이 덮이지 않은 채 남아 있다는 뜻입니다. 위 그림은 지구 표면 안쪽을 보여주는 놀라운 그림입니다. 절개면을 언뜻 보면 지루한 암벽처럼 보일 수 있지만, 지질학자에게 이런 지층은 다양한 지형이 어떻게 형성됐는지를 엿볼 수 있는 중요한 자료가 되죠. 사실 이런 길가의 지질학은 그 자체로 취미로 인정받고 있으며, 전 세계 여러 지역을 소개하는 가이드북도 구할 수 있습니다. 백악질의 석회암부터 소용돌이 무늬의 대리석까지, 편히 차를 타고 가며 지구의 암석에 대해 새로운 사실을 알 수 있습니다. 하지만 자칫하면 위험한 취미가 될 수도 있기 때문에 주의해야 합니다. 도로를 지나가며 어떤 바위를 볼 수 있을지 고려해서 자동차 여행 경로를 짤 수는 있습니다. 하지만 차가 많은 도로에서 정차하거나, 가파른 지형을 오를 때는 항상 주의해야 합니다.

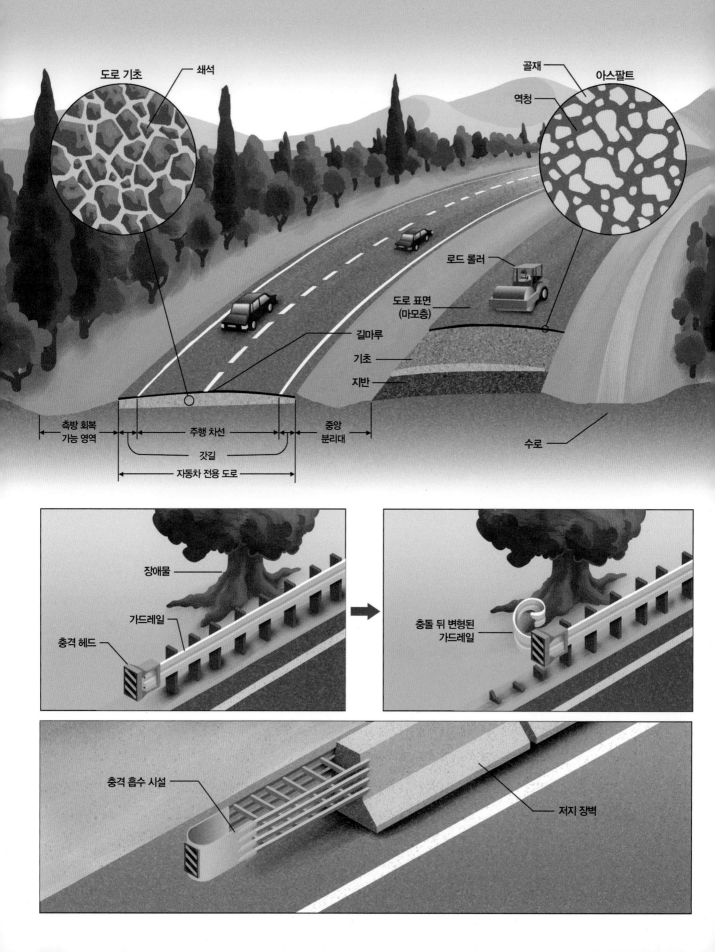

자동차 전용 도로의 구성 요소

종종 도로 건설에 왜 그렇게 시간이 오래 걸리는지 묻는 사람이 있습니다. 도로라는 게 바닥에 깔린, 단순히 포장된 띠일 뿐인데 너무 오래 걸린다는 거죠. 건설 노동자가 게으르거나 건설사가 정직하지 않아서 그런 게 아닙니다. 자동차 전용 도로가 복잡해서예요. 도로가 오늘날의 수많은 자동차와 트럭의 무게를 감당하고, 우리가 놀라운 속도로 안전하게 주행할 수 있게 된 것은 결코 쉽게 이뤄진 일이 아닙니다. 도로가 특별해 보이지 않는 이유는 딱 하나입니다. 도로가 매우 신중하게 설계되고 건설되었기 때문입니다. 자동차 전용 도로는 처음부터 끝까지 차량을 빠르고 효율적으로 이동시키기 위한 다양한 기능으로 가득합니다.

운전할 때는 표면만 보이지만, 도로의 구성 요소는 땅속에 훨씬 더 많습니다. 내구성을 갖고 오래 유지될 수 있도록, 도로는 **코스**라고 부르는 여러 층으로 건설됩니다. 새로운 도로를 설치하기 전에 앞에서 설명한 대로 지표면을 매끄럽게 하기 위해 약간의 토목 공사가 필요합니다. 도로가 건설되는 기존 토양층을 **지반**이라고 하는데, 지반이 차량 통행에 따른 엄청난 하중을 견디지 못할 수도 있습니다. 그래서 대신 **쇄석**으로 만든 **도로 기초**를 하나 이상 지반 위에 배치한 뒤 압축합니다. 도로 기초는 다양한 용도로 사용됩니다. 건설 중에는 안정적인 플랫폼 역할을 하고, 차량의 무게를 지반에 고르게 분산시키고 도로 아래로 침투하는 물을 배수하며 서리로부터 포장도로를 보호합니다.

포장도로의 가장 위층은 차량이 끊임없이 통행하는 통제된 카오스 환경에 노출돼 있습니다. 이곳을 **마모층**이라고 부릅니다. 콘크리트는 매우 단단하고 내구성이 뛰어나기 때문에 주요 자동차 전용 도로의 마모층으로 사용되곤 합니다. 콘크리트는 시멘트, 돌(업계에서는 **골재**라고 합니다), 물로 구성되며, 많은 대형 트럭이 통행하는 환경에서도 다른 어떤 포장 재료보다 잘 견딥니다. 하지만 콘크리트에도 단점은 있습니다. 설치 비용이 많이 들고 굳는 데 시간이 오래 걸리죠. 이는 도로 및 차선의 폐쇄 기간을 늘리기 때문에 수리를 어렵게 합니다. 또한 젖었을 때 너무 미끄러울 수 있어 타이어의 접지력을 높이기 위해 홈도 파야 하죠. 그래서 대부분의 도로는 콘크리트 대신 **아스팔트**로 포장합니다.

아스팔트 포장에는 두 가지 재료를 사용합니다. 원유를 정제해 만든 두껍고 끈적끈적한 결합재인 **역청**과 **골재**를 사용하죠. 아스팔트는 오늘날 도로에 필요한 조건을 상당히 많이 충족합니다. 쉽게 재료를 구할 수 있고, 홈이 없어도 타이어의 접지력을 높일 수 있습니다. 또한 아스팔트는 유연하기 때문에 지반이 움직여도 찢어지지 않으며 수리하기도 쉽습니다. 아스팔트를 가열해 작업하기 좋은 혼합물로 만든 다음 기초 위에 올리고 무거운 **로드 롤러**로 압축합니다. 아스팔트가 식으면 바로 차량 통행이 가능합니다.

자동차 전용 도로에는 포장된 도로 폭 전체가 포함됩니다. 차량이 주행하는 **주행 차선**과 고장 난 차량을 위한 긴급 정차 차선 역할을 하는 **갓길**로 이뤄집니다. 갓길은 주행 차선보다 좁고 때로는 비용 절감을 위해 얇게 포장하기 때문에 일반 차량이 주행할 수 없습니다. 자동차 전용 도로는 평평해 보이지만 보통 가장자리로 갈수록 경사가 급해집니다. 따라서 도로 중앙에 **길마루**라고 부르는 볼록하게 솟은 부분이 있습니다. 도로 표면이 평평하면 물이 빨리 빠지지 않아 물이 고이게 되고, 도로가 미끄러워지죠. 겨울에는 얼음이 생겨 차량을 위험에 빠지게 할 수 있습니다. 도로에 길마루를 만들면 빗물이 더 빨리 가장자리로 흐르고 도로 표면을 건조하게 유지할 수 있습니다. 물이 포장도로 가장자리에 도달하면 갈 곳이 필요합니다. 그렇지 않으면 도로 밑의 토양을 연성화, 약화시킬 수 있습니다. 자동차 전용 도로에는 도로변을 따라 수로를 만들어 빗물이 빠져나가도록 할 때가 많습니다(배수 시설에 대해서는 7장에서 자세히 다루겠습니다).

가장 위험한 충돌 사고는 차량이 위험한 상황을 마주하거나 통제력을 잃어 도로를 벗어날 때 발생합니다. 자동차 전용 도로에는 도로를 이탈해도 심각한 충돌로 이어지지 않도록 안전장치를 여럿 두고 있습니다. 주요한 자동차 전용 도로에서는 **중앙 분리대**로 서로 다른 방향의 교통을 분리합니다. 도로 사이에는 잔디로 덮인 영역으로 중앙 분리대를 만듭니다. 차량이 반대편 차선으로 넘어가지 못하도록 막아 정면 충돌을 예방합니다. 대부분의 자동차 전용 도로에는 도로 바깥쪽에 **측방 회복 가능 영역**이 있습니다. 장애물이 없는 구역으로, 차량이 도로를 벗어날 경우 운전자가 정지하거나 통제권을 되찾을 수 있게 합니다. 측방 회복 가능 영역에는 사고를 더욱 심각하게 만들 수 있는 나무, 표지판, 전봇대 등의 장애물이 없어야 합니다. 이 구역에 표지판을 설치해야 한다면, 잠재적 충돌의 충격을 줄이기 위해 분리형 지지대를 쓰는 게 좋습니다. 또한 측방 회복 가능 영역의 장애물을 제거할 수 없거나 충돌 위험이 있는 경우 장벽을 설치해 장애물과 충돌하지 않도록 막아야 합니다.

교통 장벽은 위험한 장애물이나 낙하물이 있을 때 차량이 도로를 벗어나지 않도록 막아줍니다. 또한 나뉘어진 자동차 전용 도로 사이의 중앙 분리대 대신 사용하거나 두 가지를 모두 사용하기도 합니다. 교통 장벽은 상황에 따라 다양한 유형으로 나뉘는데, 모두 실제 도로에서 사용되기 전에 실제 사고를 염두에 둔 충돌 테스트를 거칩니다. 강철 **가드레일**은 충돌 시 휘어지면서 충돌의 충격을 어느 정도 완화합니다. 하지만 충돌 후에는 교체해야 한다는 단점이 있습니다. 흔히 볼 수 있는 또 다른 교통 장벽은 **저지 장벽**입니다. 콘크리트로 만든 장벽으로, 타이어가 측면을 타고 올라갈 수 있는 형태라서 큰 손상 없이 차량의 방향을 바꾸게 합니다.

교통 장벽의 끝 부분을 뭉툭하게 만들면 측방 회복 가능 영역을 위험하게 하는 장애물이 될 수 있습니다. 따라서 대부분 충돌 시 충돌의 위험을 줄이기 위해 끝부분을 다른 요소를 덧대어 처리합니다. 강철 가드레일에는 충돌 시 레일을 따라 미끄러지는 **충격 헤드**가 달려 있습니다. 충돌 에너지를 흡수하는 동시에 측면으로 방향을 전환시켜 차량 탑승자를 보호하는 변형 기능이 갖춰진 경우도 많습니다. 딱딱한 장벽에는 끝부분에 **충격 흡수 시설**이 있을 때도 많습니다. 다양한 형태가 있지만, 충돌 에너지를 흡수할 수 있는 모래 또는 부서지는 강철 부품으로 채워진 통(배럴)으로 충돌의 충격을 크게 감소시키는 방식을 가장 흔히 사용합니다.

아스팔트 포장은 콘크리트와 달리 경화 과정에서 화학 반응을 거치지 않습니다. 대신 온도를 조절하면 작업용 재료 혼합물이 안정적인 주행용 도로 표면으로 변하게 할 수 있습니다. 이 과정은 완전히 가역적이며 몇 번이고 되풀이할 수 있습니다. 즉, 아스팔트는 거의 100퍼센트 재활용이 가능합니다. 실제로 아스팔트 콘크리트는 무게 기준으로 세계에서 가장 많이 재활용되는 재료에 속합니다. 우리가 매일 운전하는 도로의 대부분은 적어도 부분적으로는 수명이 다한 인근의 다른 도로나 자동차 전용 도로에서 가져온 것입니다. 심지어 아스팔트를 그 자리에서 재활용할 수 있게 하는 장비도 있습니다. 교통을 최소한으로만 막고, 자재를 작업 현장으로 운반하는 데 드는 비용까지 줄일 수 있죠. 이런 작업을 하는 일련의 차를 포장 트레인train이라고 합니다. 여기에는 오래된 아스팔트를 제거하는 밀링 머신, 아스팔트를 데워 첨가제와 혼합하는 재활용 장치, 재생된 아스팔트를 제자리에 놓는 포장 기계, 압축하는 로드 롤러가 포함됩니다.

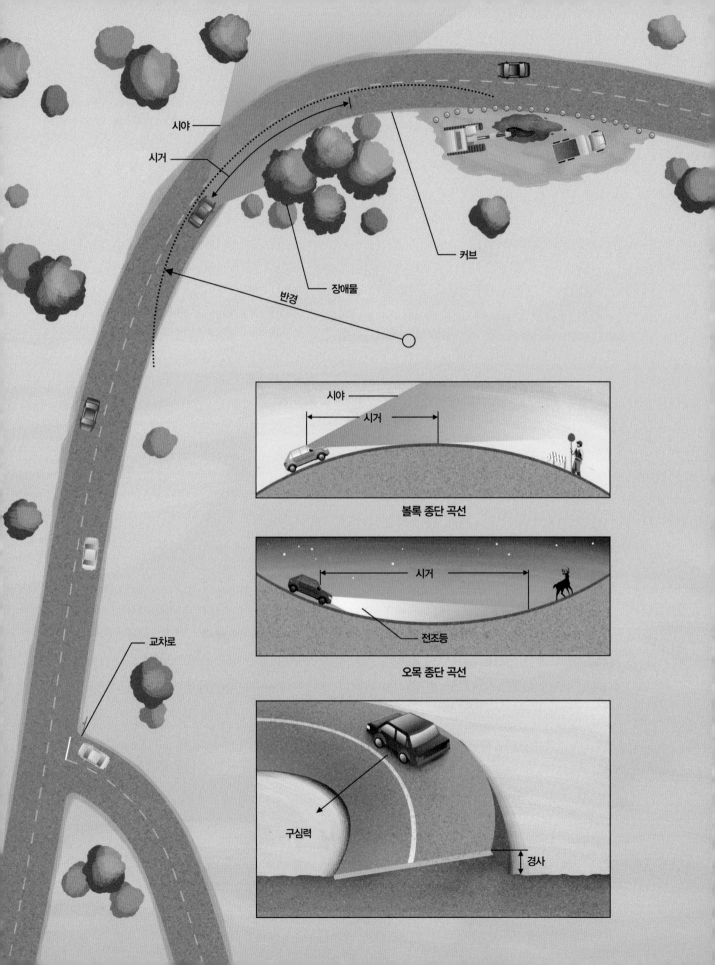

시야

시거

커브

장애물

반경

교차로

시야

시거

시거

전조등

볼록 종단 곡선

오목 종단 곡선

구심력

경사

자동차 전용 도로 설계

도시 내 간선 도로나 이면 도로와 꽤 다른 모습을 한 도로도 있습니다. 이 책에서는 자동차 전용 도로highway라는 용어를 사용하지만, 이 용어 대신 무료 고속 도로freeway, 고속 도로expressway나 도심 자동차 전용 도로motorway로 사용하는 사람도 있습니다. 무엇이라고 부르든, 이러한 도로는 **진입 통제**를 통해 높은 교통량을 달성합니다.[8] 진입 통제란 작은 자동차 전용 도로에서는 진입로와 평면 교차로를 줄이는 것을 의미합니다. 교통량이 많은 도로에서는 램프나 **나들목**(이에 대해서는 다음 절에서 더 자세히 다뤄봅니다)을 통해서만 진입 또는 진출할 수 있다는 뜻입니다. 도로의 진입을 통제하면, 방해를 줄여 흐름을 끊지 않기 때문에 상대적으로 교통 흐름을 빠르게 진행시킬 수 있습니다. 속도가 높아진다는 것은 교통량이 늘어난다는 뜻과 같습니다. 하지만 운전자가 의사 결정을 할 시간을 줄인다는 뜻이기도 하며 위험한 충돌이 발생할 가능성도 높아집니다. 우리가 믿을 수 없는 속도로 한 장소에서 다른 장소로 빠르게 돌진하는 금속 상자에 몸을 실을 수 있다는 사실이 놀랍기만 합니다. 자동차 전용 도로는 이런 이동을 가능하게 하는 안전장치를 겹겹이 갖추고 있습니다. 도로 설계를 통해 운전할 때 도로가 어떻게 펼쳐지는지가 결정되며 가장 기초적인 안전도 좌우됩니다.

이상적인 세계에서라면 모든 도로는 굴곡 없이 쭉 직선으로 뻗어 있고, 운전자는 원하는 속도로 달릴 수 있을 것입니다. 하지만 모든 고속 도로에는 커브, 언덕, 다른 차량, 장애물, 날씨와 같은 위험 요소가 존재합니다. 현실에서는 운전자가 이러한 위험을 헤쳐 나갈 수 있는 능력에 맞춰 차량의 속도를 조절해야 합니다. 자동차 전용 도로의 **설계 속도**와 공지돼 있는 **제한 속도**, 각 운전자가 실제로 주행하고자 **선택한 속도**가 항상 일치할 수는 없습니다. 운전자는 각자의 기술 수준이나 편안함을 느끼는 정도, 위험에 대한 인식에 따라 속도를 선택합니다. 도로 운영자는 안전을 위해 널리 인정되는 표준에 따라 제한 속도를 설정합니다. 고속 도로 설계자는 도로의 모든 기하학적 특징에 따라 일관된 원칙에 따르면서 동시에 대부분의 운전자가 주행할 최종 속도에 적합하도록 설계 속도를 결정합니다.

고속 도로의 **선형**은 위에서 봤을 때 보이는 수평상의 레이아웃을 의미합니다. 모든 도로에는 진행 방향을 바꾸기 위한 커브가 있습니다. 커브가 올바르게 설계되지 않으면 운전자에게 심각한 문제를 일으킬 수 있습니다. 방향을 바꾸려면 물체는 회전의 중심(구심점)을 향하는 **구심력**이 필요합니다. 그렇지 않으면 그냥 직선으로 계속 이동할 뿐입니다. 회전하는 동안 차량이 한쪽으로 밀리는 느낌이 들 때가 있습니다. 차량이 회전하는 동안 운전자가 계속 직진하려는 신체의 관성 때문에 생긴 일입니다. 차량의 경우 구심력은 타이어와 도로 사이의 마찰에서 발생합니다. 이 힘은 회전 반경이 줄어들면 증가합니다. 특정 속도와 회전 반경에서는 타이어 마찰력보다 더 큰 구심력이 필요할 수 있습니다. 이 경우 차량이 도로에서 미끄러질 수 있으므로 위험한 상황을 피하기 위해 설계자는 도로 설계 시 커브의 최소 회전 반경을 결정합니다. 설계 속도가 빠를수록, 커브는 완만해집니다.

고무 타이어가 노면에 대해 마찰력을 제공하지만,

---

8 옮긴이 따라서 이 책에서는 highway의 다양한 뜻 중에서 진입 통제로 또는 자동차 전용 도로라는 표현을 선택했습니다.

도로의 기하학적 특성을 활용하면 운전자가 커브 길에서 더 안전하게 주행하도록 할 수 있습니다. 자동차 전용 도로를 설계할 때는 더 적은 타이어 마찰력으로도 커브를 회전할 수 있도록 도로 바깥쪽 가장자리를 중앙선보다 높게 만들거나 **경사**를 인위적으로 만들 때가 많습니다. 회전 구간에서 도로에 경사를 주면 포장도로의 수직(그러니까 직각) 방향의 힘을 활용해 필요한 구심력의 일부 또는 전부를 충당할 수 있습니다. 빠르게 운행하도록 설계한 도로일수록 회전 구간 주변의 기울기는 더 가팔라집니다. 경사로를 활용하면 원심력이 승객을 좌석 밖으로 밀어내는 대신 좌석 아래로 눌러주기 때문에 커브 길을 주행할 때에도 조금 더 편안한 느낌을 받을 수 있습니다. 경사각이 적절하고 도로의 설계 속도에 맞춰 정확하게 주행한다면, 커브 길에서도 커피 잔에 담긴 커피의 높이는 전혀 변하지 않을 것입니다.

수평 커브를 설계할 때 또 한 가지 중요한 점이 있습니다. 운전자가 다가오는 물체를 확인할 수 있어야 한다는 점입니다. 그래야 그에 맞춰 적절히 대응할 수 있습니다. **시거**(가시거리)는 특정 시점에서 운전자에게 보이는 도로의 길이를 말합니다. 자동차 전용 도로에서 직선으로 뻗어 있거나 평탄한 구간에서는 운전자의 시력 외에 시거를 제한하는 요소는 없습니다. 하지만 도로의 방향이 바뀔 때에는 장애물 때문에 운전자의 **시야**가 가려질 수 있습니다. 위험을 인지하고 대응하기에 충분할 만큼 시거가 확보되지 않으면 충돌 사고가 발생할 수 있습니다. 주행 속도가 빠를수록 커브 길이나 장애물을 보고 대처 방법을 결정하는 데 더 많은 거리가 필요합니다. 차량이 미끄러지지 않고 통과할 수 있을 만큼 완만한 커브 길이라 하더라도 언덕이나 숲이 우거진 지역처럼 운전자의 시야를 가리는 장애물이 있을 수 있습니다. 이런 경우 자동차 전용 도로

설계자는 커브의 반경을 늘려 운전자가 안전상 필요할 만큼 시거를 추가로 확보하게 할 필요가 있습니다(그냥 장애물을 제거하는 방법도 있습니다).

도로의 기하학적 측면 가운데 마지막 요소는 도로 노면의 수직 구성 요소인 **프로파일**입니다. 도로가 완벽하게 평평한 지역만 통과할 경우는 거의 없습니다. 언덕을 넘어 계곡으로 내려가는 경우가 흔하죠. 도로가 기울어진 정도, 즉 경사도는 설계 시 결정해야 할 중요한 요소입니다. 도로가 너무 가파르면, 특히 대형 트럭의 경우 이동하기가 매우 어렵습니다. 오르막 구간이면 속도가 느려질 것이고, 내리막 구간이 길면 차량의 브레이크가 과열될 수 있습니다. 경사도를 변경할 때에는 들뜨거나 튀어오르는 일 없이 운전자가 편안하게 주행할 수 있도록 완만하게 이뤄져야 합니다. 무엇보다 중요한 것은 수직 커브가 운전자의 시거를 감소시킬 수 있다는 사실입니다.

볼록 종단 곡선(위쪽으로 볼록한 커브)에서는 도로가 볼록한 지점 너머로 숨어 안 보이게 됩니다. 언덕을 빠르게 올라가는 경우 반대편에 정차한 차량이나 동물과 갑작스럽게 마주칠 수 있습니다. 너무 가파른 커브에서는 장애물을 인식하고 이에 대응할 수 있는 충분한 시거를 확보하지 못합니다. 따라서 설계자는 이런 곡선이 충분히 완만해 운전자가 오르내릴 때 도로를 충분히 볼 수 있게 해야 합니다. 위쪽으로 오목한 **오목 종단 곡선**은 앞선 문제가 없습니다. 낮에는 커브 양쪽의 모든 도로를 볼 수 있습니다. 하지만 밤에는 상황이 달라지죠. 차량은 전방을 비추기 위해 전조등에 의존하는데, 때때로 전조등이 시거를 제한하는 요인이 될 수 있습니다. 오목 종단 곡선이 너무 급격한 각도로 꺾이면 전조등이 멀리까지 비출 수 없으니까요. 그 결과 시거가 줄어들고, 야간에 장애물에 반응하기 어려워집니다.

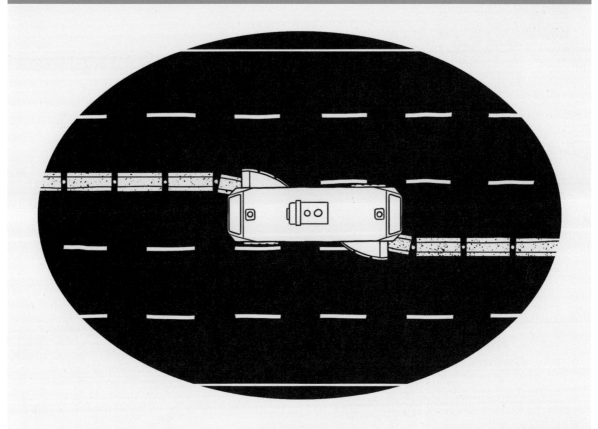

아침과 저녁 출퇴근 시간대를 모두 **러시아워**라고 부르지만, 교통량이 가장 많은 시간대의 양상은 다릅니다. 대도시에서는 주로 아침에는 도심으로 향하는 차량이, 저녁에는 도심을 벗어나려는 차량이 많습니다. 이렇게 교통량 변화가 크기 때문에 한 방향은 정체가 심하고 다른 방향은 교통량이 적은 등 도로의 활용도가 떨어지는 경우가 많습니다. 반대 차선은 텅텅 비어 있는데 이쪽 차선에서는 교통 체증에 갇혀 꼼짝 못하기도 하죠. 출퇴근길이 즐거울 수가 없습니다. 이 때문에 비어 있는 차선을 가역적으로 활용해 시간대에 따라 차선 방향을 바꾸는 곳이 많습니다. 이렇게 시간대에 따라 차선의 방향을 다르게 하는 방법에는 여러 가지가 있습니다. 가장 효과적인 방법은 **이동식 중앙 분리대**입니다. 어떤 도로에는 차선 사이를 이동할 수 있는 경첩이 달린 콘크리트 분리대가 설치돼 있습니다. 아침과 저녁 사이의 한산한 시간에 하루 두 번씩 기계가 도로를 가로질러 움직이면서 장벽을 지퍼처럼 이동시켜 한 개 또는 그 이상의 차선의 방향을 바꿉니다. 이를 통해 러시아워의 교통량을 늘려줍니다.

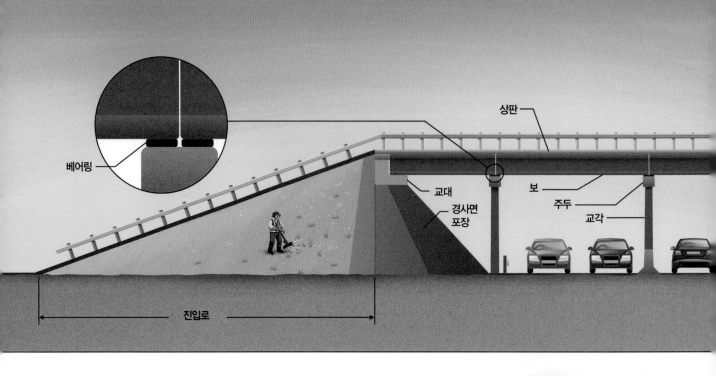

베어링

상판

교대

경사면
포장

보

주두

교각

진입로

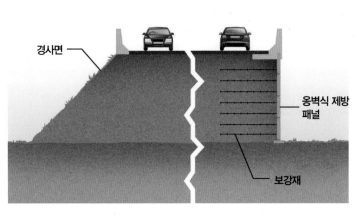

경사면

옹벽식 제방
패널

보강재

경사 제방

옹벽식 제방

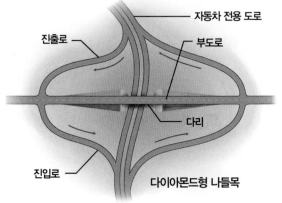

자동차 전용 도로

진출로

부도로

다리

진입로

다이아몬드형 나들목

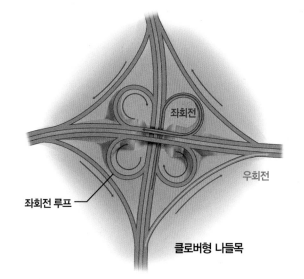

좌회전

우회전

좌회전 루프

클로버형 나들목

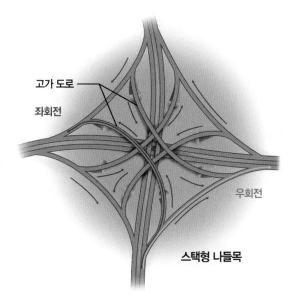

고가 도로

좌회전

우회전

스택형 나들목

나들목

이전 절의 이야기를 조금 더 이어 가 보겠습니다. 도로가 교차할 때는 거의 항상 문제가 발생합니다. 여러 교통 흐름이 겹치는 곳이라면, 공간상에서 이들 교통 흐름이 안전하게 분리될 방법이 필요해지죠. 교차로가 평면(다시 말해 지상)에 있는 경우에는 교통 흐름이 끊길 수밖에 없습니다. 대부분 표지판이나 신호, 로터리를 이용해 일부 차량이 대기하는 동안 다른 차량에게 통행을 허용하는 방식을 씁니다. 이렇게 하면 수시로 출발하고 정지하게 되는데, 이 방식은 자동차 전용 도로에서는 적합하지 않습니다. 자동차 전용 도로는 방해 요소를 줄여 고속의 교통 흐름을 원활하게 구현하기 위해 진입을 통제하기 때문입니다. 대신 자동차 전용 도로는 나들목(인터체인지)이라고도 하는 입체 교차로를 통해 진입로와 진출로 및 교차로를 구현합니다. 입체 교차로를 이용하면 교통 흐름이 끊기는 일 없이 안전하고 효율적으로 도로를 교차할 수 있습니다.

입체 교차로 가운데 가장 흔한 것은 **다이아몬드형 나들목**입니다. 진입이 통제된 자동차 전용 도로가 그보다 작은 도로(**부도로**)를 가로질러야 할 때 다이아몬드형 나들목을 사용합니다. **진출로**는 자동차 전용 도로에서 갈라져 부도로와 직각으로 만납니다. 진출로는 부도로를 지나면서 **진입로**가 돼 자동차 전용 도로로 돌아갑니다. 램프에 형성된 두 개의 교차로는 표지판이나 교통 신호로 제어합니다. 이 도로 중에는 고가 도로라고 부르는 다리를 포함하고 있어 입체적으로 분리됩니다. 자동차 전용 도로의 다리에는 외부에서 관찰할 수 있는 많은 특징이 있습니다.

다리의 상부 구조에는 차량이 주행하는 **상판**이 있고, 이를 지탱하는 구조 부재[9]인 **보**가 있습니다. 다리의 무게와 그 위에 있는 모든 차량과 트럭의 하중을 하부 구조물을 통해 다리의 기초로 전달됩니다. 하부 구조물인 **교대**(받침대)는 다리 양쪽 끝에 있는 보를 지탱해 상부 구조의 수평 및 수직 하중을 받아들이죠. 다리 각 경간 사이의 중간 지지대를 하나의 기둥으로 구성한 경우 **교각**이라고 합니다. 여러 기둥으로 구성된 프레임을 사용하는 경우에는 **벤트**라고 합니다. 교각은 보통 수직 하중만 처리하도록 설계되기 때문에, 양쪽의 교대보다 간단하고 크기도 작을 때가 많습니다. 경우에 따라 교각에는 각 보와 기둥에 힘을 고르게 분산시키기 위해 **주두**를 설치하기도 합니다.

다리는 정적인 구조물처럼 보이지만 어느 정도 유연성은 필요합니다. 차량의 진동, 기초의 침하, 온도에 따른 팽창과 수축, 심지어 바람의 힘까지도 상부 구조를 조금씩 움직일 수 있습니다. 다리는 아주 작은 움직임에도 견딜 수 있을 정도로 단단하게 만들기보다 오히려 고무와 강철을 층층이 쌓아 만든 **베어링**을 사용해 이런 작은 움직임을 받아들이죠. 이런 식의 받침대는 다리의 하중을 전달하면서 동시에 상부 구조의 움직임을 어느 정도 허용합니다.

일반 도로와 다리가 전환되는 곳을 **진입로**라고 합니다. 대개 흙으로 쌓은 **제방**으로 구성되죠. 흙을 층층이 쌓아 올려 다리까지 매끄러운 길을 만듭니다. 흙은 수직으로 쌓인 면에서는 안정적이지 않습니다. 따라서 제방은 양쪽에 **경사면**을 이루고 있을 때가 많습니다. 경사면은 토양 침식을 방지하기 위해 보통 잔디로 덮여 있습니다. 하지만 다리 아래 그늘진 곳에서는 잔디

---

9 **옮긴이** 건출물에 작용하는 설계 하중에 대해 건축물을 안전하게 지지하는 구조 내력상 주요한 부분을 말합니다.

가 잘 자라지 않습니다. **경사면 포장**이라고 불리는 콘크리트 슬래브가 다리 아래 경사진 토양 표면에 설치돼 침식을 막습니다(4장에서 다리에 대해 상세히 다룰 예정입니다).

경사 제방의 문제는 공간을 많이 차지한다는 점입니다. 도시에서는 이렇게 접근을 위해 설치하는 제방을 **옹벽**으로 지지하는 경우가 많은데, 이 때문에 귀한 공간을 내줘야 할 때가 많습니다. 이런 옹벽은 제방에 겹겹이 쌓인 **보강재**와 **옹벽식 제방 패널**로 구성됩니다. 이를 보강토 옹벽이라고 부릅니다(옹벽에 대한 자세한 내용은 95쪽을 확인하세요).

두 개 이상의 고속 도로가 만나면 나들목이 더 복잡해집니다. 이상적인 교차로라면, 모든 방향의 차량 흐름이 교차하는 도로 때문에 중단되지 않은 채 전환될 수 있어야 합니다. 이런 원활한 연결을 구현하는 방법에는 여러 가지가 있으며 장단점도 제각각입니다. 가장 기본적인 유형은 지도에서 볼 수 있는 독특한 모양에서 이름을 딴 **클로버형 나들목**입니다. 클로버형 나들목에서는 우회전하는 차량이 완만한 곡선을 따라 교차하는 도로로 길을 바꿉니다. 좌회전 차량은 교차로를 통과한 후 급격한 **좌회전 루프**를 따라 반대 방향의 다른 도로로 이동합니다. 클로버형 나들목에는 다리가 하나만 필요하므로 건설 비용이 상대적으로 저렴합니다. 그러나 단점도 있습니다. 가장 큰 단점은 좌회전 진입 램프가 출구 램프보다 앞에 있어 고속 도로에 진입하는 차량과 빠져나가는 차량이 서로 엇갈리게 된다

는 점입니다. 이런 혼란 때문에 이 구조로는 나들목을 크게 만들기가 어렵습니다.

또 다른 유형의 입체 교차로는 **스택형 나들목**입니다. 이 유형의 교차로에서 우회전은 클로버형 나들목과 비슷한 경사도를 유지합니다. 그러나 좌회전은 **고가 도로**를 통해 이뤄집니다. 두 쌍의 좌회전 램프는 자동차 전용 도로 위 또는 아래에 여러 겹 쌓듯stack 위치해 있습니다. 그래서 이 나들목에 스택형 나들목이라는 이름이 붙었습니다. 스택형 나들목의 교통량은 모든 유형의 네 방향 교차로 중 가장 높습니다. 그러나 고가 도로를 여러 겹 쌓아야 하기 때문에 복잡하고 비용이 많이 드는 구조입니다.

그 외에도 다른 많은 유형의 고속 도로 나들목이 존재하며, 현실에서 발견되는 대부분의 교차로는 다양한 디자인으로부터 요소를 차용합니다. 도시에서는 이 거대한 구조물에 제약이 많습니다. 연결된 도로도 많고 크기도 크며, 진입 방향도 고려해야 하고, 램프를 건설하기 위한 가용 공간도 부족합니다(모든 인프라 건설에 항상 존재하는 두 가지 제약 조건인 일정과 예산은 말할 것도 없습니다). 극도로 크고 복잡한 나들목을 흔히 **스파게티 교차로**라고 부릅니다. 이 교차로는 차량의 방향을 전환하는 램프가 모든 방향에서 얽히고 설킨 채 높은 곳까지 솟아 있죠. 도로 여행을 할 때, 저는 각 나들목의 가장 높은 곳을 지나가는 경로를 짜곤 합니다. 찰나일지라도 도시를 조감하는 최고의 풍경을 보기 위해서죠.

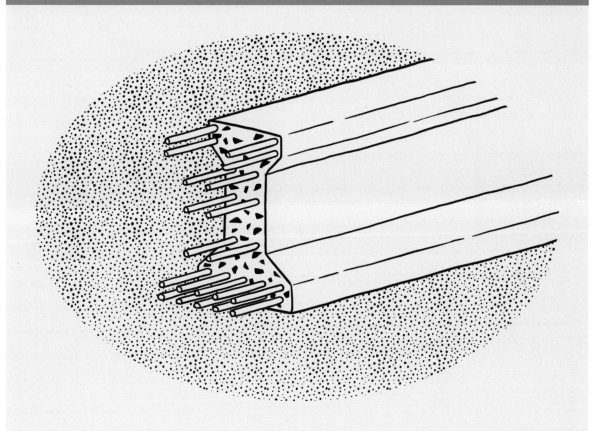

다리의 보에서 많은 비중을 차지하는 재료는 콘크리트죠. 콘크리트로 만든 보는 강철이나 다른 재료로 만든 보보다 수명이 길고 유지 보수가 덜 필요합니다. 하지만 콘크리트에는 몇 가지 약점이 있습니다. 콘크리트는 압축력에는 강하지만, 장력을 받으면 금방 부서집니다. 잡아당기려고 하면 쉽게 끊어진다는 뜻입니다. 다리의 보는 인장력과 압축력을 모두 경험하므로 두 가지 힘을 동시에 견딜 수 있어야 합니다. 그렇기 때문에 콘크리트로 만든 구조 부재를 철근으로 보강하며, 이를 **철근 콘크리트**라고 부릅니다. 콘크리트가 압축 응력에 견딜 수 있는 강도를 제공하고, 철근이 인장 응력에 대한 강도를 제공하죠. 다리 보의 경우, 이 철근에 **사전 응력**을 가할 때도 있습니다. 굳지 않은 콘크리트를 주형에 타설하는 동안 철근을 늘려 팽팽하게 유지시킵니다. 콘크리트가 굳으면 강철의 장력이 콘크리트를 압축해 보가 더 단단해지고, 균열은 덜 생깁니다. 이런 보는 공장에서 제작되며 작업 현장에 도착하면 원하는 위치에 바로 설치할 수 있습니다.

4

다리와 터널

들어가며

자연은 아름답지만 이동을 어렵게 만들기도 합니다. 사실 지구에서 가장 경관이 멋진 곳 상당수는 건너가기 어려운 곳에 있습니다. 지표면을 따라 난 도로, 철도 등의 인프라는 산과 강에서 끊기죠. 물이 많은 지형이거나 가파른 곳, 위험하거나 재해가 발생하기 쉬운 곳일 경우 앞으로 나아가기 위해서는 위로 올라가거나 아래로 내려가야만 합니다. 하지만 다리를 설치하면 도로가 협곡, 계곡, 강에 얽매이지 않아도 됩니다. 언덕이나 산, 얕은 수로를 만나면 반대편으로 뚫고 나아갈 수도 있습니다. 다리와 터널이 반대편으로 가는 길

을 만드는 웅장하면서도 특별한 구조물이라는 측면에서, 다리와 터널은 가장 축복할 만한 인류의 업적이며 동시에 공학적으로도 매우 흥미로운 대상입니다. 이들은 항상 지역의 특성에 맞춰 지형과 지질, 수문학적 특성을 고려해 설계됩니다(지역의 건축 선호도와 양식을 따르는 것은 말할 것도 없습니다). 각각의 다리와 터널이 고유한 개성을 지니고 있는 데에는 이런 이유가 있습니다. 규모와 중요성 때문에 구조물의 특성이 외부로 드러나기도 하며 연결한 두 장소의 상징이 되기도 합니다.

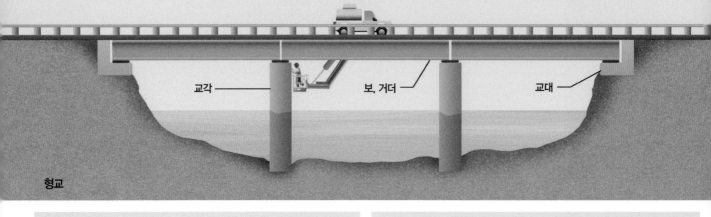

형교

교각　　보, 거더　　교대

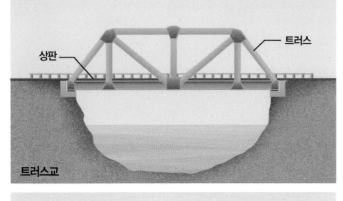

트러스교

상판　　트러스

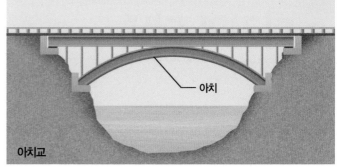

아치교

아치

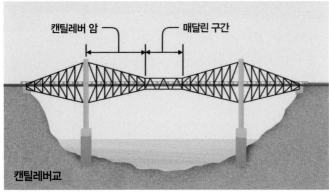

캔틸레버교

캔틸레버 암　　매달린 구간

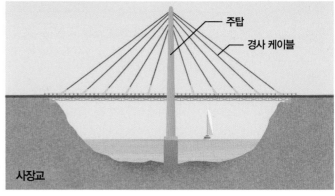

사장교

주탑　　경사 케이블

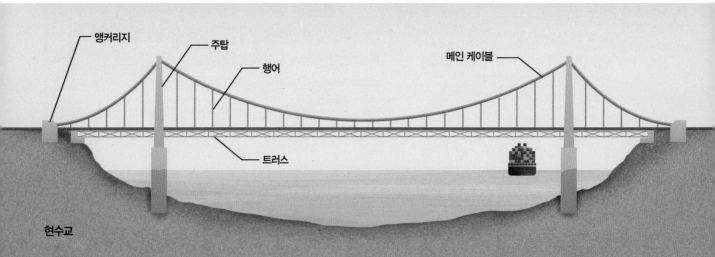

현수교

앵커리지　　주탑　　행어　　메인 케이블　　트러스

다리의 종류

우리가 일상생활에서 의존하는 인프라 대부분이 그림처럼 아름답지는 않습니다. 물론 절묘한 송전선이나 멋진 하수도를 건설할 수도 있지만, 그 비용을 감당하려는 사람은 드뭅니다. 하지만 다리는 다릅니다. 만약 아름다운 풍경을 인공 구조물로 가려야 한다면, 인류는 이를 최소한 매력적으로 만들기라도 해야 한다는 결심을 했던 것 같습니다. 물론 못생긴 다리가 세상에 존재하지 않는다는 말은 아닙니다. 하지만 다리의 물리적 외양은 설계 과정에서 중요하게 고려돼야 할 부분입니다. 건축에 관심이 많은 사람이라면 다리를 숨이 멎을 정도로 아름답다고 여기곤 합니다. 떨어진 곳을 연결하는 방법은 매우 다양하며, 기능은 모두 같더라도 형태는 완전히 다릅니다. 허공에서 상당한 하중을 지탱하는 구조물은 그것이 어떤 방식으로 건설됐든 뭔가 마법 같은 면이 있습니다.

가장 간단한 다리는 **형교**입니다. 하나 이상의 보(거더라고도 부릅니다)가 **교각**이나 **교대** 위에 놓여 있는 다리죠. 형교는 보통 넓은 거리를 가로지르는 곳에서는 사용하지 않습니다. 보의 크기가 너무 커지기 때문입니다. 어느 정도 거리가 되면 보가 너무 무거워져서 자신의 무게를 지탱하지 못합니다. 일정 거리가 넘어가면 위에 놓인 도로나 차량은 물론 보 자체의 무게도 지탱할 수 없을 정도로 보가 무거워집니다. 형교는 주로 짧은 다리나 무게를 지탱할 중간 교각이 많은 다리에 사용됩니다. 고속 도로 나들목에 사용되는 대부분의 다리는 형교입니다. 나름대로 아름답기는 하지만 고가 도로는 대개 실용적인 측면이 강합니다(나들목에 대한 자세한 내용은 3장을 참고하세요).

구조 부재의 자체 중량 문제를 해결하기 위한 한 가지 방법은 보 대신 **트러스**를 사용하는 것입니다. 트러스는 작은 요소를 조립해 만든 견고하고 가벼운 구조물입니다. 이런 경량화 덕분에 트러스는 형교보다 더 긴 거리에 걸쳐 다리를 만들 수 있습니다. **트러스교**의 형태는 다양합니다. 그림에 묘사한 다리는 도로 상판이 하부에 있고 구조 부재가 다리 위에 있는 **관통형 트러스교**입니다(구조 부재를 도로 아래에 숨긴 상판 트러스교와 반대죠).

또 다른 유형의 다리는 수천 년 동안 사용해온 구조인 **아치**를 활용합니다. 대부분의 재료는 직각으로 가해지는 힘(굽힘력이라고 합니다)보다 축을 따라 가해지는 힘을 더 잘 견딥니다. **아치교**는 곡선 부재를 사용해 다리의 무게를 교대에 전달합니다. 이때 거의 압축력만을 사용합니다. 역사가 가장 오래된 다리 가운데 상당수는 아치를 사용했습니다. 당시 사용 가능했던 재료(석재와 모르타르)로 다리를 연결할 수 있는 유일한 방법이었기 때문입니다. 강철과 콘크리트에 사용하기 쉽다는 장점 덕분에 지금까지도 아치가 다리 건설에 널리 사용됩니다.

아치를 이용하면 재료를 효율적으로 사용할 수 있지만 건설하기가 까다롭습니다. 아치는 완공되기 전까지는 지지력을 제공하지 않기 때문입니다. 양쪽의 아치가 정점에서 만나 연결되기 전까지 모든 건설 과정에 임시 지지대가 필요합니다.

아치가 도로 아래에 있는 경우 **상로형 아치교**라고 합니다(그림 속 아치교 모양이 대표적입니다). 수직 방향 지지대는 상판의 하중을 아치로 전달합니다. 아치의 일부가 도로 상부로 뻗어 있지만 상판 자체는 아래에 매달려 있는 경우 **관통형 아치교**라고 합니다. 아치는 여러 가지 방법으로 만들 수 있습니다. 철골 보를 하나씩 연결해 만들 수도 있고, 철골 트러스를 쓰기도 합니다. 철근 콘크리트, 심지어 석재나 벽돌로도 만들 수 있습니다. 아치가 압축력을 받으면 반력이라고 하는 수평 방향의 힘이 형성됩니다. 이 추가 수평 하중을 견디기 위해 아치교를 지을 때에는 양쪽에 튼튼한 받침대를 설치해야 합니다. 그게 아니라면 **타이드 아치교**의 경우처럼 케이블을 이용해 아치 양쪽을 마치 활의 줄처럼 연결해 수평 반력을 지탱하기도 합니다. 아치의 양쪽 끝이 가느다란 교각 위에 놓여 있으면 케이블로 연결돼 있다고 봐도 됩니다.

형교의 경간을 늘리는 다른 방법은 지지대의 위치를 바꿔 다리 상판 부위가 양 끝이 아니라 가운데에서 균형을 이루도록 하는 것입니다. **캔틸레버교**는 지지대에서 수평으로 돌출된 보 또는 트러스를 사용해 대부분의 무게를 경간 중앙이 아닌 지지대 위로 이동시킵니다. 보통 캔틸레버교에는 네 개의 지지대가 있는데, 이 가운데 두 개의 중앙 교각이 다리의 하중을 견딥니다. 가장 바깥쪽 지지대는 장력에 저항해 각 **캔틸레버 암**의 균형을 잡는 힘을 제공합니다. 캔틸레버교는 대형 강철 트러스를 사용하는 경우가 많지만 콘크리트로도 건설할 수 있습니다. 두 개의 캔틸레버 암 사이에 **매달린 구간**을 포함하는 경우도 있습니다.

세계에서 가장 긴 다리는 장력에 매우 강한 재료인 강철을 활용합니다. **사장교**는 높은 **주탑**에 연결된 **경사 케이블**을 이용해 다리 상판을 지탱합니다. 경사 케이블(스테이라고도 부릅니다)은 부채꼴 패턴을 형성하며 덕분에 사장교 특유의 독특한 외양이 탄생합니다. 경간 폭에 따라 주탑은 한 개일 때도 있고 두 개일 때도 있습니다. 사장교는 단순하기 때문에 다양한 구성이 가능하며 극적인(그리고 종종 비대칭적인) 형태의 다리가 등장하기도 합니다.

사장교가 상판을 각 주탑에 직접 연결하는 구조라면, **현수교**는 두 개의 거대한 **메인 케이블**을 두고 그 아래에 수직 **행어**를 달아 상판을 매답니다. 현수교는 경간이 길면서 가늘고 우아한 모습을 자랑해 지역의 상징물일 때가 많습니다. 다리 양쪽 끝에 위치한 **주탑**은 마치 빨랫줄을 지탱하는 막대처럼 메인 케이블을 지탱합니다. 다리의 무게 대부분은 이들 주탑을 거쳐 기초로 전달됩니다. 나머지는 케이블이 땅에서 뽑히지 않도록 지탱하는 커다란 **앵커리지**를 통해 받침대에 전달됩니다. 현수교는 가늘고 가볍기 때문에 바람이나 교통 하중에 의해 흔들릴 수 있습니다. 따라서 이런 움직임을 줄이도록 보 또는 트러스로 상판을 보강해야 하죠. 현수교는 건설 및 유지 보수 비용이 많이 들기 때문에 다른 구조물로 대체할 수 없는 경우에만 건설됩니다. 사람들은 현수교가 토목 공학에서 창의성이 가장 잘 발휘된 정수라고 생각합니다.

마지막 다리 유형은 보트와 선박이 통행할 수 있도록 움직이는 **도개교**입니다. 흔하지는 않지만 전 세계 각지에는 그 지역의 필요에 맞춘 개성 있는 도개교가 많습니다. 저는 새로운 도시에 방문할 때마다 도개교를 관찰하며 작동 방식을 알아내기를 좋아합니다.

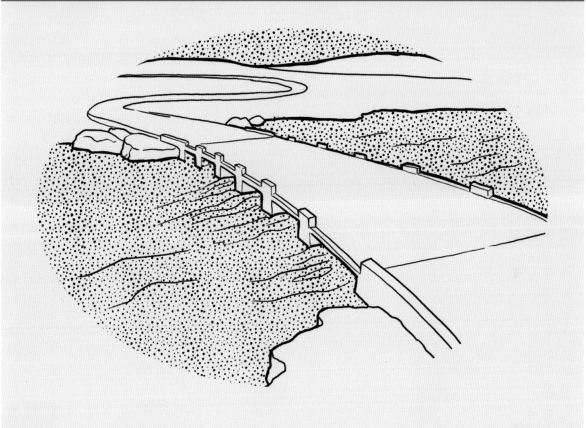

건설 자금이 모자랄 때 작은 개울을 건너는 방법으로 **저수교**를 고려해볼 수 있습니다. 홍수위보다 높은 곳에 건설되는 일반적인 다리와는 달리 저수교는 수위가 높아지면 물에 잠기도록 설계됩니다. 하천이 범람한 물의 수위가 빠르게 높아졌다 낮아지는 돌발 홍수가 잦은 지역에서 흔히 볼 수 있습니다. 이상적인 상황이라면 한 해 동안 폭우가 쏟아지는 두어 번만 제외하면 언제나 건널 수 있습니다. 하지만 몇 가지 다른 문제점이 있습니다. 우선, 이런 다리는 댐처럼 물고기의 통행을 방해할 가능성이 있습니다. 또한 안전과 관련된 문제도 있습니다. 홍수 관련 사망 사고의 상당수는 수위가 도로 높이보다 높아졌을 때 다리 위로 자동차나 트럭을 운전해 지나가려다가 일어납니다. 물은 우리가 생각하는 것보다 무겁습니다. 수심이 얕더라도 유속이 빠르다면 강이나 개울에서도 차가 쉽게 빠질 수 있습니다. 따라서 다리를 건설하지 않음으로써 절약한 재원 가운데 적어도 일부는 폭우가 내릴 때 쓸 바리케이드를 세우거나, 통행량이 많은 다리에 자동 홍수 경고 시스템을 설치하는 데 써야 합니다. 또한 도로보다 수위가 높아졌을 때, 운전자에게 절대로 건너지 말 것을 알리는 캠페인을 벌일 필요도 있습니다.

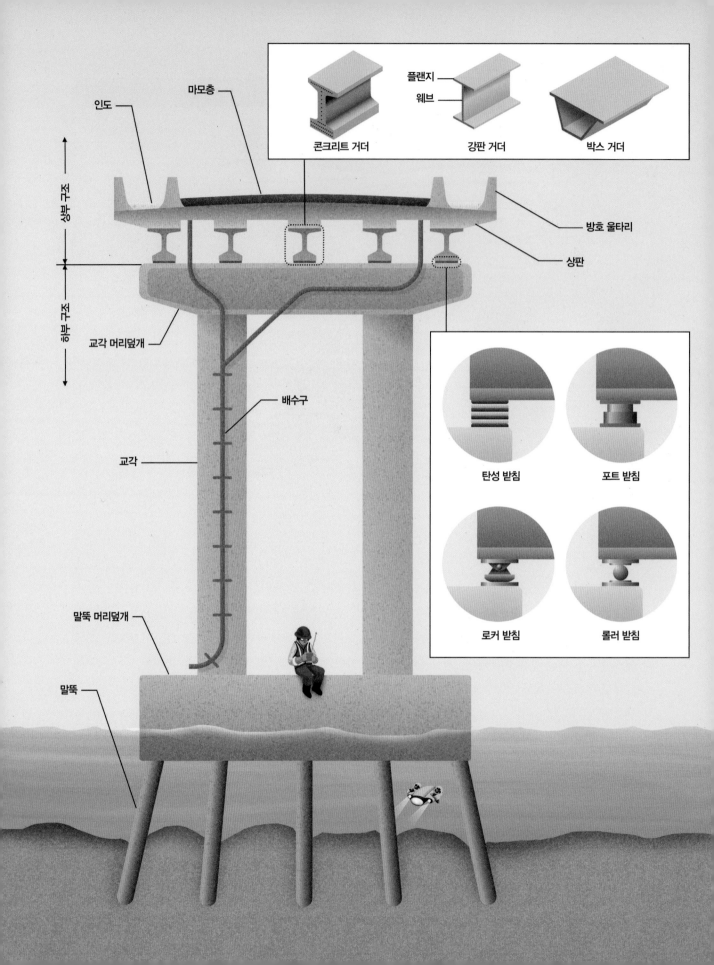

플랜지
웨브

콘크리트 거더
강판 거더
박스 거더

인도
마모층

상부 구조

방호 울타리
상판

하부 구조

교각 머리덮개

배수구

탄성 받침
포트 받침

교각

로커 받침
롤러 받침

말뚝 머리덮개

말뚝

다리의 구성 요소

똑같은 다리는 하나도 없지만, 외부에서 확인할 수 있는 공통적인 요소가 있습니다. 다리의 단면을 살펴보면 다리의 기능에 기여하는 부품들을 알 수 있습니다. 다리는 대개 **상부 구조**(차량의 하중을 양쪽 경간에 전달합니다)와 **하부 구조**(상부 구조의 무게를 기초로 전달합니다)로 나뉩니다. 이 두 부분에는 흥미로운 세부 구조가 숨어 있습니다.

차량이 이동하는 다리의 표면을 **상판**이라고 합니다. 대부분의 상판은 보 위에 놓인 콘크리트 슬래브로 구성됩니다. 상판은 **프리캐스트** 방식으로 만들기도 합니다. 프리캐스트는 콘크리트를 먼저 만들고 경화시킨 뒤 운반해 제자리에 올린다는 뜻입니다. 또는 현장에서 콘크리트가 굳을 때까지 거푸집을 이용해 상판의 모양을 유지하는 방식으로 설치하기도 합니다. 이 방법으로 시공할 경우 신중한 시공 절차가 필요합니다. 어쨌건 콘크리트는 무겁기 때문에, 보에 점점 더 많은 양의 콘크리트를 사용하다 보면 구조물이 휘기 시작합니다. 균열을 방지하기 위해, 시공업체는 작업 순서를 신중하게 조정해 이런 움직임이 콘크리트가 완전히 굳기 전 초기에 발생하도록 합니다.

빗물이 도로에 고이지 않도록 상판에는 중앙(길마루라고 합니다) 또는 한쪽 가장자리로 경사를 두고 있습니다. 콘크리트 상판 슬래브에 방수 및 포장층을 추가해 혹독한 날씨와 차량에 의한 손상으로부터 도로를 보호합니다. 이런 **마모층**은 바닥의 울퉁불퉁한 부분을 매끄럽게 만들어 자동차 운전자가 조금 더 편안히 주행할 수 있게 합니다. 하부의 슬래브는 영구적인 부분이지만, 마모층은 정기적으로 교체해야 합니다. 다리 상판에는 차량의 추락을 방지하기 위해 가장자리를 따라 **방호 울타리**를 설치하고, 구조 부재에서 물을 빼내는 **배수구**, 보행자를 위한 **인도**가 설치됩니다.

대부분의 다리에는 상판을 지지하기 위해 몇 가지 유형의 보 또는 거더를 갖추고 있습니다. 형교에서는 보가 주요 하중을 지지하며, 모든 힘을 하부 구조물에 전달하는 역할을 합니다. 하지만 다른 유형의 다리의 경우, 보는 상판에 강성을 더하거나 행어, 사장교 또는 리프팅을 담당하는 트러스 노드 사이에서 무게를 지탱하는 역할만 맡습니다. 거더는 상부와 하부 끝에 가장 큰 힘을 받죠. 거더의 상부는 압축을 받고 하부는 장력을 받기 때문에 대부분의 거더는 대문자 I와 같은 모양입니다. **플랜지**에는 재료가 더 많이 들어가고, 중앙의 **웨브**는 큰 힘이 가해지지 않기 때문에 가느다란 형태를 띕니다. 거더는 보통 **강판** 또는 **철근 콘크리트**로 만듭니다. 또 다른 인기 있는 형태는 **박스 거더**로, 폐쇄형 구조관입니다. 박스는 일반적인 거더보다 비틀림에 더 잘 견딜 수 있어 곡선형 다리에 자주 사용됩니다.

교량 받침(베어링)은 상부 구조물의 하중을 하부 구조물로 전달해 다리의 무게를 지탱하는 역할을 합니다. 거더는 교각이나 교대 위에 바로 놓을 수 없습니다. 다리가 움직이기 때문입니다. 상부 구조는 변화하는 교통 하중에 의해 변형되고 진동하며, 뜨거운 태양 아래에서는 팽창하고, 추운 겨울 밤에는 냉각돼 수축합니다. 하부 구조와 격리돼 있지 않다면, 이런 움직임은 응력을 축적하고 이는 구조 부재를 망가뜨릴 수 있습니다. 교량 받침은 두 구조를 분리하고, 동시에 힘이 균등하게 분산되도록 해 지지대 위 구조의 마모와 균열을 줄여줍니다. 이런 문제를 해결하는 흥미로운 해결책이 많으니 조금만 주의를 기울인다면 다양한 교량 받침 종류를 발견할 수 있을 것입니다.

대부분의 현대식 다리는 상판과 거더의 무게를 지

탱하는 동시에 교각 사이의 미세한 진동, 회전 및 이동을 허용하기 위해 탄성(쉽게 말해 유연한) 소재를 사용합니다. 이 **탄성 받침**은 독립된 구성 요소로 순수한 고무로 구성하기도 하고 부푸는 현상을 제어하기 위해 고무와 강판을 층층이 쌓아 구성하기도 합니다. 또 다른 방식은 강철 실린더에 탄성 소재를 넣은 **포트 받침**입니다. 포트는 고무가 옆으로 눌리는 것을 방지해 더 부드럽고 유연한 소재를 사용할 수 있게 합니다. 옆으로 밀리는 동작을 수용하기 위해 포트 받침에는 강판이 포함됩니다. 필요에 따라 다양한 동작을 억제하거나 수용하도록 설계할 수 있습니다. 과거에는 많은 다리에서 회전과 수평 이동을 모두 허용하는 **롤러 받침** 또는 **로커 받침**을 사용했습니다. 이러한 유형의 교량 받침은 유지 보수 비용이 많이 들기 때문에 대부분 점차 사라지고 있습니다.

하부 구조는 거더, 상판, 트러스, 케이블, 행어의 하중을 지반으로 전달하는 수직 요소로 구성됩니다. 하부 구조는 다리 아래의 토양과 암석의 특성, 강에서 강력한 세굴력[1]을 받는지 여부, 지지하는 다리의 유형에 따라 다양한 형태로 시공됩니다. 견고한 중간 지지대는 **교각**이라고 부릅니다. 교각 **머리덮개**(가구라고도 합니다)가 있는 여러 개의 기둥으로 구성된 경우도 있습니다.[2]

다리 경간의 양쪽 끝에는 **교대**가 있습니다. 이 지지대는 상부 구조의 수직 및 수평 하중을 모두 견디기 때문에 교각이나 벤트보다 큰 경우가 많습니다. 교대는 다리와 같은 높이에 있는 일반 도로 사이의 전환 지점 역할을 합니다. 또한 다리에 진입하는 도로 아래의 토양을 지지하는 옹벽 역할을 하기도 하죠.

다리의 **기초**는 교각 또는 교대의 무게를 지반으로 전달하는 하부 구조입니다. 일부는 기초라고 하는 간단한 콘크리트 패드로 구성됩니다. 그러나 대부분의 다리 기초는 **말뚝**, 즉 가느다란 강철 또는 콘크리트 부재를 땅에 뚫거나 박는 방식으로 시공합니다. 말뚝은 수직 방향의 힘뿐만 아니라 수평 방향의 힘에도 저항할 수 있도록 땅에 설치합니다. 각 지지대에는 여러 개의 말뚝을 사용하며, 이들 말뚝은 기둥이 놓이는 **말뚝 머리덮개**를 통해 한데 연결됩니다.

---

1 옮긴이 강물에 의해 패이는 힘입니다.
2 옮긴이 영어에서는 이를 벤트(bent)라는 용어로 구분하지만 한국어로는 동일한 교각입니다.

하부 구조와 상부 구조 사이의 교량 받침은 불필요한 응력이 쌓이지 않도록 자유로운 움직임을 허용하는 동시에 지지력도 제공합니다. 이처럼 다리 위 상판에도 움직임을 위한 간격이 필요합니다. 이 간격을 **신축 이음쇠**라고 합니다. 이 간격은 날이 매우 추울 때 다리가 수축한 만큼을 커버할 수 있을 정도로 넓어야 합니다. 다리의 경간이 길면 이 간격은 더 넓습니다. 운전자와 차량은 지지대가 없는 공간 위를 운전하고 싶어 하지 않죠. 따라서 신축 이음쇠 부분의 위에는 자동차와 트럭이 신축 이음쇠를 안전하게 통과할 수 있는 작은 다리가 있습니다. 운전자를 위해 간격을 좁히려 서로 맞물리는 강철 핑거 또는 규격에 맞는 고무 재질을 사용합니다. 다음에 다리나 고가 도로 위를 지날 때 '찰칵찰칵' 소리가 나는지 들어보세요.

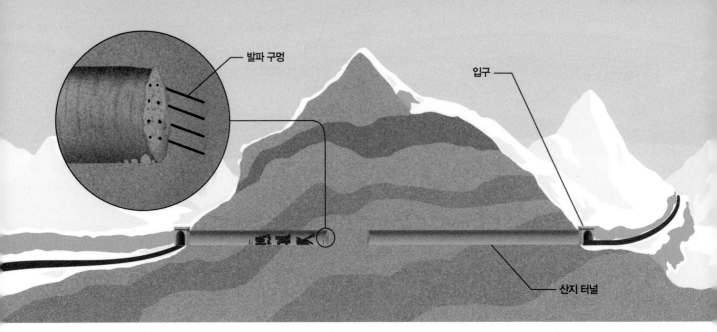

발파 구멍

입구

산지 터널

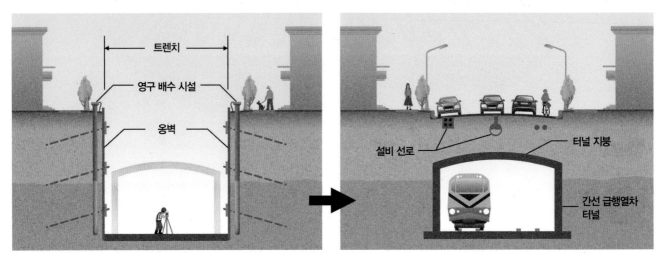

트렌치

영구 배수 시설

옹벽

설비 선로

터널 지붕

간선 급행열차 터널

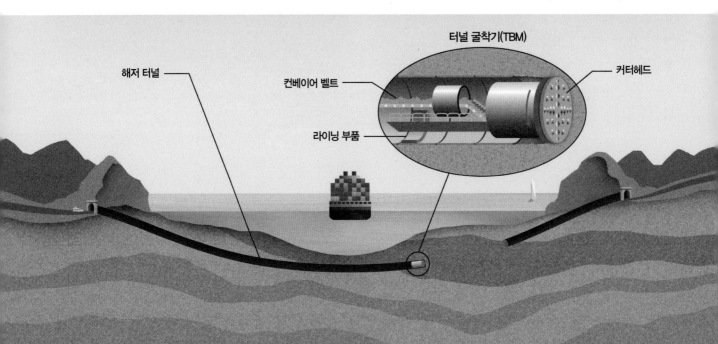

해저 터널

터널 굴착기(TBM)

컨베이어 벨트

커터헤드

라이닝 부품

터널

터널은 이해하기 어렵지 않습니다. 자동차, 기차는 물론 심지어 보행자까지 통과할 수 있는, 땅속에 있는 속이 빈 관이죠. 하지만 터널은 세계에서 기술적으로 가장 까다롭고 비용이 많이 드는 공학 프로젝트 중 하나입니다. 몇몇 인프라가 지하 관을 사용하지만(이 책에서는 이 가운데 상당수를 다루고 있습니다), 여기서는 교통에 사용되는 터널에 초점을 맞춥니다. 터널은 건설 비용이 많이 들고 시간이 오래 걸리지만, 다른 방법으로 통과하기 어렵거나 불가능한 지형지물을 횡단할 수 있게 합니다. 또한 완전히 새로운 차원의 이동을 가능하게 하고, 밀집된 도시에서 귀한 자원인 토지 이용 효율을 극대화하기도 합니다. 터널을 설계하는 엔지니어에게나 그 안을 통과하는 여행자에게나, 땅속은 낯선 세계죠. 땅속을 통과한다는 사실 그 자체만으로도 매우 흥미롭습니다.

터널의 주요한 역할은 사람이 장애물을 통과할 수 있게 하는 것입니다. 터널은 지면의 경사가 너무 가파르거나 위험한 산악 지역에서 흔히 볼 수 있습니다. 가파른 지형을 굽이굽이 돌아서 넘어가는 대신 터널을 바로 통과하는 것이 더 실용적이기 때문이죠. 일부 **산지 터널**은 터널 입구와 출구 사이의 거리가 짧지만, 가장 긴 터널은 50킬로미터가 넘습니다.

터널로 극복할 수 있는 또 다른 장애물에는 물도 있습니다. 다리를 이용해 강이나 만을 건너는 게 항상 능사는 아니거든요. 특히 해상 교통량이 많은 지역에서라면 더욱 그렇습니다. 다리의 지지대가 선박이 다니는 길을 침범하는 경우, **해저 터널**을 활용하면 보트와 선박이 제약 없이 이동할 수 있습니다.

터널은 지상 공간이 귀한, 밀집된 도시에서도 상당히 중요한 역할을 합니다. 간선 급행열차는 지하 공간을 사용하는 경우가 꽤 많은데, 덕분에 지상 도로나 다른 인프라와 충돌하지 않을 수 있습니다. **간선 급행열차 터널**은 대개 지표면 아래에서 멀지 않은 곳에 건설되기 때문에, 많은 열차 터널이 **트렌치**에서 시작해 **절개식 터널 공법**으로 건설되는 경우가 많습니다. 도심 지표면 아래를 굴착하는 것은 아주 까다롭고 어려운 작업입니다. 기존 도로의 경로를 변경해야 하고 전기나 수도 등이 포함된 설비 선로를 보호하거나, 방향을 변경해야 합니다. 근처 건물의 침하를 방지하기 위한 추가 조치가 필요할 수도 있습니다. 터널을 건설하는 동안 트렌치를 개방한 상태로 유지하려면 **옹벽**을 세워야 하죠(옹벽에 대한 더 자세한 내용은 3장을 참고하세요). 마지막으로 지하수를 지속적으로 관리해야 합니다. 옹벽이 물을 잘 막아주지 않는 경우, 일시적으로 **영구 배수 시설**을 설치해 땅에서 물을 직접 퍼내는 방법도 있습니다. 아니면 냉동 시스템과 냉각수 파이프를 사용해 물이 통과하지 못하도록 물과 흙층을 얼리는 방법도 있습니다. 이를 **땅 동결**이라고 부르며 이 임시 얼음벽은 토양을 강화하고 지하수가 작업 구역으로 이동하지 못하게 막습니다.

트렌치를 굴착하고 나면 철도든 도로든 터널 자체의 요소를 건설할 차례입니다. 마지막으로 터널 지붕을 설치하고, 트렌치를 다시 메우면 표면의 인프라를 복원할 수 있습니다.

절개식 터널 공법은 해저 터널을 건설할 때도 자주 사용합니다. **침매 터널 공법**은 조립식 터널 부품을 물 아래 준설된 트렌치에 조심스럽게 가라앉힙니다. 다이버가 각 부품을 부착하고, 터널이 뜨지 않도록 흙을 다시 채운 다음 양수기로 내부의 물을 뽑아냅니다. 도시에서는 주로 짧은 구간의 터널을 만들 때 절개식 터널 공법을 주로 사용합니다. 도시에서 몇 달 또는 몇 년 동안 땅을 길게 파헤치고 있을 수가 없기 때문이죠. 이런 문제를 막기 위해 또 다른 터널 건설 기법을 택하기도 합니다. 바로 **굴착**(보링) 공법입니다.

절개식 터널 공법과 마찬가지로, 터널 굴착 공법 역시 몇 가지 주요한 단계를 거칩니다. 먼저 토양이나 암석을 굴착한 뒤 제거하고, 주변 토사와 물을 지탱할 수 있는 지지대를 설치한 다음 터널 모양을 완성합니다. 굴착의 장점은 지상에 피해를 끼치지 않을 수 있다는 점과, 건설 속도가 빠르다는 점, 그리고 다른 방식으로 작업이 불가능한 지역(예를 들어 번화한 도로변이나 이미 건설돼 있는 건물 아래)에서 공사를 할 수 있다는 장점이 있습니다. 터널을 건설하기 위해 그동안 다양한 방식을 사용했습니다만, 오늘날에는 크게 두 가지 방식으로 터널을 뚫습니다. 하나는 발파를 통해 굴착하는 방법[3]입니다. 암석에 **발파 구멍**을 뚫고 폭약을 채운 다음 폭파합니다. 연약한 토양에서는 터널 면까지 접근할 수 있도록 임시 지지대를 사용하기도 합니다. 터널을 수동으로 굴착할 때 가장 큰 장점은 변화하는 지질에 맞게 설계를 조정할 수 있습니다. 암반이 약하거나 부서진 경우처럼 꼭 필요한 경우에만 추가 지지대를 설치하면 되니 불필요한 보강 비용을 절감할 수 있죠.

터널을 파는 두 번째 방법은 **터널 굴착기(TBM)**를 사용하는 것입니다. 이 거대한 장비는 거대한 드릴처럼 작동하며 회전하는 **커터헤드**를 사용해 암석과 흙을 갈아냅니다. 터널 굴착기에는 굴착 시 나온 암반 부스러기를 제거하기 위한 **컨베이어 벨트**와 터널 벽과 지붕을 지지하는 콘크리트 **라이닝 부품**을 설치하는 장비도 포함됩니다(터널 라이닝은 다음 절에서 자세히 설명합니다). 이 장비는 매우 비싸고 운반하기 어렵지만 터널 건설을 신속하고 효율적으로 진행할 수 있습니다. 길고 직경이 큰 터널을 파야 하거나, 지반 조건이 매우 까다로운 터널에 자주 사용합니다.

터널 굴착은 상당히 느리게 진행되기 때문에 양쪽에서 동시에 긴 터널을 건설하기도 합니다. 이렇게 하면 공사 시간이 단축되지만 문제가 생길 수 있어요. 어떻게 하면 두 명의 터널 작업자가 서로를 보지 않은 채로 중간에서 정확하게 만날 수 있을까요? 터널 건설 작업자나 터널 굴착기를 올바른 방향으로 안내하는 측량사는 GPS나 지표면의 참조점을 확인할 수 없습니다. 대신 지구의 자기장에 의존해 방위를 설정합니다. 자기 나침반은 건설에 사용되는 철과 강철의 간섭 때문에 이 목적을 달성하기에 부정확합니다. 방향에 아주 작은 오차만 있어도 장거리를 가면 큰 차이로 확대될 수 있습니다. 그래서 측량사는 높은 정확도로 북쪽을 가리키는 자이로스코프를 사용합니다. 자이로스코프를 사용하면 터널 출구 갱도의 중앙을 정확하게 뚫을 수 있으며, 두 명의 터널 건설자가 중간에서 만날 수도 있습니다.

---

3 옮긴이 원문은 수동 굴착 터널(manually excavated)이라고 표현했지만, 발파를 통해 굴착하므로 발파 굴착 터널이라 옮겼습니다.

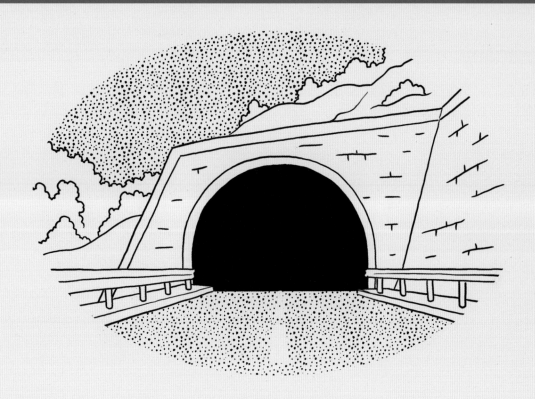

낮에 터널에 들어가면 외부의 밝은 햇빛과 터널 내부의 인공 조명의 급격한 대비를 느낄 수 있습니다. 엔지니어들은 이를 **블랙홀 효과**라고 부릅니다. 사람의 눈은 밝기 변화에 서서히 적응하기 때문에 이는 심각한 안전 문제가 될 수 있죠. 터널 입구를 지날 때 갑자기 어두워졌다가 출구에서 다시 밝아지는 과정에서 운전자는 실명할 수도 있습니다. 이런 조도 문제를 해결하기 위해 다양한 창의적인 방법이 사용됩니다. 어떤 터널은 밝기가 서서히 전환되도록 터널 입구와 출구 앞에 그늘을 만드는 구조물을 사용합니다. 입구와 출구의 벽에 흰색 페인트를 칠해 운전자의 시야에 인공 조명이 더 많이 반사돼 비치게 하는 경우도 있습니다. 대부분의 현대식 터널은 운전자가 전체 구간에서 내부를 선명하게 볼 수 있도록 맞춤형 조명을 사용합니다. 나중에 터널을 지날 때 주의 깊게 살펴보세요. 터널을 통과하면서 조명의 강도가 밝았다가 어두워졌다가 다시 밝아지는 변화를 느낄 수 있을 것입니다.

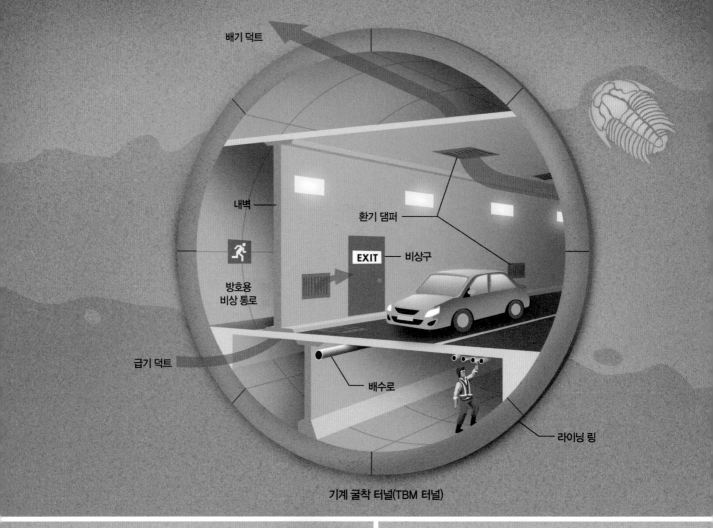

배기 덕트

내벽

환기 댐퍼

비상구

방호용
비상 통로

급기 덕트

배수로

라이닝 링

기계 굴착 터널(TBM 터널)

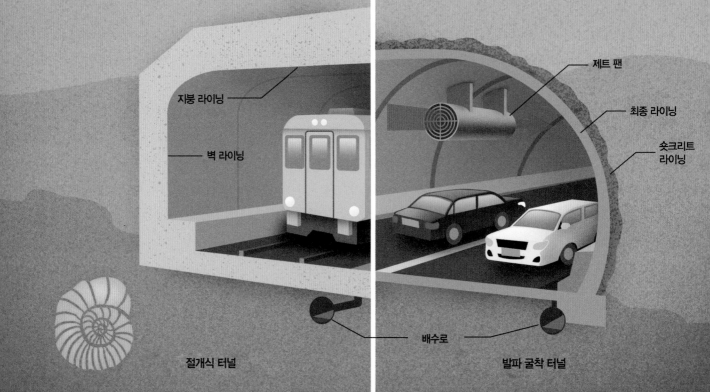

지붕 라이닝

벽 라이닝

제트 팬

최종 라이닝

숏크리트
라이닝

배수로

절개식 터널

발파 굴착 터널

터널 단면

모든 터널은 특정 상황에 맞게 설계된 고유한 구조물입니다. 땅속을 파 통로를 내는 일이다 보니 선택지가 별로 없을 것 같지만 위치, 길이, 깊이, 지질, 교통량 등 여러 고려 사항에 따라 터널 설계는 달라질 수 있습니다. 땅을 관통하는 통로에는 세심하게 설계된 부분이 많습니다. 그 덕분에 안전하고 편안하게 여행할 수 있습니다. 터널에 어떤 요소가 있는지 알고 있다면, 터널을 지날 때 발견하는 재미도 있을 거예요.

공기의 무게로 인해 대기압이 발생합니다. 마찬가지로 지하에도 토양과 암석의 질량에 의한 압력이 존재하죠. 이 압력은 지하로 내려갈수록 커져서 지하 물질을 점점 더 압축합니다. 하지만 땅을 뚫는 터널을 건설하면 이런 압축력의 흐름이 끊깁니다. 마치 건물에서 기둥을 제거하는 것처럼 땅의 지지대가 제거되는 것이죠. 터널은 지하수면 아래에 건설되는 경우가 많기 때문에 물의 영향을 받기도 합니다. 건물의 하중은 위에서만 작용하죠. 반면, 터널의 토압과 수압은 사방에서 작용합니다. 대부분의 터널은 지반의 압력을 견디고 통로의 붕괴를 방지하며 지하수의 침투를 최소화하기 위해 **라이닝**을 설치합니다.

발파 굴착 터널은 초기 지지력을 제공하기 위해 **숏크리트**라고 하는 콘크리트를 벽에 뿌려서 라이닝하는 경우가 많습니다. 이 층은 굴착 후 응력이 재분배되는 동안 토양과 암석을 고정하는 데 도움을 줍니다. 나중에 강철 또는 콘크리트로 만든 **최종 라이닝**을 추가합니다. 도심에서 건설하는 **절개식 터널**에서는 보통 철근 콘크리트를 타설해 라이닝을 구성합니다. 거푸집과 철근을 먼저 세운 다음 콘크리트를 부어 굳힙니다. 이후

콘크리트가 굳으면 거푸집을 제거하고 터널 벽과 지붕 주변에 흙을 다시 채웁니다. **기계 굴착 터널**에서는 보통 콘크리트로 만든 라이닝 링을 사용합니다. 각각의 링은 프리캐스트 방식으로 제작되며 이들을 터널 입구로 옮겨 각 위치에 설치합니다. 링 부위에는 지하수를 차단하는 개스킷이 있으며, 서로 단단히 고정될 수 있도록 테이퍼 형상[4]을 사용합니다.

대부분의 터널은 단면이 아치형 또는 원형입니다. 지반 압력에 가장 강한 형태이기 때문이죠. 아치형 단면은 강 위의 아치형 다리처럼 통로 주변의 힘을 재분배합니다. 그러나 많은 터널이 **내벽**을 사용해 다양한 지원 시스템과 설비를 차량과 분리하기 때문에, 운전자에게는 터널이 원형으로 보이지 않을 수 있어요. 하지만 터널을 통과할 때 주의 깊게 관찰하면 단서가 보이기도 합니다.

터널이 지원하는 중요한 기능은 배수입니다. 터널 입구를 통해 들어오는 비와 눈, 라이닝을 통해 스며드는 지하수를 해결하고, 터널 벽을 세척하거나 화재 진압을 위해 사용하는 물을 관리할 방법이 필요합니다. 배수는 도로 연석의 우수구를 통해 **배수로** 또는 파이프로 들어갑니다. 가능하면 터널의 가운데에서 입구 쪽으로 물이 배수되도록 경사를 만듭니다. 그러나 터널 대부분이 땅속 깊은 곳에 위치해 있어 배수가 원활하지 않은 경우가 많습니다. 이 경우에는 가장 낮은 지점에 작은 저수지를 설치합니다. 이를 **오수지**라고 부릅니다. 오수지에 물이 가득 차면 스위치가 작동해 터널에서 배수된 물을 하수도나 배수구로 보내는 펌프가 작동합니다. 터널의 물은 오염 물질을 머금을 때가 많

---

4 옮긴이 끝으로 갈수록 뾰족해지는 모양입니다.

기 때문에 상당히 더럽습니다. 최신 터널에는 배수를 방류하기 전에 이를 처리하는 시설을 설치하는 경우도 있습니다.

터널의 가장 중요한 안전 요소 중 하나는 환기겠죠. 엔진, 타이어, 브레이크는 다양한 오염 물질을 방출합니다. 이들은 터널 내부에 갇혀 농축되기도 합니다. 차량에 화재가 발생하는 경우도 있습니다. 터널에서 화재가 발생하면 탈출할 수 있는 방법이 별로 없기 때문에 연기가 매우 위험한 요인이 됩니다. 터널 안팎의 공기 흐름을 관리하기란 매우 어렵습니다. 환기량이 너무 적으면 오염 물질이 내부에 쌓일 수 있습니다. 하지만 공기 흐름이 과도해지면 화재를 급격히 키울 우려가 있고, 난기류를 만들어 연기가 상승하지 못하게 방해할 수도 있습니다. 터널은 신선한 공기가 흐를 수 있도록 다양한 방식으로 환기를 합니다.

터널 한쪽 입구에서 신선한 공기가 들어오고 반대편으로 배기가스가 빠져나가는 단순한 파이프 방식을 주로 사용합니다. **종류 환기**[5]라고 부르며 천장에 설치된 **제트 팬**을 사용해 터널 내부의 공기가 계속 움직이도록 합니다. 또 다른 방법은 천장에 매달린 **사카르도 노즐**이라는 구멍을 통해 터널 입구로 공기를 예각으로 분사하는 방식입니다. 종류는 공기가 차량과 함께 이동하기 때문에 차량 흐름이 한 방향으로 이뤄지는 터널에서 가장 효과적입니다. 화재가 발생하면 사고 너머의 차량은 연기를 내뿜는 공기 흐름과 함께

터널을 빠져나갈 수 있습니다. 화재 상류에 있는 차량도 상승풍을 타기 때문에 유해한 연기에 노출되지 않습니다.

하지만 터널의 길이가 어느 정도를 넘어서면 종류 환기의 효율성이 떨어집니다. 아주 긴 터널이라면 공기를 효과적으로 이동시키기 위해 큰 압력이 필요합니다. 또한 공기 흐름이 충분하더라도 공기가 이동하면서 오염 물질을 머금게 되기 때문에 터널 입구보다 터널 끝의 대기질이 훨씬 나빠지게 됩니다. 이 경우에는 터널 전체 구간에 걸쳐 특정 위치에서 공기를 공급하거나 배출하는 **횡류 환기**를 사용하는 것이 더 합리적입니다. 횡류 환기를 위해서는 터널의 각 **댐퍼**에서 신선한 공기를 공급하거나 배기를 제거할 **덕트**가 필요합니다. 횡류 환기 시스템이 완성되려면 **급기 덕트**와 **배기 덕트**가 모두 필요합니다. 최신 환기 시스템에서는 화재 시 연기가 터널 전체 구간을 통하지 않도록 따로 추출하는 구역을 갖추고 있습니다. 정교한 제어 시스템을 통해 사고를 식별하고 댐퍼와 제트 팬을 조정해 각 구역을 격리해 피해를 최소화합니다.

터널에는 사고나 화재 발생 시 운전자가 안전한 장소로 대피할 수 있도록 **비상구**가 마련돼 있습니다. 눈에 잘 보이도록 표시된 출입구는 평행하게 인접해 있는 터널 또는 **방호용 비상 통로**로 연결됩니다. 환기를 통해 압력이 유지되기 때문에 문이 열려 있어도 비상 통로에는 연기가 들어올 수 없습니다.

---

5 옮긴이 터널의 종방향으로 기류를 형성해 환기하는 방식입니다.

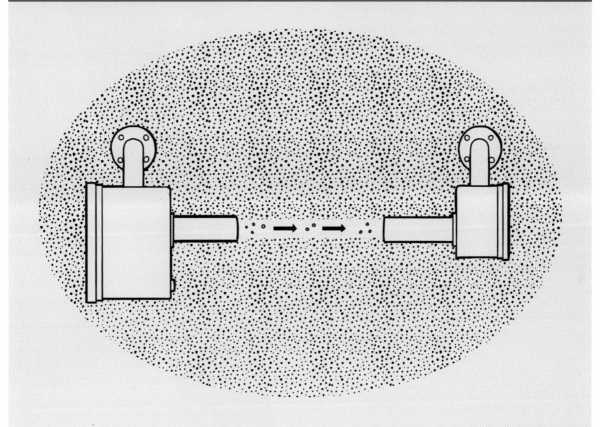

터널 환기 시스템은 교통량이나 비상 상황에 관계없이 신선한 공기를 충분히 공급할 수 있도록 제어가 가능해야 합니다. 이 시스템은 가정의 온도 조절기와 비슷하게 작동하지만 온도 대신 공기의 오염도를 측정한다는 점이 다릅니다. 터널 내부의 대기질이 나빠지기 시작하면 모니터링 시스템이 제트 팬의 회전 속도를 높이거나 댐퍼를 열어 외부 공기를 들여보내 환기시킵니다. 하지만 오염도를 측정하기 위해서는 온도를 측정하는 것보다 훨씬 더 많은 창의력이 필요합니다. 터널에 사용하는 대기질 센서는 빛을 사용해 유독한 가스의 농도를 감지합니다. 발광기가 터널의 내부 공기를 향해 강렬한 빔을 쏘고 근처에 위치한 수신기가 그 빛의 강도를 측정하죠. 터널 내부에는 다양한 종류의 오염 물질이 위험한 수준에 도달할 수 있습니다. 각 오염 물질은 흡수하는 빛의 파장이 달라 일종의 지문을 형성합니다. 수신기는 복잡한 알고리즘을 사용해 다양한 가스의 농도를 정확하게 추정합니다. 이 과정을 **분광학**이라고 합니다. 이 원리를 사용하는 모니터링 장치에는 뚜렷한 특징이 있습니다. 가까운 거리에서 서로 마주보고 있는, 원통형 빛 차단기가 달린 금속 상자 쌍을 찾아보세요.

5

철도

들어가며

철도는 가장 초기의 육로 이동 방식입니다. 전 세계 거의 모든 국가의 역사와 함께했죠. 미국의 경우, 철도는 19세기의 그 어떤 기술보다 엄청난 확장과 경제 성장에 기여했습니다. 오늘날에도 철도는 화물과 사람을 이동하는 데 중요한 역할을 합니다.

철도는 사람과 화물을 신속하고 효율적으로 운송하는 데 유리한 장점이 두 가지 있습니다. 우선 철제 선로의 강철 바퀴는 마찰에 의한 에너지 낭비가 거의 없습니다(특히 아스팔트의 고무 타이어에 비하면 말이죠). 기관차는 거대해 보이지만, 기관차가 움직이는 엄청난 무게를 생각하면 엔진의 크기는 오히려 작다고 할 수 있습니다. 만약 자동차가 기관차만큼 효율이 높다면 잔디 깎는 기계에 들어가는 작은 스트링 트리머 엔진으로도 달릴 수 있을 거예요.

두 번째로 중요한 것은 철도는 목표 지역을 바로 연결하고 장애물도 없는 전용 통행로를 따라 운행하며, 자동차 교통의 영향을 받지 않는다는 점입니다. 이런 전용 선로는 다른 이동 수단과 비교할 수 없는 수준의 안정성을 제공합니다.

철도는 전 세계적으로 다른 어떤 유형의 인프라보다 열성적인 마니아층(흔히 스스로를 **철도 팬**이라고 부릅니다)을 거느리고 있습니다. 과거에 대한 향수 때문이든, 대형 기계를 가까이서 볼 수 있다는 단순한 매력 때문이든, 철도를 구석구석 즐긴다는 건 많은 사람에게 흥미롭고 즐거운 일입니다. 그런데 기차 자체만이 아니에요. 기차가 지나가는 길 역시 관찰하고 감상할 만한 세부 사항이 가득하답니다.

커브

이음매
이음판
클립

플랜지
원뿔형 바퀴
차축
레일 두부
레일 웨브
레일 저부
스파이크
결착판

1944

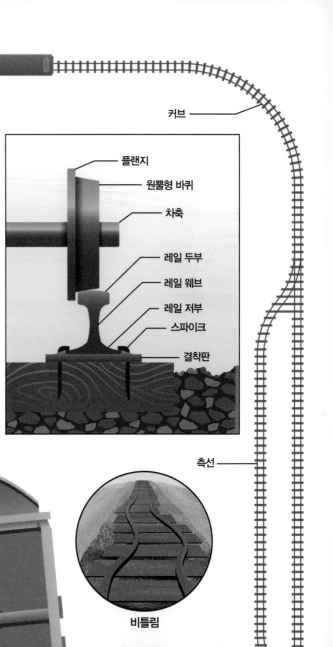

측선

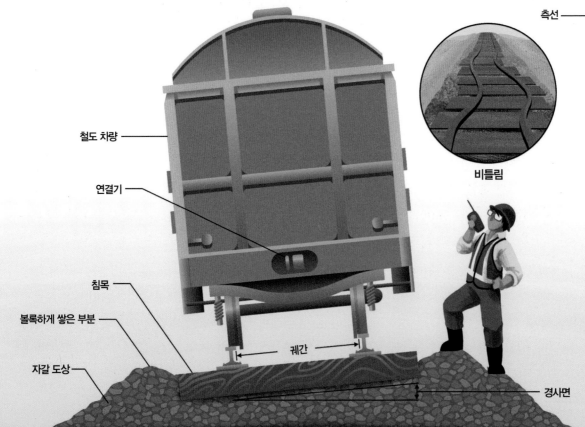

철도 차량

연결기

비틀림

침목

볼록하게 쌓은 부분

자갈 도상

궤간

경사면

지반

선로

철도는 열차를 목적지까지 빠르고 원활하게 운송하는 데 필요한 요소를 갖추고 있습니다. 철도 교통에서 가장 눈에 띄는 특징은 선로 그 자체죠. 기차와 화물의 엄청난 무게를 지탱하는 역할을 합니다. 선로는 이러한 엄청난 스트레스를 견딜 수 있도록 고품질 강철로 만들어집니다. 선로를 자세히 살펴보면 **레일 웨브**에 제조 연도와 함께 선로가 어떻게 만들어졌는지 세부 정보가 적혀 있습니다. 선로는 크기와 모양이 다양하지만 대부분 형태는 비슷합니다. 바퀴가 달리는 불룩한 **두부**와, 납작한 **저부**가 연결된 I자 모양입니다.

열차를 이동시키는 데 필요한 힘은 기관차의 구동 바퀴와의 마찰을 통해 선로에 전달됩니다. 놀랍게도 각 바퀴와 선로 사이에 접촉되는 면적은 작은 동전 크기에 불과합니다. 그러니까 평균적인 화물 열차라면 이 책 한 권 크기 정도의 철판 위에 놓여 있다고 보시면 됩니다.

역사적으로 선로는 **이음판**과 볼트로 연결됐습니다. 각 선로 사이의 **이음매**로 인해 열차가 지나가면 특유의 상징적인 소리 '덜컹' 소리가 납니다. 열차의 바퀴가 작은 틈새를 통과할 때 나는 소리죠. 이런 작지만 빈번한 불연속성 때문에 **철도 차량**에 마모가 일어나고 승객도 불편을 겪습니다. 최근의 선로는 대부분 용접 레일을 사용해 이음새 없이 매끄럽게 이어지는 선로를 사용합니다.

하지만 이음매를 없앨 때 해결해야 할 난제는 열의 이동입니다. 강철은 낮은 온도에서는 수축하고 높은 온도에서는 팽창하죠. 많은 구조물이 신축 이음쇠를 사용해 이렇게 열에 의해 변형될 여지를 남겨 놓습니다. 하지만 하나로 이어진 용접 레일은 열에 의한 변형이 불가능합니다. 추운 날에는 선로가 수축하려고 하면서 장력이 발생합니다. 따뜻한 날에는 선로가 구속에서 벗어나 팽창하려고 합니다. 이때 압축력을 받습니다. 그 사이의 어느 지점, 즉 **중성 온도**에서는 선로에 열에 의한 응력이 가해지지 않습니다. 만약 주변 온도가 중성 온도에서 너무 많이 벗어나면 응력이 선로의 강도를 넘어서는 일도 발생할 수 있습니다. 더운 날에는 선로가 휘어져(**비틀림**이라고도 합니다) 탈선할 위험도 생길 수 있죠. 좌굴[1] 가능성을 줄이기 위해 설치 전에 선로를 예열하거나 늘리는 경우도 많습니다. 이 기술은 선로의 중성 온도를 높여 더운 날 열로 인해 선로에 과부하가 걸리지 않게 합니다.

선로를 수평 **침목**에 부착하는 방법에는 여러 가지가 있습니다. 과거에는 선로 양쪽을 고정하기 위해 두부가 갈라진 대형 강철 **스파이크**를 망치로 박았습니다. 이 스파이크는 여전히 미국의 일부 철도에서 사용하고 있죠. 조금 더 현대적인 선로는 다양한 고강도 **클립**을 사용합니다. 북미에서는 목재가 풍부하기 때문에 보통 나무로 침목을 만들지만, 콘크리트로도 만들 수 있습니다. 침목은 두 가지 필수적인 역할을 합니다. 상부를 지나는 열차의 하중을 견디는 역할과, 두 선로 사이에 정확한 간격(**궤간**이라고 합니다)을 유지하는 역할을 합니다. 목재 침목에는 선로의 집중된 힘을 분산하기 위해 **결착판**이 포함될 때도 있습니다.

궤간을 정확히 유지하는 것은 중요합니다. 열차가 선로 위에 머무르는 방식 때문이죠. **차축**이 고정돼 있다면 휘어진 길에서 바깥 바퀴가 안쪽 바퀴보다 더 멀

---

1 옮긴이 축 방향으로 과도한 힘을 받은 기둥이나 판이 한계를 넘으면서 휘어지는 현상입니다.

리 돌아야 하기 때문에 열차가 길을 찾는 데 어려움을 겪습니다. 이때 자동차는 **차동 장치**를 사용해 커브 길에서 구동 바퀴들이 서로 독립적으로 회전할 수 있게 합니다. 철도 차량은 원뿔형 바퀴를 사용해 이 문제를 해결합니다. 열차가 커브 길을 돌 때 차축이 이동해 바깥쪽 바퀴는 더 큰 반경으로, 안쪽 바퀴는 작은 반경으로 주행하는 거죠. 이렇게 하면 곡선 안쪽과 바깥쪽 사이의 이동 거리 차이를 상쇄할 수 있습니다. 바퀴의 **플랜지**는 선로가 손상되거나 제 위치를 벗어난 경우 바퀴가 이탈하지 않도록 안전 기능을 제공하는 역할을 할 뿐입니다. 일반적인 운행 중에는 선로에 전혀 닿지 않아야 하죠.

철도 침목은 선로 아래 **지반**에 직접 닿지 않습니다. 토양은 철도 차량의 엄청난 무게를 견딜 수 있을 만큼 강하지 않습니다. 대신 **자갈 도상**이라고 부르는 느슨한 암석으로 된 제방을 사용해 하중을 밑바닥 토양에 고르게 분산시킵니다. 자갈 도상은 쇄석으로 만드는 경우가 많습니다. 뾰족하게 각진 특성이 서로 맞물려서 견고한 기초를 형성하는 데 도움이 되기 때문이죠. 자갈 도상은 선로의 수직 힘을 분산시킬 뿐만 아니라 침목이 고정되는 수평 지지대 역할도 합니다. 그덕분에 휘어진 선로 부근에서 열차의 수평 방향 힘에 의해 움직이거나, 열에 의한 좌굴의 위험을 막을 수 있습니다. 자갈 도상을 볼록하게 쌓아 침목에 가해지는 측면 방향 힘을 추가로 막습니다. 자갈 도상 내부의 열린 공간은 물이 측면을 따라 고이지 않고 자유롭게 흐르도록 합니다.

철도의 기하학적 구조는 설계에서 매우 중요한 요소입니다. 철도는 주행 차선 양쪽에 넓은 측방 회복 가능 영역이 필요 없습니다. 자동차 전용 도로보다 훨씬 좁은 통행로를 사용할 수 있죠. 하지만 열차는 자동차에 비해 커브와 경사가 훨씬 완만해야 합니다. 차량 사이의 **연결기**는 급격히 휜 선로를 버틸 수 없어요. 커브 구간에서 생기는 구심력 때문에 승객과 화물이 과도한 스트레스를 받을 수도 있죠. 이러한 문제 해결을 위해 자동차 전용 도로에서 사용한 기술을 사용합니다. 바깥쪽 레일을 들어 올려 열차가 커브 길에 기울어지게 하는 거죠. 인위적인 **경사면**은 열차에 가해지는 수평 방향 힘을 줄여줍니다.

수직 정렬을 살펴볼까요. 열차는 가파른 경사면에서 강철 선로 위에 효과적으로 제동할 수 있는 마찰력이 부족합니다. 오르막 경사도가 높으면 열차의 속도가 늦어져 철도의 수송 능력을 감소시킵니다. 나중에 선로와 나란히 주행할 일이 있거든 선로를 주시하며 가보세요. 도로는 자연 지반면을 거의 그대로 따라갈 때가 많지만, 선로는 경사를 완만하게 변화시키면서 고도를 일정하게 유지합니다.

선로의 개수는 철도를 설계할 때 반드시 고려해야 할 또 하나의 요소입니다. 단일 선로는 건설 및 유지 관리 비용이 저렴하지만 단점이 있습니다. 가장 중요한 것은 반대 방향으로 주행하는 열차가 서로 통과할 방법이 있어야 한다는 점이죠. **측선**(또는 통과 루프)은 열차가 통과할 수 있는 짧은 평행 선로입니다. 단일 선로의 수용량은 이 측선의 수에 따라 바뀔 수 있지만, 차량 통과 일정을 주의 깊게 정하는 방법으로 단일 선로 사용을 극대화할 수 있습니다. 하지만 선로가 두 개 이상이면 수용량과 안정성이 크게 증가하겠죠.

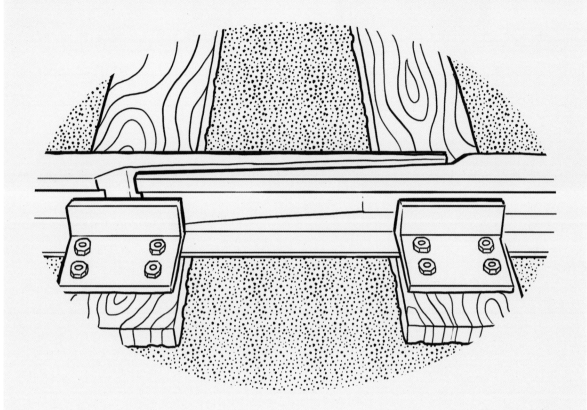

오늘날의 철도는 대부분 연속적으로 용접된 선로를 사용하지만, 긴 구간 사이에는 여전히 가끔 끊어진 구간이 필요합니다. 특히 앞서 설명한 선로와 다른 비율로 확장 및 축소되는 다리나 육교 위 선로에서 매우 필요하죠. 열에 의한 선로 변화를 막을 수 없다면, 중간중간 이음매의 길이에 큰 변화를 허용할 공간이 필요합니다. 선로 사이에 맞대기 이음쇠를 사용하면 승객과 철도 차량에 큰 불연속성을 초래할 수 있습니다. 대신 선로의 **신축 이음쇠**(브리더 스위치breather switch라고도 합니다)는 대각선으로 점점 가늘어지는 테이퍼 형태를 사용합니다. 이 비스듬한 이음매는 열에 의한 변형을 허용할 공간을 남겨두면서, 동시에 열차 바퀴가 선로의 한 구간에서 다른 구간으로 원활하게 전환되도록 합니다.

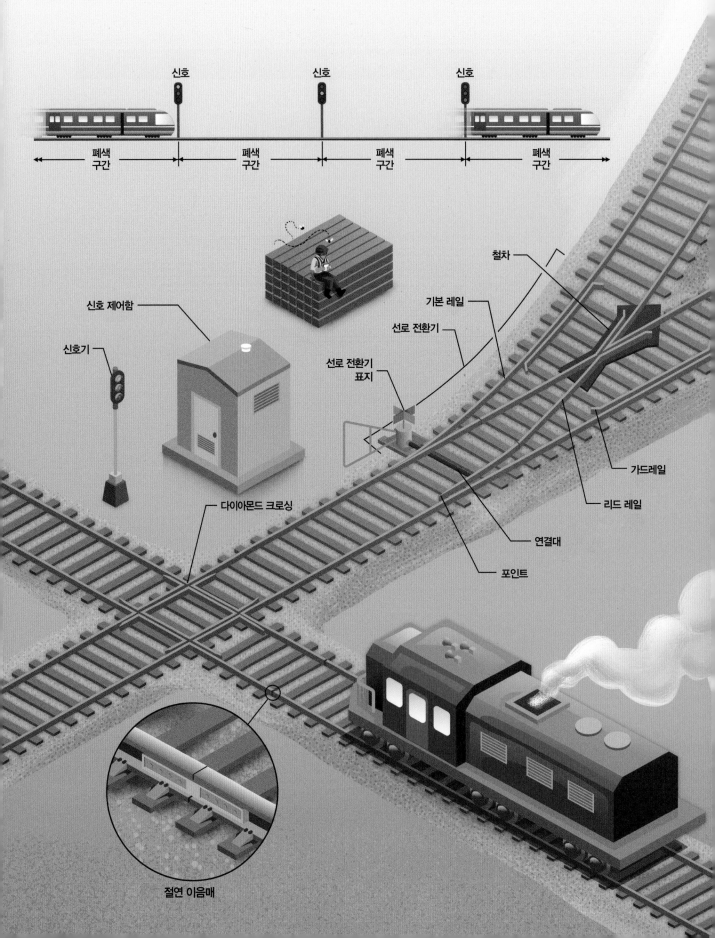

신호

신호

신호

폐색
구간

폐색
구간

폐색
구간

폐색
구간

신호 제어함

철차

기본 레일

선로 전환기

신호기

선로 전환기
표지

가드레일

리드 레일

다이아몬드 크로싱

연결대

포인트

절연 이음매

신호와 선로 전환기

열차를 선로 위에서만 움직이게 한다면 교통 흐름을 쉽게 관리할 수 있을 것 같습니다. 두 방향 중 한 방향으로만 움직일 수 있으니 의사 결정을 할 기회가 별로 없기 때문이죠. 하지만 철도를 효율적으로 사용하려면 여러 열차가 같은 선로를 공유해야 합니다. 철도는 1차원만 허용되는 교통수단이기 때문에, 열차가 서로 상호 작용하고 서로 길을 찾아갈 수 있게 하려면 약간의 독창성을 발휘할 필요가 있습니다.

철도 교통을 관리할 때 중요한 문제는 승객이나 화물이 가득 찬 열차를 정차시키는 데 꽤 긴 거리가 필요하다는 점입니다. 운전자가 실시간으로 위험을 인지하고 대응하는 자동차와 달리, 열차는 완전히 정차하는 데 1.6킬로미터 이상의 거리가 필요합니다. 열차 운전자가 전속력으로 주행하는 동안 선로에 장애물을 발견하면 이미 너무 늦었다는 뜻입니다. 선로를 공유하는 열차는 충돌 가능성 없이 필요에 따라 정차할 수 있도록 서로 충분한 거리를 유지해야 합니다. 열차 승무원의 시야에 의존하지도 않고도 이 거리를 유지해야 하고요.

오랫동안 열차의 통행 관리를 위해 많은 방법을 사용해왔습니다. 초기에는 단순히 각 열차가 하루 중 언제, 어디에 있어야 하는지 시간표를 작성하는 방법을 사용했습니다. 이 시스템에는 분명한 한계가 있었는데, 열차가 고장 날 수도 있고 시간표를 지키지 못하게 될 다른 문제가 발생할 수 있다는 점이었죠. 고장이 발생했을 때 노선의 다른 모든 열차가 지연되는 상황은 그나마 괜찮은 상황입니다. 하지만 최악의 경우에는 충돌 사고로 이어질 수도 있습니다. 대부분의 최신 철도 교통관제 시스템은 시간표 대신 **폐색 시스템**을 기반으로 합니다. 선로는 여러 개의 조각(**폐색 구간**이라

고 부릅니다)으로 세분화되는데, 열차는 장애물이 사라질 때까지 특정 폐색 구간에 진입할 수 없습니다. 신호가 없는 철도의 경우 **허가증**을 이용해 통행을 관리합니다. 철도 운행 관리자가 승무원에게 주 선로에서 특정 열차의 이동을 허용하는 표준화된 승인 절차를 진행하며 허가증을 관리합니다. 그러나 교통량이 많은 대부분의 노선은 폐색 구간 간 교통을 통제하기 위해 주로 **신호**를 사용합니다.

3장에서 설명한 도로의 교통 신호도 그렇지만, 철도 신호 역시 열차 운전자에게 진입해도 안전한 시점을 알려줍니다. 실제로 철도 신호는 여러 가지 빛 신호를 조합해 전방 경로와 속도 제한 등 추가 정보를 제공합니다. 북미에서조차 여러 철도가 서로 다른 표준을 사용하기 때문에 신호의 의미를 해석하려면 약간의 공부가 필요할 수 있습니다. 가장 간단한 신호는 폐색 구간 사이의 신호입니다. 도로 교차로에서 사용되는 것과 비슷하게 녹색, 노란색, 빨간색의 세 가지 신호등으로 구성된 **신호기**를 사용합니다. 녹색 신호는 다음 폐색 구간이 비어 있으며 열차가 전속력으로 계속 달릴 수 있음을 의미합니다. 노란색 신호는 다음 폐색 구간은 안전하지만 그다음 폐색 구간에 장애물이 있음을 나타냅니다. 다음 신호는 정지일 거라는 사실도 알려주죠. 빨간색 신호는 다음 폐색 구간에 열차가 있으며, 따라서 진입할 수 없음을 알려줍니다.

일부 신호는 운행 관리자가 제어합니다. 하지만 대부분은 **궤도 회로**를 사용해 자동으로 작동시킵니다. 가장 기본적인 구성을 예로 들어보겠습니다. 폐색 구간의 한쪽 끝에 있는 레일에 저전압 전류를 흘리고, 다른 쪽 끝에서는 중계기가 전류를 측정해 주변 신호를 제어하죠. 열차가 폐색 구간에 진입하면 바퀴와 차축

이 선로 사이에 전도성 경로를 생성해 회로를 단락시키고 중계기의 전원을 차단합니다. 각 선로의 폐색 구간 사이에는 절연 이음매가 설치돼 있어 인접 신호가 실수로 작동되지 않도록 합니다. 선로의 두 부분을 연결할 때는 비전도성 재료를 사용해 전기적으로 절연된 상태를 유지합니다. 최근에는 궤도 회로가 각 열차의 위치와 속도에 대한 정보도 제공합니다. 신호기를 제어하는 데 사용하는 중계기와 전자 장치, 배터리는 **신호 제어함**이라고 하는 금속 상자 안에 숨겨져 있습니다.

폐색 신호 외에도 다양한 의미를 지닌 여러 신호기와 조명을 조합하면 더 복잡한 신호를 사용할 수 있습니다. 교통량이 많은 철도 회사는 항공 교통관제소처럼 중앙 교통관제소를 운영하며, 충돌을 피할 수 있도록 일정과 경로를 조정합니다. 최신 교통 시스템은 각 열차의 운전실 내부에 경고를 제공하고 정보를 표시해 인적 오류가 발생할 가능성을 줄입니다. 또한 가장 정교한 신호 시스템의 경우에는 열차끼리 서로의 위치를 통신을 통해 주고받을 수 있습니다. 이 경우 폐색 구간은 지도상에 정적으로 뻗은 선로가 아니라, 열차와 함께 이동하는 존재가 됩니다.

철도 교통을 관리할 때는 선로 간 이동도 중요합니다. 열차는 서로 추월하거나 본선에서 벗어난 목적지로 우회하기도 하고, 역구내에서 차량이나 칸을 바꾸기도 합니다. 만약 선로 사이를 전환할 방법이 없다면 열차는 한 선로에 영원히 갇혀 있어야 하고, 앞선 작업도 불가능할 겁니다. **선로 전환기**(턴아웃turnout이라고도 합니다)를 이용하면 열차의 선로를 변경할 수 있습니다. 가장 기본적인 선로 전환기는 **포인트**라고 하는, 끝으로 갈수록 가늘어지는 두 개의 유연한 선로를 사용합니다. 열차 바퀴는 두 지점 중 어느 지점이 움직이지 않는 **기본 레일**에 닿는지에 따라 두 방향 중 하나로 안내됩니다. 선로 아래의 **연결대**는 열차의 방향을 선택하는 메커니즘에 따라 포인트를 연결합니다. 철도 직원이 수동으로 움직이는 레버가 달린 **선로 전환기 표지**가 스위치를 제어할 때도 있습니다. 또는 관리자가 기계식 전기 스위치를 사용해 원격으로 스위치를 제어할 수도 있습니다.

포인트를 지나면 기차 바퀴는 두 선로 중 하나로 이동합니다. 하지만 주 선로에 도달하기 전에는 왼쪽 바퀴가 반대쪽 선로의 오른쪽 선로를 통과하기도 하고 그 반대로 오른쪽 바퀴가 왼쪽 선로를 통과하기도 합니다. 이런 교차가 이뤄지려면 바퀴의 플랜지가 통과할 수 있는 선로의 틈새가 있어야 하죠. 이 작업은 **철차**를 통해 이뤄집니다. 플랜지가 틈새를 통과할 때 교차하는 바퀴는 **리드 레일** 중 하나를 떠나 철차에 넘겨집니다. 철차 옆에는 **가드레일**이 있습니다. 가드레일은 주 선로와 평행하게 연결돼 바퀴의 정렬을 유지하고 탈선을 막습니다. 가드레일은 급커브 구간이나 다리에서도 볼 수 있습니다.

두 선로가 연결되지 않고 서로 교차할 때는 **다이아몬드 크로싱**을 설치합니다. 이 건널목은 네 개의 철차로 이뤄져 각 바퀴가 교차하는 선로의 양쪽 선로를 모두 통과할 수 있게 합니다. 선로 전환기와 다이아몬드 크로싱 모두 정기적인 열차 운행으로 마모와 손상에 많이 노출됩니다. 바퀴가 틈새와 이음새를 통과할 때 큰 충격이 발생해 철도 차량과 철도 자체에 손상을 줄 수 있죠. 따라서 검사관은 탈선으로 이어질 수 있는 고장을 줄이기 위해 선로 전환기와 다이아몬드 크로싱을 각별히 주의해 살펴봅니다.

철도 운송은 여전히 전 세계적으로 물품과 사람을 나르는 중요한 수단입니다. 하지만 철도 건설의 전성기는 지났습니다. 철도 운송 산업이 통합되고 다른 여행 수단의 효율성이 높아지면서 여러 국가에서 선로를 폐쇄했습니다. 하지만 여전히 선로는 경사가 완만하고 도심과 연결되며 아름다운 시골을 통과합니다. 따라서 사용하지 않는 선로를 산책로나 자전거 도로 등 다른 용도로 활용하기 좋죠. **선로 트레일**은 폐선을 긴 다용도 길로 개조한 것으로 세계 곳곳에서 찾아볼 수 있습니다. 가장 긴 선로 트레일은 길이가 수백 킬로미터에 달합니다. 인근 지역과 공원, 상점, 레스토랑, 심지어 캠핑장까지 연결되죠.

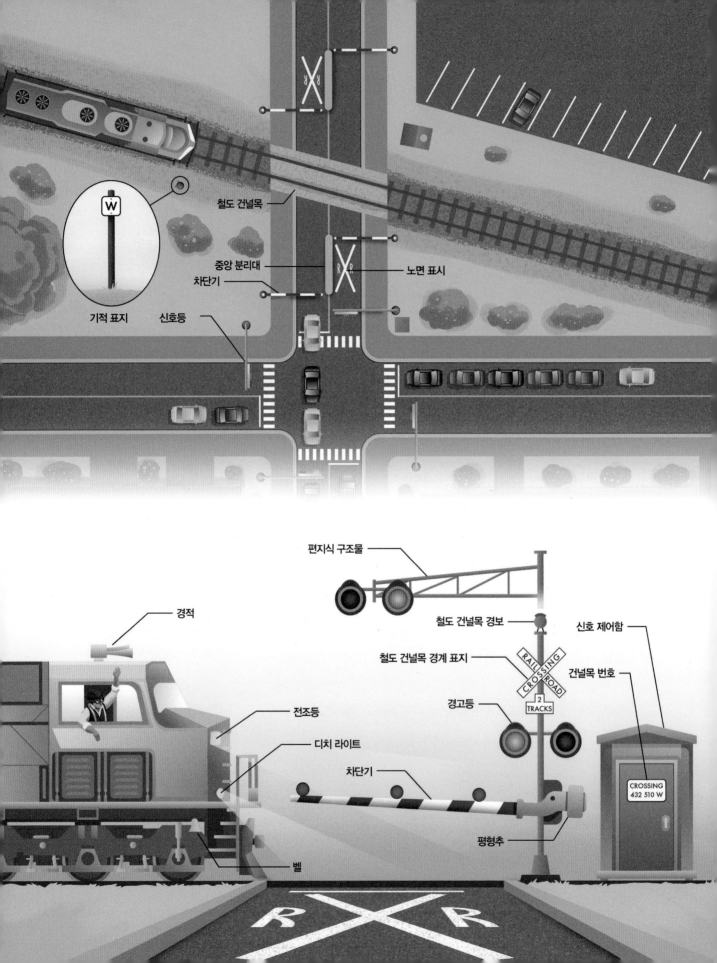

철도 건널목

중앙 분리대

노면 표시

차단기

W

신호등

기적 표지

편지식 구조물

경적

철도 건널목 경보

신호 제어함

철도 건널목 경계 표지

건널목 번호

RAIL ROAD
CROSSING

전조등

경고등

2 TRACKS

디치 라이트

차단기

평형추

벨

CROSSING
432 510 W

R R

철도 건널목

철도는 사람이 전혀 거주하지 않는 지역을 가로질러 광활한 거리에 뻗어 있습니다. 하지만 그 텅 빈 구간 사이에는 도심이 있죠. 철도는 도심을 서로 연결합니다. 인구 밀집 지역에 가까워질수록 철도는 다른 인프라와 충돌할 수밖에 없습니다. 특히 보행자와 차량의 흐름을 방해합니다. 다리를 사용해 서로를 방해하지 않고 서로 교차하는 도로와 철도도 있지만, 상당수의 도로와 철도는 평면에서 교차합니다. 우리는 주로 **철도 건널목**에서 철도를 만납니다. 전속력으로 달리는 열차는 기관사가 시야에서 무엇을 보든, 안전한 거리 안에서 멈출 수 없습니다. 위험을 피하기 위해 방향을 바꿀 수도 없죠. 이런 이유로 열차는 항상 건널목에서 우선 통행권을 갖습니다. 보행자와 자동차는 열차가 지나갈 때까지 멈춰 서서 기다려야 하죠. 그래서 건널목에는 위험한 충돌을 줄일 여러 가지 안전 기능을 갖추고 있습니다.

많은 국가에서 사고 및 고장 보고를 간소화하기 위해 각 건널목에 **철도 건널목 번호**라는 식별 표식을 부여합니다. 현대의 철도 회사와 규제 기관은 공공의 안전을 위해 최선을 다하며 문제가 생기면 신속하게 대응합니다. 건널목의 안전 기능은 두 가지, 수동형과 능동형으로 나뉩니다. **수동형 경고 장치**는 열차가 접근해도 변하지 않는 장치입니다. 여기에는 정지 또는 양보 표지판과 국제 기호인 **철도 건널목 경계 표지**가 포함되죠. 두 개의 판자가 X자 모양을 하고 있습니다. 선로가 두 개 이상 있는 경우 교차로에 있는 선로 수를 나타내는 보조 표지판도 있습니다. 운전자에게 선로가 있음을 알리기 위해 **노면 표시**로 건널목 경계 표지를 알리는 경우가 많습니다. 교통량이 적은 건널목에서는 수동형 경고 장치만 사용합니다. 운전자는 이런 경고에

주의를 기울이고 열차를 주의하며 안전할 때만 통행해야 할 책임이 있습니다.

능동형 경고 장치는 열차가 접근하고 있음을 시각적 또는 청각적으로 알려줍니다. 자동 차단 신호에 사용되는 것과 같은 **궤도 회로**를 통해 작동합니다(이전 절에서 설명했죠). 철도 신호와 마찬가지로 건널목의 자동 경고 장치를 제어하는 중계기, 전자 장치와 배터리는 흔히 **신호 제어함**이라고 하는 금속 상자 안에 숨겨져 있습니다. 열차가 교차로에 접근하면 한 쌍의 빨간색 경고등이 깜박이기 시작해 운전자에게 정지할 것을 알립니다. 도로에 차선이 여럿인 철도 건널목에는 편지식 구조물 위에 두 번째 경고등 한 쌍을 추가로 설치하기도 합니다. 기계식 또는 전자식 **건널목 경보 장치**는 깜박이는 불빛을 보지 못하는 보행자나 자전거 운전자에게 소리로 경고합니다.

많은 건널목에는 경고등과 소리 외에 열차가 지나갈 때 진입 차선을 막는 **차단기**가 설치됩니다. 차단기에는 반사 테이프와 조명이 설치돼 있어 야간에도 눈에 잘 띄죠. 중간에는 **중앙 분리대**가 설치돼 있어 운전자가 차단기 주변을 돌아가지 못하도록 막습니다. 가장 위험한 건널목에는 출구 쪽에도 차단기를 설치하기도 합니다. 차량이 선로에 갇히는 것을 방지하기 위해 일정한 시간 지연을 두고 작동합니다. 대부분의 건널목 차단기는 시각적 경고를 주도록 설계됐지만, 시각 경고가 차량이 잘못 진입하는 것을 막지는 못합니다. 그래서 고속 열차의 건널목에는 더 견고한 차단기가 설치되기도 하죠.

철도 건널목 근처에 교차로가 있는 경우에 유념해야 할 부분이 있습니다. 빨간색 신호등 때문에 차량 대기줄이 길게 이어지다가, 선로 넘어서까지 연결될 수

있습니다. 반대편에 차량이 없다는 사실을 알기 전에는 절대로 철도를 건너서는 안 됩니다. 그럼에도 불구하고 신호 대기 중인 운전자 중에 여유 공간을 잘못 판단해 선로 바로 위에 정차하는 경우가 있습니다. 건널목 근처의 혼잡한 교차로의 신호등은 보통 자동 경고 장치에 따라 조정됩니다. 열차가 접근하면 신호가 녹색으로 바뀌어 선로를 막고 있는 대기 행렬이 빠져나갈 수 있게 합니다.

건널목을 설계할 때 고려해야 할 가장 중요한 부분은 장치가 작동하는 시간과 열차가 교차로에 도착하는 시간 사이의 **경고 시간**을 결정하는 일입니다. 시간을 충분히 줘서 차량이 선로를 벗어나거나 정지할 수 있도록 해야 합니다. 하지만 그렇다고 너무 긴 시간을 할애하면 조급한 운전자는 장치가 오작동한다고 판단해 차단기를 무시하려 할 수 있습니다. 그렇게 돼서는 안 되겠죠. 사람들은 당연히 자동 장치를 신뢰하지 않으며, 신호가 작동하는 데 너무 오래 걸리거나 정당한 이유 없이 통행을 방해할 때 이런 경계심을 더 강하게 품습니다. 엔지니어는 교통량과 통과하는 차량의 종류, 신호 교차로와의 거리, 선로의 수 및 그 외 여러 요소를 고려해 신중하게 균형을 유지해야 합니다. 가장 정교한 궤도 회로는 열차의 속도를 추정해 경고 시간이 너무 길지 않도록 하고, 열차가 건널목에 도착하기 전에 멈출 경우에는 경고를 취소해야 합니다.

자동 경고 장치는 이중 안전장치를 적용해 작동하도록 설계됐습니다. 오작동 또는 전원 손실이 발생하면 장치는 가장 안전한 상태(열차가 다가오는 것으로 가정합니다)로 되돌아갑니다. 전원이 끊겨도 대부분의 장치에는 깜빡이는 등과 경보 장치에 전원을 공급하는 배터리가 내장돼 있습니다. **균형추**를 세심하게 조정하면 전기가 공급되지 않을 때 차단기가 자동으로 떨어지도록 할 수 있습니다. 이중 안전장치를 이용할 경우, 장치에 문제가 있더라도 차량이 실수로 선로를 건널 수 없게 합니다.

건널목 경고 장치 외에도 기관차는 벨, 밝은 **전조등**, 주변을 밝히는 **디치 라이트** 등 자체적인 경고 장치를 갖추고 있습니다. 가장 인지하기 쉬운 기관차의 특징은 건널목을 건너기 전에 **경적**을 울린다는 점입니다. 일반적으로 경적을 두 번 길게 울리고 짧게 한 번 울린 뒤, 마지막으로 한 번 더 길게 울립니다. 이 순서를 열차가 건널목에 도착할 때까지 길게 또는 반복해서 합니다. 자세히 보면 선로 옆에 기적을 울릴 시간을 기관사에게 알리기 위해 건널목 앞에 설치된 작은 표지판인 **기적 표지**를 볼 수 있습니다. 미국에서는 보통 대문자 W가 적힌 작은 흰색 표지죠. 이렇게 경고 표지판이 많으니 사람들이 선로를 건너기 전에 기차가 오는지 다 알아차릴 수 있을 것 같습니다. 하지만 건널목에서는 기차와 자동차 간의 치명적인 충돌 사고가 전 세계적으로 매년 수백 건 발생합니다. 운전 중 건널목을 건너는 열차가 보이면 반드시 멈춰서 귀를 기울이세요. 그리고 양쪽을 모두 살펴본 뒤 건널목을 건너야 합니다.

철도에서 피하기 어려운 문제가 있습니다. 교차로를 지나가는 열차가 울리는 기적의 소음이죠. 열차가 내는 과한 소음은 스트레스를 높이고 수면을 방해하며 심지어 장기적으로 청력 손실을 일으켜 건강을 해칠 수 있습니다. 그래서 기적 소리가 특히 방해될 수 있는 인구 밀집 지역을 통과해야 할 때, 각국 정부는 성가신 문제를 줄이기 위해 건널목 앞두고도 기적을 울리지 않게 하는 선로 구간인 **저소음 지역**을 만들었습니다. 이 경우, 소리를 이용한 중요한 경고가 사라진 만큼 이를 보완할 추가적인 안전 조치가 취해집니다. 여기에는 운전자에게 열차를 조심하라는 표지판 등이 있습니다. 선로 위의 동물이나 차량, 사람에게 경고하기 위해 여전히 기적을 울릴 필요가 있습니다. 다만 저소음 지역이 있으면 철도 옆에서 생활하거나 일하기 좀 더 평화롭겠죠.

조가선

전차선

도르래

무게 추

집전화

팬터그래프

조가선

드로퍼

전차선

전차 선로 지지물

보호용 덮개

제3궤조

집전화

주 선로

애자

전철

오늘날 대부분의 열차는 전기로 운행됩니다. 화물 기관차의 대형 디젤 엔진도 전기 발전기에 연결돼 있습니다. **견인 전동기**에 동력을 공급하면 전동기가 열차를 끌죠. 전기 전동기를 사용하면 엔진에서 직접 바퀴를 구동하는 데 필요한 거대하고 복잡한 변속기 시스템이 필요하지 않습니다. 상대적으로 간단히 먼 거리에 전기를 공급할 수 있습니다. 그렇다면 기관차에 굳이 엔진이 왜 필요한지 궁금해질 수밖에 없죠. 실제로 많은 철도가 전철화돼 열차 추진에 필요한 전력을 열차에 직접 공급하고 있으니까요.

철도에 전기를 공급하면 이점이 많습니다. 우선, 열차는 대형 엔진의 무게와 막대한 양의 연료를 싣고 다닐 필요가 없습니다. 또한 전동기는 디젤 엔진보다 더 빠르고 효율적이죠. 엔진을 제거하면 배기가스도 나오지 않으니 대기질도 개선됩니다. 엔진이 내뿜는 연기가 위험한 수준으로 농축될 수 있는 터널이나, 지하 구간을 통과하는 경우 특히 중요한 지점입니다. 대부분의 급행열차도 전철(전기 철도)을 사용합니다. 마지막으로 전철은 제동 시 전기를 회생할 수 있습니다. 브레이크로 운동 에너지를 버려지는 열로 변환하는 대신, 전동기가 발전기 역할을 해 철도의 다른 열차가 사용할 수 있는 전기로 변환합니다. 열차가 빠르게 감속하는 급행열차의 경우에는 **회생 에너지**가 짧은 순간에 발생해 다른 열차가 사용하기는 어렵습니다. 하지만 언덕이 많은 지역에서는 큰 도움이 됩니다. 이상적인 상황이라면, 열차가 높은 언덕을 오르는 데 사용한 에너지는 하강할 때 다시 시스템에 되돌려줄 수 있습니다. 다른 열차가 사용할 수 있게 말이죠.

세계에는 전기 철도의 표준이 아주 많습니다. 그 중 상당수는 100년 이상 변하지 않았습니다. 직류를 사용하는 시스템이 많은데, 운전실의 간단한 장비로 직류 전동기의 속도를 쉽게 변경할 수 있기 때문입니다. 하지만 저전압 직류는 전선을 통해 전달할 때 손실이 큽니다. 때문에 직류를 사용하는 철도는 대부분 선로 전 구간에 걸쳐 일정한 간격으로 변전소를 둬서 전력망의 전력을 직류로 변환합니다. 교류는 더 높은 전압으로 전송할 수 있으며, 이를 열차 내부에서 강압할 수 있습니다. 다만 교류는 더 위험하기도 하고, 기관차의 견인 전동기에서 사용할 수 있도록 변환하려면 추가 장비가 필요합니다.

달리는 열차에 전력을 공급하려면 인프라에 상당히 공을 많이 들여야 합니다. 비용도 꽤 높기 때문에 장거리나 저속 철도에는 전기가 공급되지 않지 않습니다. 열차에 전력을 공급하는 방법은 두 가지, 제3궤조와 가공선으로 나뉩니다. **제3궤조** 시스템은 주 선로와 평행하게 선로를 따라 달리는 전기가 통하는 도체를 사용합니다. 전기가 흐르는 선로는 지면으로부터 분리되도록 **애자** 위에 놓입니다. 열차는 **집전화**를 장착하고 있어 제3궤조 위를 따라 미끄러지고, 견인에 필요한 전기를 모읍니다. 제3궤조 시스템은 간단하고 효과적입니다. 하지만 철도 근처의 사람이나 동물을 감전시킬 위험이 있죠. 안전을 위해 울타리와 경고 표지판 등을 통해 통행을 엄격하게 통제해야 합니다. 대부분의 제3궤조는 **보호용 덮개**를 설치해 철도 직원의 부상 가능성을 최소화하고 비, 눈, 얼음이 닿지 않게 합니다.

열차에 전기를 공급하는 다른 방법은 **가공선**을 이용하는 것입니다. 더 안전한 방법이죠. 그래서 대부분의 고전압 시스템은 선로 상공에 설치됩니다. 이런 구성에서는 열차 위에 집전 장치가 놓입니다. 이 역할을 담당하는 장치가 몇 가지 있지만, 요즘에는 주로 **팬터**

그래프를 사용합니다. 팬터그래프는 스프링이 장착된 팔을 사용해 소모성 흑연 집전화와 공중의 전선 사이를 접촉시킵니다. 개념은 간단하지만, 실제로 구현하기는 복잡합니다. 표준적인 가공 전기선이나 통신선을 살펴보면 문제를 이해하기 쉽습니다. 전선이 중간에 처진다는 문제죠. 각 지지대 사이에서 높이 편차가 크게 난다면, 고속으로 움직이는 상황에서 접촉을 유지하기가 불가능합니다. 따라서 가공 철도 전력 시스템은 전선을 쌍으로 사용해 열차에 안정적으로 전기를 전송합니다. 조가선이라고 부르는 상단의 와이어는 지지대 용도로만 사용합니다. 기둥과 기둥 사이에 휘어진 모양을 현수삭(커티너리catenary)이라고 부르는데, 그래서 이 시스템 전체를 커티너리 시스템이라고 부르기도 합니다. 조가선은 드로퍼라고 하는 수직 지지대를 통해 아래에 위치한 전차선과 연결됩니다. 팬터그래프가 바로 이 전차선과 접촉되죠.

2선식 시스템을 사용하면 선로를 따라 전차선을 일정한 높이로 유지할 수 있고, 팬터그래프도 빠른 속도로 미끄러질 수 있습니다. 두 전선 모두 견인 전류를 전달하기 위한 전기가 흐릅니다. 전선 양쪽의 도르래에 무게 추를 매달아 장력을 유지합니다. 이 장력은 온도 변화로 인해 선이 팽창하고 수축할 때 선의 처짐을 줄이는 역할을 합니다. 또한 전선을 따라 이동하는 파동의 속도를 증가시킵니다. 기타 줄처럼 진동이 작고 주파수(진동수)를 크게 만들어 전차선과 팬터그래프

가 튀어오르는 현상을 최소한으로 줄입니다. 팬터그래프가 튀어오르면, 전차선과 떨어질 때마다 아크가 발생할 수 있습니다. 전차선은 선로 지지물에 수평 방향으로 엇갈린 채 걸립니다. 덕분에 팬터그래프의 집전화는 폭 전체에 걸쳐 고르게 마모되죠.

전기 회로에는 루프가 필요합니다. 전기 철도가 연결을 완료하려면 두 번째 도체가 필요하죠. 대부분의 전철에서 귀선 전류는 바퀴가 굴러가는 주 선로를 따라 이동합니다. 연결이 양호하면 선로의 전압은 사람과 동물에게 위험을 초래하지 않을 만큼 낮게 유지합니다. 그러나 귀선 전류는 몇 가지 공학 문제를 일으킵니다. 우선, 선로는 신호 회로가 이동하는 곳이기에 선로에 귀선 전류가 흐르면 작은 선로 신호 회로에 과부하가 걸립니다. 전철은 신호를 제어하기 위해 직류 궤도 회로를 사용합니다. 열차를 감지하는 데 사용하는 중계기는 특정 주파수를 포착하고 선로의 귀선 전류는 무시하도록 필터 기능을 갖게 설계할 수 있습니다.

지상과 접촉하는 선로를 귀선 경로로 사용할 때 발생하는 또 다른 문제는 표류 전류입니다. 전기의 흐름은 의도하지 않게 인근 파이프, 터널 라이닝, 설비 덕트나 다른 금속 구조물로 튈 수 있습니다. 이러한 표류 전류를 억제하지 않으면 급속한 부식으로 이어질 수 있습니다. 일부 철도는 네 번째 선로 또는 추가 가공 도체를 사용해 근처 금속 물체로 이탈할 가능성이 적은 귀선 경로를 확보하기도 합니다.

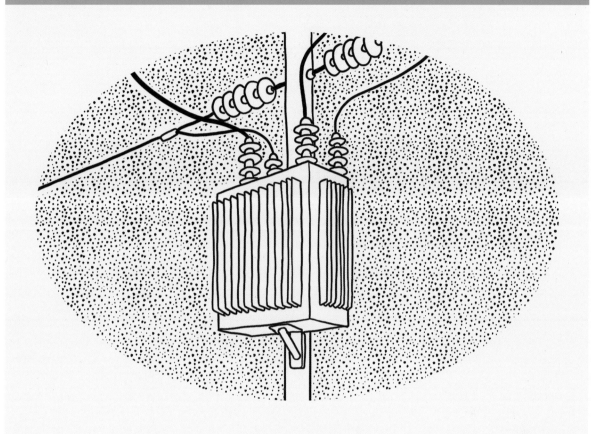

가공선이 있는 직류 시스템은 표류 전류 외에 귀선 전류가 선로를 통과할 때 큰 루프를 생성합니다. 이러한 루프는 전자기장을 생성해 선로와 나란히 달리는 통신선에 노이즈와 전압을 유발할 수 있습니다. 여기에는 신호 정보를 전달하는 선로도 포함되죠. 전기 노이즈 때문에 빨간색 신호가 녹색 신호로 바뀌는 걸 바라진 않을 거예요. 이 문제를 해결하기 위해 **부스터 변압기**를 일정한 간격으로 설치합니다. 가공선에 귀선 전류를 강제로 공급함으로써 루프의 크기를 줄이고 잠재적인 간섭을 어느 정도 상쇄합니다.

6

댐, 제방, 해안 구조물

들어가며

우리 삶은 물에 크게 빚지고 있습니다. 숨 쉬는 데 공기에 빚지고 있는 것처럼요. 하지만 우리는 그 사실을 너무 당연하고 쉽게 받아들이곤 하죠. 물은 생리적 필수품일 뿐만 아니라 동력원이기도 하고, 물건과 승객을 운송하는 교통수단이며 여가 활동을 펼칠 훌륭한 장소이기도 합니다. 수많은 수생 식물과 동물의 서식지 역할도 합니다. 반면, 물은 홍수를 일으켜 재산 피해를 낳거나 공공의 안전을 위협할 수 있습니다. 강둑과 해안선을 침식하는 등 파괴적인 힘을 발휘할 수도 있죠. 물은 절대적으로 필요한 존재이자, 동시에 위협이 상존하는 존재입니다. 많은 인프라가 물을 통제하고 관리하기 위해 투입되는 것은 당연한 일입니다.

세계에서 가장 크고 복잡한 프로젝트 가운데 상당수는 지구의 막대한 수자원을 보호하거나 활용하기 위해 설계, 건설됐습니다. 인류는 전 세계 곳곳에 담수를 저장하는 저수지와 해상을 항해하기 위한 방대한 수로 네트워크, 큰 홍수를 조절하기 위한 거대한 댐, 해안을 보호하는 구조물을 건설해왔습니다. 이러한 시설 대부분은 대중의 큰 주목과 관심을 받기 때문에 자체적으로 방문자 센터를 운영해 관련된 역사와 기술적 세부 사항을 안전하게 알아볼 수 있도록 지원합니다. 나중에 큰 댐이나 항만, 수문, 제방을 지나가면 방문자 센터에 들러 시설물을 둘러보고 티셔츠도 받아보세요!

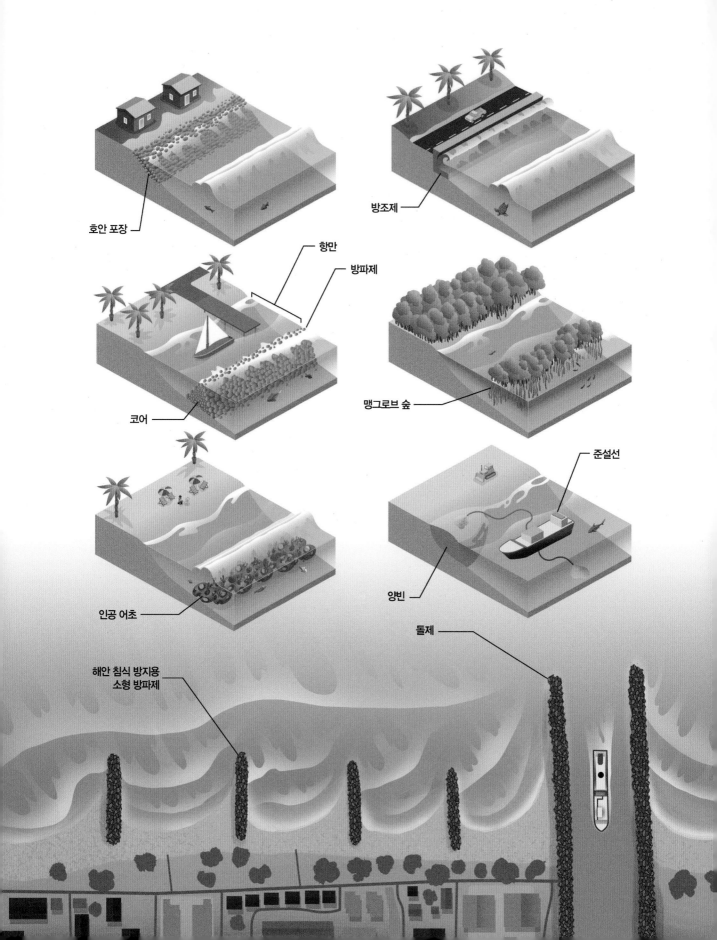

호안 포장

방조제

항만

방파제

코어

맹그로브 숲

인공 어초

준설선

양빈

돌제

해안 침식 방지용
소형 방파제

해안 구조물

지도에서 보면 해안선은 정적이고 움직이지 않는 것처럼 보입니다. 하지만 실제로는 세계에서 가장 역동적인 곳입니다. 해안은 바람, 파도, 조수, 해류, 폭풍우 등 다양한 자연의 파괴력에 영향을 받습니다. 사람들은 수로를 준설하고 운하를 건설합니다. 해안을 따라 구조물을 짓고, 퇴적물이 해안에 도달하기 전에 고지대의 저수지에 가둡니다. 모든 일은 해안선에 영향을 미치죠. 당연히 시간에 따라서도 변형됩니다. 해안선을 이루는 토양과 암석은 한 곳에서 사라지고 다른 곳에 퇴적되며 끊임없이 움직입니다.

해안이 인류에게 필수적인 이유는 아름다운 일몰 때문만은 아니죠. 많은 대도시가 해안을 따라 자리 잡은 것은 해운과 어업의 기회 때문입니다. 해변은 관광 산업을 통해 전 세계적으로 수백만 개의 일자리와 수조 원 규모의 경제 효과로 지역 경제를 활성화시킵니다. 해안선 침식은 인프라와 도시, 항로를 끊임없이 위협합니다. 해안에 위치한 구조물과 거주하는 사람들의 생계를 위험에 빠뜨리죠. 해안 공학은 해안선을 보호하고, 해안선을 변화시키거나 사라지게 하는 파괴적인 힘에 대처할 방법을 중점적으로 다룹니다.

가장 기본적인 해안 구조물은 **호안 포장**입니다. 자연 지반면 위에 단단한 갑옷을 덧씌운 단순한 구조물입니다. 큰 돌이나 콘크리트 블록을 사용해 파도와 해류의 힘을 견딥니다. 블록이나 돌은 파도의 에너지를 흡수해 파도가 경사면을 따라 올라가는 거리를 줄이기도 하죠. 호안 포장과 비슷한 구조물로 **방조제**가 있습니다. 해안과 평행한 수직 구조물로, 침식으로부터 육상을 보호합니다. 방조제는 주로 철근 콘크리트로 건설합니다. 파도 에너지를 다시 바다로 향하게 하는 **리커브** 형태를 하고 있어 물이 위로 넘어올 가능성을 낮

춥니다. 방조제는 홍수와 폭풍 해일로부터 해안을 보호하기 위해 만조보다 높게 건설됩니다. 또한 위쪽의 개발된 지역과 아래쪽의 모래 해변을 분리하는 경우가 많습니다.

방파제는 파도로부터 해안 지역을 보호하는 데 사용하는, 해안과 평행한 또 하나의 구조물입니다. 방파제는 호안 포장이나 방조제와 달리 해안과 연결되지 않습니다. 대신 해안에 건설돼 파도 에너지를 분산시키고, 해안을 따라 위치한 선박과 구조물을 위해 물을 잔잔하게 유지시킵니다. 이 구역을 **항만**이라고 부릅니다. 방파제는 여러 재료로 만들 수 있지만, 가장 흔한 재료는 암석의 잔해 더미입니다. 방파제 중심부 **코어**는 구조물을 통과하는 파도 에너지의 흐름을 줄이기 위해 작은 바위를 사용하는 반면, 바깥쪽 층은 파도를 더 잘 견딜 수 있는 큰 돌로 구성됩니다.

해안 침식 방지용 소형 방파제는 해안을 따라 흐르는 바닷물의 흐름인 **연안류**로 인한 퇴적물의 이동을 예방하기 위해 바다로 돌출된 구조입니다. 방파제와 마찬가지로 바위나 잔해 더미를 사용해 만듭니다. 시간이 지남에 따라 사구는 해류에 떠다니는 모래를 붙잡아 해변을 조성합니다(이 과정을 퇴적이라고 합니다). 적절한 크기라면, 해안 침식 방지용 소형 방파제는 해류의 속도와 힘을 줄임으로써 하류 지역을 보호할 수 있습니다. 그러나 방파제가 너무 크면 해류가 모든 퇴적물을 빼앗아 그 너머의 해변을 보충할 수 없게 되고, 보호되지 않은 해안을 따라 침식이 가속화됩니다. 해안 침식 방지용 소형 방파제가 일단 하나 설치되면 하류 지역을 보호하기 위해 해안을 따라 추가로 방파제를 만들어야 합니다. 그래서 결국 톱니 모양의 해변이 긴 거리에 걸쳐 생겨나는 것이죠.

돌제 역시 해안에 수직으로 건설된 구조물입니다. 항로 입구를 바다로 확장한 구조물로 항로 입구를 보호하기 위해 쌍으로 지어지는 경우가 많죠. 침전물이 수로로 유입되는 것을 차단할 뿐만 아니라, 조수 간만의 차가 클 때 해수의 흐름을 막습니다. 이로써 해수의 속도를 높여 바닥에 쌓인 침전물을 씻어내고 퇴적을 최소화합니다.

이러한 해안의 외장을 튼튼하게 방비하는 구조는 침식을 막는 장기적인 해결책에 속하지만, 의도치 않게 부작용을 초래할 수도 있습니다. 예를 들어 매끄러운 콘크리트 방파제는 파도를 흡수하지 않고 반사합니다. 다른 관점에서 보면 해안에서 더 멀리 떨어진 곳의 침식을 악화시킬 수 있습니다. 이런 구조물은 바다 생물의 서식지 질에 영향을 미쳐 환경 문제를 일으킬 수 있습니다. 해안 엔지니어들은 가능하면 침식에 대응하는 더 부드러운 해결책을 모색합니다. 이를테면 해안의 갯벌 지대에서 자랄 수 있는 나무와 관목을 심어 유지하는 것이죠. 이를 **맹그로브 숲**이라고 하며, 빽빽한 뿌리가 얽힌 지대가 파도 에너지를 흡수하고 해안의 토양을 보호합니다.

해안 침식에 대한 또 다른 부드러운 해결책은 물고기와 산호, 그 외의 해양 생물에게 서식지를 제공하는 **인공 어초**를 만드는 것입니다. 인공 어초를 만드는 데 사용하는 재료는 바위, 콘크리트, 난파선, 심지어 물에 잠긴 지하철 차량 등 다양합니다. 인공 어초에는 해양 생물이 부착하거나 숨을 수 있는 표면이 있으며, 파도 에너지를 연안으로 분산시키는 부수적인 이점이 있어 방파제 역할도 합니다.

유실된 물질 대신 침식 과정을 역전시키는 방법도 있어요. 흔히 **양빈**이라고 부르는 기술입니다. 해변은 중요한 휴양지이자 경제적 원동력일 뿐만 아니라 인간에 의해 개발된 지역과 바다 사이의 완충 지대입니다. 해변은 폭풍과 파도의 에너지가 도시에 도달하기 전에 소멸시키지만, 그 과정에서 모래가 더 낮은 곳으로 이동하거나 더 깊은 바다로 유실될 수 있습니다. 유실된 모래를 보충하면 해안 구조물을 보호하거나 여가 활동을 할 수 있는 공간을 만들 수 있습니다. 양빈이 이뤄지는 과정은 이렇습니다. **준설선**[1]으로 해저에서 퇴적물을 채취한 뒤, 파이프를 이용해 물과 모래가 뒤섞인 상태로 해안으로 다시 퍼 올립니다. 넓고 큰 시설에 물과 섞인 모래를 담아 물을 빼고 모래를 가라앉힌 뒤 해안에 내보냅니다. 이 모래를 토목 공사 장비를 사용해 해변에 넓게 펴뜨립니다. 양빈은 환경에 영향을 미치기도 하고 영구적인 해결책도 아니지만 해안 침식을 해결하는 데 널리 사용되는 기술입니다.

사실, 해안선이 훼손되지 않게 보호하는 방법 가운데 가장 저렴한 방법은 애초에 개발을 하지 않는 것입니다. 이 전략을 **후퇴**라고 부르죠. 부동산을 매입해 수용하거나 건물과 인프라를 해안에서 멀리 떨어진 곳으로 이전하는 방법이 있습니다. 가끔은 자연이 가장 잘할 수 있는 일을 자연이 할 수 있게 내버려 두는 것이 최고의 공학일 수 있습니다. 이는 해안선을 활기차고 역동적이게 만드는 일입니다. 바로 그게 사람들을 바닷가로 끌어들이는 매력이니까요.

---

1 옮긴이 준설기를 통해 물의 깊이를 깊게 하거나 건설 재료를 얻기 위해 물속에서 모래나 자갈을 파내는 배입니다.

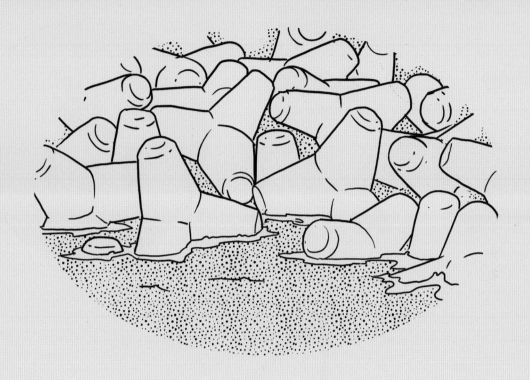

전석[2]은 해수와 바람, 파도의 파괴적인 힘으로부터 해안선을 보호하기 위해 사용할 수 있는 가성비 좋은 방법입니다. 하지만 모든 바닷가 근처에 해안 구조물에 필요한 만큼의 암석을 공급할 만한 채석장이 있진 않죠. 호안과 방파제를 만들기 위한 다른 방법은 흔히 **피복 블록**이라고 불리는 콘크리트 블록을 사용하는 것입니다. 이 독특한 구조물은 기하학적 모양으로 이뤄져 있어 서로 얽히고 맞물려 강력한 유체 역학적 힘에 저항합니다. 콘크리트 피복 블록의 종류도 매우 다양합니다. 방파제에서 흔히 볼 수 있는 테트라포드도 그중 하나죠. 이 블록은 크기, 모양, 무게가 일정하기 때문에 돌보다 운반하고 배치하기 더 쉽습니다. 또한 공사 현장과 가까운 곳에서 만들 수 있어 운송 비용을 절감할 수 있습니다(특히 현장 부근에 채석장이 없는 지역에서 유용합니다).

---

2 **옮긴이** 암반에서 떨어져 물 따위의 작용으로 원위치에서 밀려 나간 돌입니다. 멀리 떨어져 나갈수록 모서리가 마모되어 둥그런 상태가 됩니다.

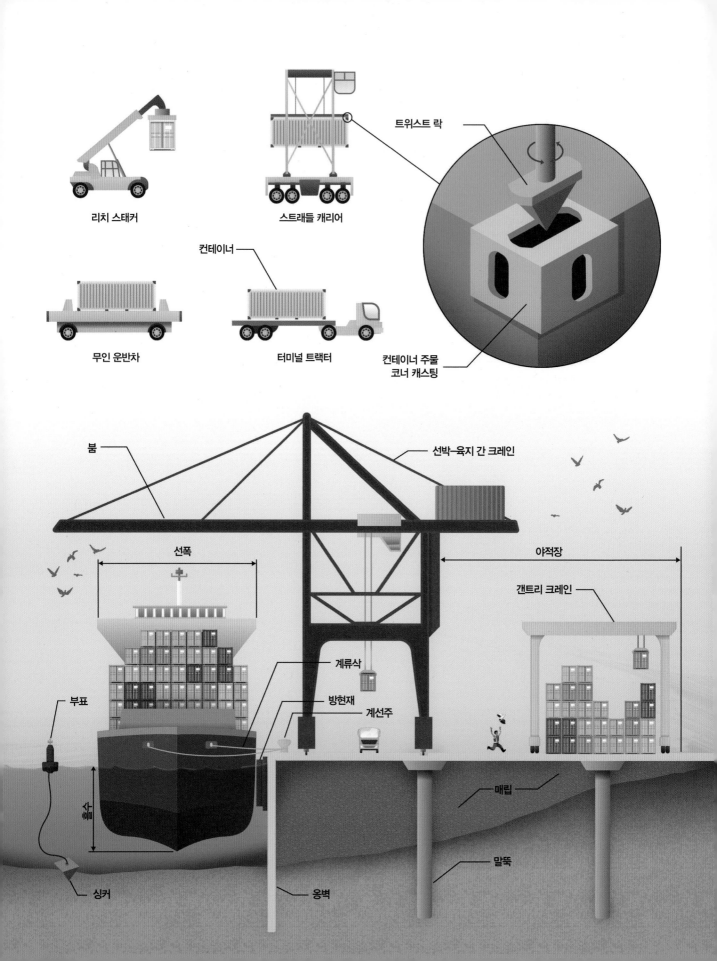

리치 스태커

스트래들 캐리어

트위스트 락

컨테이너

무인 운반차

터미널 트랙터

컨테이너 주물
코너 캐스팅

붐

선박–육지 간 크레인

선폭

야적장

갠트리 크레인

계류삭

방현재

계선주

부표

흘수

매립

싱커

옹벽

말뚝

항만

현대인의 삶에서 해상 운송(해운)을 빼놓을 수는 없죠. 요즘은 속도가 느리다는 이유로 배를 타고 장거리를 여행하는 일이 많지 않지만, 선적^{shipping}이라는 말에 배^{ship}라는 단어가 들어간 데에는 모두 이유가 있습니다. 우리는 여전히 매일 배를 이용해 전 세계로 막대한 양의 화물을 운송합니다. 이를 통해 원자재에서 완제품에 이르는 복잡한 공급망을 유지할 수 있죠. 해운이 지속되고 있는 이유는 배를 이용한 운송이 효율적이기 때문입니다. 아무리 무거운 화물이라도 일단 물 위에 뜨기만 하면 이동에 큰 노력이 필요하지 않습니다. 1톤의 화물을 배로 운송할 때 드는 에너지는 같은 거리를 기차로 운송할 때의 약 절반 수준의 에너지가 필요하며 트럭으로 운송할 때의 약 5분의 1 수준에 불과합니다. 더구나 해운은 육로로 연결되지 않은 세계 여러 지역에 상품을 운송할 수 있는 가장 중요한 수단이기도 합니다.

항만은 해상과 육상 운송 수단을 연결하는 허브입니다. 간단히 말하면 항만은 선박이 정박할 수 있는 장소죠. 하지만 이런 직관적인 기능 속에 굉장히 복잡한 현대 해양 시설이 숨어 있습니다. 항만은 해안에 위치한 도시는 물론, 강과 내륙 수로를 따라 위치한 도시에서도 찾아볼 수 있습니다. 항만에는 화물을 하역하거나 승객이 승하선하는 **터미널**이 여러 개 있습니다. 각 터미널은 특정 유형의 물품을 선박에 빠르고 효율적으로 옮기도록 설계됐죠. 곡물이나 광석과 같이 포장되지 않은 화물을 운송하는 **벌크선**은 대형 컨베이어 벨트 또는 버킷 크레인을 사용해 화물을 올리고 내립니다. 석유와 같은 액체를 운반하는 **유조선**은 거대한 호스를 통해 화물을 채우고 배출합니다. 포장된 상품을 운송하는 대부분의 **화물선**은 크레인을 사용해 기차, 트럭, 선박 사이에 물품을 쉽게 옮길 수 있도록 표준화시킨 강철 상자, **컨테이너**를 이용합니다.

상업용 선박이 드나드는 항만에서 가장 눈에 띄는 곳은 컨테이너 터미널입니다. 거대한 크레인과 빼곡히 쌓여 있는 알록달록한 컨테이너 때문이죠. 거대한 **선박-육지 간 크레인**은 보통 레일 위에 설치됩니다. 화물선의 길이 전체를 가로질러 뻗을 수 있으며, 2분에 한 대씩 빠르게 컨테이너를 싣거나 내릴 수 있습니다.

컨테이너를 운송 수단 사이에서 이동시킬 때는 (주로 트럭, 기차 또는 다른 선박으로 옮깁니다) 하나의 운송 수단에서 다른 운송 수단으로 컨테이너를 직접 이동시키는 경우도 있습니다. 하지만 다음 운송 수단이 도착하기 전에 **야적장**에 보관해야 하는 경우가 많죠. 하지만 화물을 차곡차곡 쌓는 **스택** 형태로 쌓기만 하면 문제가 생깁니다. 컨테이너 스택 가운데 맨 위 컨테이너에만 접근할 수 있기 때문이죠. 만약 맨 아래 컨테이너를 꺼내려 한다면 위의 모든 컨테이너를 재배치해야 합니다. 이때 컴퓨터 기반의 관리 시스템을 이용하면 각 컨테이너의 배치를 최적화해 목적지까지 배송하는 데 걸리는 이동 횟수를 줄일 수 있습니다.

터미널에서는 컨테이너를 다루고 이동하기 위해 다양한 차량을 사용합니다. 현대적인 항만에서는 이런 차량을 제어하기 위해 점점 더 자동화를 활용하고 있습니다. **터미널 트랙터**는 야적장에서 컨테이너를 운반하는 소형 트럭입니다. **무인 운반차**는 같은 기능을 수행하지만 사람이 운전하지 않습니다. **리치 스태커**와 **스트래들 캐리어**는 컨테이너를 스택 상단으로 운반하고 들어 올립니다. **갠트리 크레인**은 여러 줄로 쌓인 컨테이너 위를 주행합니다. 이러한 차량은 모두 갈고리 대신 **스프레더**라는 장치를 사용해 각 컨테이너를 들어 올립니다. 모든 컨테이너에는 **주물 코너 캐스팅**이 장착돼 있습니다. 네 개의 **트위스트 락**이 각 코너 캐스팅의 타원형 구멍에 맞물려 있습니다. 트위스트 락이 90도 회전해 스프레더를 컨테이너에 단단히 연결합니다. 트위스트 락 메커니즘은 선박 갑판, 트럭, 기차, 그리고 스택의 각 컨테이너 사이에 설치되는 독창적인 구조입니다. 매일 수백만 개의 거대한 강철 상자를 제자리에 고정하는 역할을 하죠.

해양 용어는 전 세계적으로 또는 지역마다 각기 다릅니다. 하지만 터미널의 가장자리 역할을 하는 구조물을 보통 **부두** 또는 **선창**이라고 합니다. 부두에는 선박이 정박하는 공간인 **선석**이 하나 이상 있습니다. 각 선석에는 선박의 **계류삭**에 딸린 여러 개의 대형 **계선주**가 있습니다. 선박의 **윈치**는 선적 및 하역 중에 움직임을 최소화하기 위해 계선삭을 팽팽하게 유지합니다. 선석을 따라 설치된 **방현재**는 부두와 선박 선체가 손상되지 않도록 보호하는 쿠션 역할을 합니다. 전통적으로 폐타이어를 방현재로 사용하곤 했습니다. 하지만 오늘날의 항만에서는 선박의 종류와 크기에 맞게 특별히 설계된 장치를 사용하죠.

항만 시설을 설계할 때는 수용 가능한 가장 큰 선박을 결정하는 게 중요합니다. 이를 **설계 선박**이라고 합니다. 큰 선박을 수용할수록 항만 시설을 건설하고 유지 관리하는 비용이 더 많이 들겠죠. 하지만 더 많은 교통량과 수익을 가져올 수 있으므로 둘 사이의 균형을 신중하게 고려해야 합니다. 설계 선박의 길이에 따라 각 선석의 길이와 항만의 전체 크기가 결정됩니다. **선폭**은 하역에 사용되는 선박–육지 간 크레인의 붐 크기에 영향을 미치며, **흘수**[3]는 항만의 최소 수심을 결정합니다. 이 수심은 굴삭기나 흡입 파이프를 사용해 수로

바닥의 퇴적물을 준설하는 방법으로 유지합니다. 선박 설계자(조선가라고도 하죠)는 선박이 마주칠 운하, 수문, 항만에 적합한, 가능한 한 큰 선박을 만들려고 노력합니다. 대부분 배의 유형은 통과할 수 있는 가장 큰 시설에서 이름을 땁니다. 예를 들어 수에즈막스 선박은 수에즈 운하를 통과할 수 있는 가장 큰 선박이죠.

부두는 바람, 파도, 조수, 해류, 그리고 매일 드나드는 배가 선박 계류삭에 가하는 극단적으로 큰 힘을 매일 견뎌야 합니다. 그만큼 견고한 구조물이어야겠죠. 또한 거대한 선박이 옆에 바로 정박할 수 있도록 높이도 상당히 높아야 합니다. 많은 부두는 부지에 흙을 채운 뒤 다져 단단한 기초 역할을 하도록 건설된 **매립지** 위에 세워집니다. **옹벽**은 매립지를 강화하고, 선박이 근처에 접근할 수 있도록 합니다. 현장의 지질학적 특성이 항만 설비와 화물의 무게를 지탱하기 충분하지 못한 경우, **말뚝**으로 부두를 지탱하기도 합니다. 강철 또는 콘크리트 말뚝을 토양에 수직으로 꽂거나 깊이 박아 넣는 방식입니다. 시간이 지남에 따라 부두가 침하되거나 움직이는 것을 막아주죠.

수로에서는 항해를 하는 사람들이 선박을 안전하게 조종할 수 있도록 다양한 항해 보조 장치를 사용합니다. 부유식 장치인 **부표**는 항해 가능한 수로의 위치와 위험 요소의 위치를 나타냅니다. 도로 표지판과 마찬가지로 표준화된 색상과 기호를 사용해 규칙과 정보를 전달합니다. 부표는 보통 체인과 닻으로 고정합니다. 체인은 파도, 바람, 조류에 의한 충격 하중을 흡수하고 조수에 의해 수위가 변화할 때 부표의 높이를 조절할 수 있도록 여유 있는 길이로 만들어집니다. 닻은 **싱커**라고 하는 무게 추를 사용하거나 밑바닥 토양에 박거나 뚫는 장치를 사용하기도 합니다.

---

3 **옮긴이** 배가 물 위에 떠 있을 때, 물에 잠겨 있는 부분의 깊이입니다.

과적 선박이 높은 파도에 휩쓸려 침몰하는 일은 역사적으로 흔했습니다. 규제가 없다 보니 선장들은 선박에 실을 수 있다고 생각하는 만큼까지 화물을 실어 날랐거든요. 화물과 선원의 목숨을 앗아갈 정도로 선적 능력을 과대평가하는 경우도 많았습니다. 시간이 지나면서 보험 회사와 국제 해운 업계는 모든 선박의 외부에 법적 적재 한도를 반드시 표시하는 방안을 공식화했습니다. 이 **만재 흘수선**은 원을 가로지르는 수평선으로 표시되는데, 선박이 과적 상태가 되면 이 선이 물 아래로 잠기게 됩니다. 이 선의 사용을 옹호한 영국 정치인의 이름을 따서 **플림솔 선**이라고도 부릅니다. 선박의 부력은 물의 온도에 따라 달라지고, 바닷물인지 민물인지에 따라서도 바뀝니다. 그래서 오늘날 대부분의 선박에는 선박이 통과할 수 있는 다양한 조건에서 만재 흘수선 역할을 하는 표시가 여럿 적혀 있습니다.

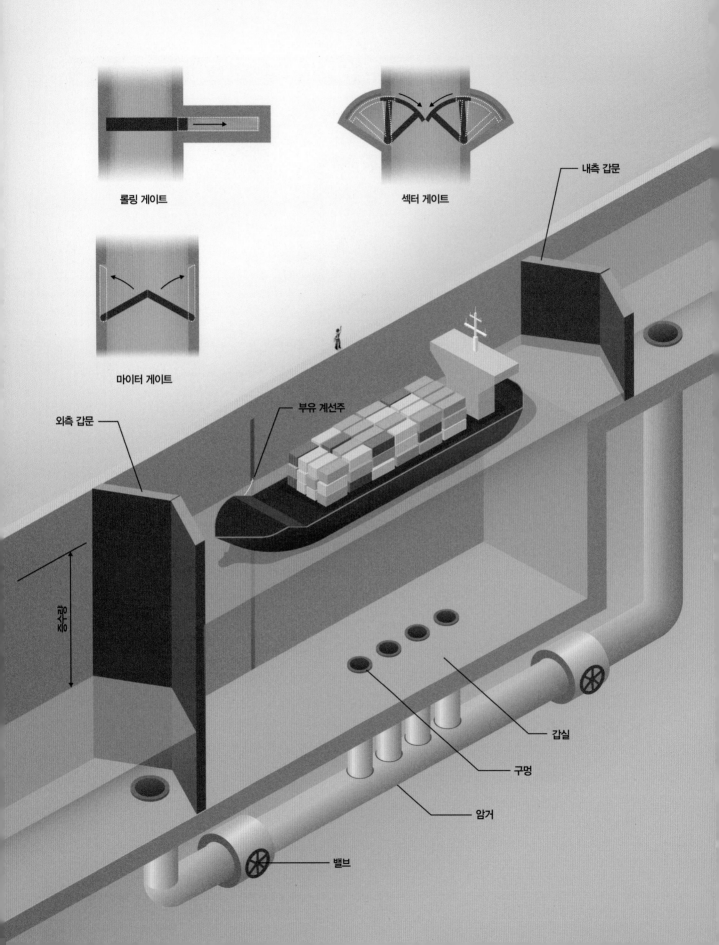

롤링 게이트

섹터 게이트

마이터 게이트

내측 갑문

외측 갑문

부유 계선주

증수량

갑실

구멍

암거

밸브

갑거

수로를 통해 운송할 때는 배로 모든 장소에 갈 수 없다는 한계가 있습니다. 하지만 인공 수로와 운하를 통해 이런 문제를 어느 정도 극복해왔습니다. 역사에 기록된 가장 초기의 문헌을 보면 운하와 해운에 관한 내용이 있습니다. 수천 년 전에도 인간은 접근이 불가능한 지역을 배를 타고 접근하려고 노력했습니다. 그런데 더 극복하기 어려운 문제가 있습니다. 물은 수평을 유지합니다. 물은 도로나 철도와 달리, 경사로를 오르내리기 위해 경사면으로 만들 수가 없습니다. 이상적인 운하라면 모든 구간에 걸쳐 같은 높이를 유지해야 합니다. 하지만 지형이 가파를 경우 굴착을 매우 많이 해야 합니다. 사실상 불가능하죠. 운하의 높이를 일정하게 유지하도록 거대한 협곡을 깎아내는 대신, **갑거**를 이용하면 선박을 오르내리게 할 수 있습니다. 마치 계단을 오르내리는 것처럼요.

갑거는 양쪽 끝에 큰 게이트가 있는, 물이 새나가지 않는 **갑실**로 이뤄집니다. 갑거의 작동 원리는 단순합니다. 수위가 높은 곳으로 올라가고자 하는 배가 빈 갑실에 들어가면 **외측 갑문**이 닫힙니다. 그 뒤 수위가 높은 곳의 물이 갑실 공간을 채워 배를 들어 올립니다. 갑거의 수위가 상부 운하의 수위에 도달하면 **내측 갑문**을 완전히 열고, 배는 계속 나아갈 수 있습니다. 수위가 낮은 곳으로 갈 때에도 동일한 단계를 따르지만 순서가 반대입니다. 물이 채워진 갑실에 배가 들어가면 내측 갑문이 닫히고 갑거 안의 물이 빠져나갑니다. 갑실의 수위가 하부 운하의 수위까지 내려가면 외측 갑문을 완전히 열어 배가 나아가게 합니다. 가장 단순한 갑거는 물만 필요할 뿐 외부 동력원이 필요하지 않습니다. 완전히 가역적인 승강 시스템이죠.

강에 설치된 갑거는 물을 가뒀다가 필요할 때 넘치는 물을 방류하는 댐과 결합할 수 있습니다. 대형 선박을 수용할 수 있는 오늘날 대부분의 갑거는 철근 콘크리트로 만들어집니다. 마치 거대한 욕조처럼 벽과 바닥이 있죠. 갑거 진입로는 교차하는 방향 없이, 오직 한 방향으로 뻗도록 설계됩니다. 덕분에 선박이 줄지어 쉽게 갑실로 들어갈 수 있죠. 레저용 보트에 사용되는 소형 갑실은 직접 작동해야 하는 경우도 많지만, 드나드는 배가 많은 수로의 대형 갑거는 직원이 24시간 배를 들어 올리고 내리는 작업을 합니다.

갑실 양쪽에 있는 갑문은 그 자체로 공학의 경이로운 결정체죠. 대부분의 갑거는 **마이터 게이트**를 사용합니다. 마이터 게이트는 중앙을 향해 닫히는 거대한 경첩이 달린 문 두 개로 구성됩니다. 문은 일직선으로 닫히지 않고 안쪽(내측)을 향해 비스듬한 각도로 만납니다. 내측의 높은 물이 가하는 압력 때문에 수문이 단단히 닫힙니다. 그 덕분에 갑거가 작동하는 동안 물이 새지 않고 밀폐된 상태를 유지합니다. 일부 지역, 특히 조수의 영향을 받는 곳에서는 바깥쪽(외측)의 수위가 내측의 수위보다 높아질 수 있습니다. 이런 상황에서는 마이터 게이트가 제대로 작동하지 않겠죠. 이런 경우 양방향 수압을 처리할 수 있는 **섹터 게이트**를 마이터 게이트의 대안으로 사용합니다. 섹터 게이트는 파이 조각 같이 생겼으며 꼭짓점 부분에 경첩이 달려 있고, 가운데에서 서로 만나는 구조입니다. 일부 최신 갑거에는 경첩 대신 여닫는 방식을 쓰는 **롤링 게이트**를 사용합니다. 롤링 게이트는 갑문을 홈으로 밀어 넣을 수 있다는 게 장점입니다. 유지 보수 및 수리를 위해 각 게이트를 완전히 제거하지 않고도 물을 퍼내 건조시킬 수 있죠.

모든 갑거에서 중요한 것은 외측 갑문입니다. 내

측 갑문은 물이 가득 찼을 때 선박이 갑실에 들어갈 수 있을 정도로만 높으면 되죠. 하지만 외측 갑문은 갑실의 맨 위부터 맨 아래까지 물을 가둬야 합니다. 수압은 깊이에 따라 증가하므로 외측 갑문은 수위가 상승하면서 생기는 극심한 힘을 견딜 수 있어야 합니다. 운하가 수위를 상당히 많이 높여야 할 경우, 하나의 큰 갑문 대신 여러 개의 작은 갑문을 직렬로 연결하는 방식(**플라이트**라고 합니다)을 활용합니다.

갑실을 채우고 비우는 데 필요한 배관도 중요한 공학 기술입니다. 갑거는 수로 교통에서 병목이 일어나는 지점이기 때문입니다. 운영자는 선박이 통과하는 데 걸리는 시간을 최소화하려고 노력하죠. 사람들이 수영장에 있는 동안 하루에 30회 이상 거대한 수영장을 채우고 비우는 작업을 해야 한다고 상상해보세요. 마찬가지로 내측 갑문을 열고 물을 그냥 흘려보낼 수도 없습니다. 수위 때문에 수문을 열면 엄청난 압력이 발생합니다. 문을 여는 건 사실상 불가능하죠. 더 중요한 것은 물이 유입되거나 유출되면 수문을 통과하는 선박이 위험할 수 있습니다. 대신 대부분의 갑거는 별도의 시스템을 사용해 갑실을 채우고 배출합니다. 가

장 간단한 방법은 각 갑문에 **패들**이라고도 하는 작은 덧문을 설치해 열고 닫을 수 있도록 하는 것입니다. 큰 갑거는 **암거**를 사용해 갑실의 측면 또는 바닥을 통해 항만으로 물을 이동시킵니다. 두 **밸브**가 흐름을 제어합니다. 내측 갑문의 밸브를 열면 잠금장치가 채워지고, 외측 갑문의 밸브를 열면 갑실의 물이 배수됩니다. 항만은 갑실 내에서 선박을 전복시킬 수 있는 위험한 난류나 급기류 또는 팽창을 만들지 않고 가능한 한 많은 물을 이동시킬 수 있도록 세심하게 설계돼 있어요.

잘 설계된 물 공급 시스템이 있더라도 갑실에서는 난류가 발생할 수 있습니다. 선박은 갑문이나 벽과 충돌하지 않도록 제자리에 정박해 있어야 합니다. 그러나 갑거 벽 상단에 계류삭을 부착할 수는 없어요. 위로 올라가는 배라면 바로 줄이 느슨해질 것이고 아래로 이동하는 배라면 배가 물 밖으로 끌어내질 수도 있습니다. 작은 갑거는 수위가 오르거나 내릴 때 배 운전자가 줄을 당기거나 내릴 수 있습니다. 큰 갑거는 수직으로 움직이는 **부유 계선주**를 사용해 정박 중인 선박이 오르내릴 때 제자리에서 움직이지 않게 합니다.

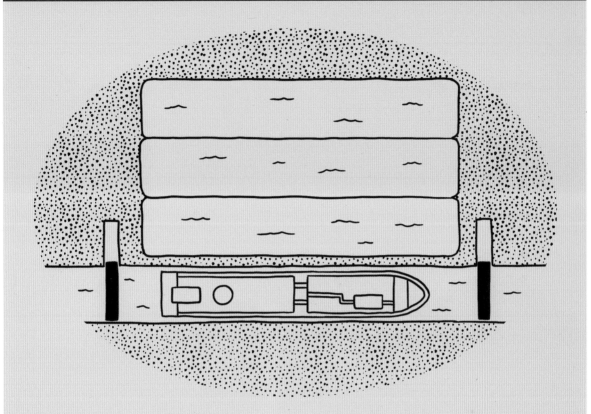

보트는 갑거에서 양쪽 방향으로 통과할 수 있지만, 물은 오직 한 방향으로만 이동합니다. 갑문을 작동할 때마다 외측으로 물이 한 갑거만큼 사라집니다. 운하가 항상 무한한 물로 가득 차 있는 것은 아니기 때문에, 매일 갑문을 운영할 경우 하루 수백만 리터의 물을 잃어버릴 수 있습니다. 일부 시설에서는 갑문을 통한 물 손실을 줄이기 위해 사이드 폰드라고도 부르는 **절수 유역**을 사용합니다. 선박을 내릴 때 물을 하류로 방출하는 대신 갑실에서 인근의 절수 유역으로 물을 내보내죠. 갑거에 물을 채울 때가 되면 절수 유역의 물을 먼저 사용해 수위를 가능한 한 높이 올립니다. 나머지 갑실의 물은 내측 운하에서 공급합니다.

대형 펌프가 없다면 중력 때문에 물을 잃을 수 있습니다. 절수 유역은 갑실의 내측과 외측 갑문 사이의 높이에 있어야 물이 들어오고 나갈 수 있으므로, 물의 약 3분의 1만 재활용할 수 있습니다. 하지만 절수 유역의 크기와 개수에 따라 절약량을 늘릴 수도 있습니다. 예를 들어 파나마 운하의 최신 갑문에는 각각 3개의 유역이 있어 필요한 물의 약 40퍼센트만 사용할 수 있습니다.

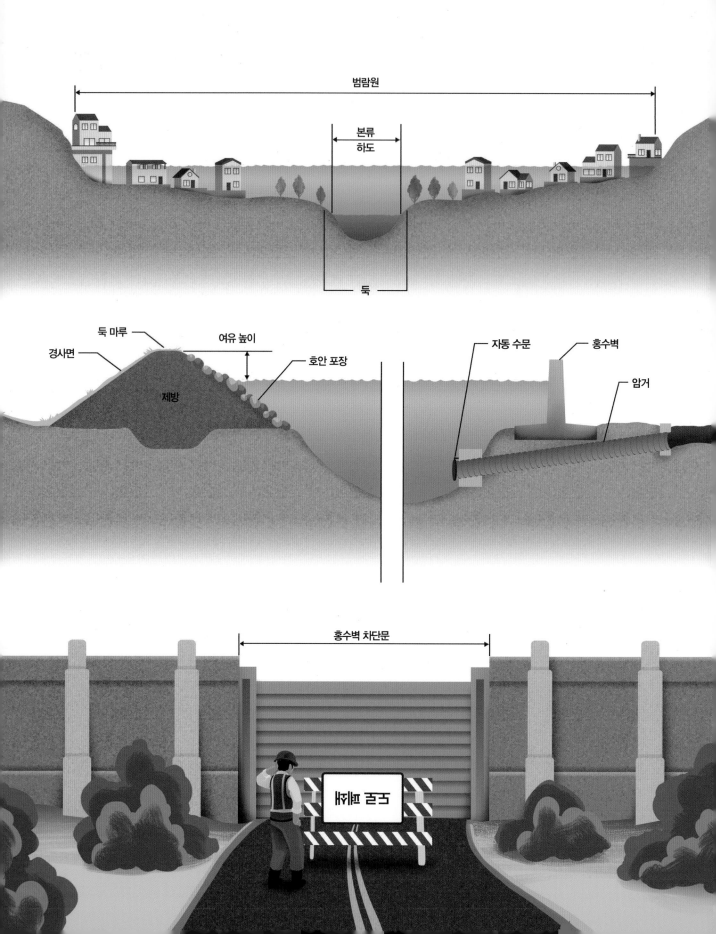

제방과 홍수벽

매년 홍수는 인구 밀집 지역에 영향을 미쳐 인명 피해를 일으킵니다. 댐 건설에 막대한 비용을 쓰게 하고 지역 사회를 황폐화시키며, 지역 경제를 멈추게 합니다. 홍수를 직접 경험한 적이 있다면 대자연에 맞서는 것이 얼마나 무력한 일인지 알게 됩니다. 인류는 비가 내리는 양을 바꿀 수는 없습니다. 하지만 일단 땅에 도달한 물을 관리해 생명과 재산을 위협하는 위험을 줄일 방법을 개발했습니다.

하천의 홍수는 영향이 선형적이지 않기 때문에[4] 특히 관리하기 까다롭습니다. 정상적으로 강이 흐를 때 **본류 하도**에서는 수위가 상승해도 침수 면적이 조금 증가할 뿐입니다. 가파른 **둑**이 강물을 가두거든요. 그러나 하도 주변 둑 위쪽의 지형은 넓고 평평한 경우가 많습니다. 농지로 쓰거나 도시로 개발하기에 이상적이죠. 하지만 강물이 둑을 넘으면, 그때부터는 수위가 조금만 높아져도 광범위한 침수 지역이 발생합니다. 강둑 바로 위에 있는 이런 지역을 **범람원**이라고 부릅니다. 강물이 둑을 넘어 범람하기 쉬운 곳이죠. 하천의 홍수를 막기 위한 구조적 해결책은 제방의 높이를 높여 개발된 지역에 물이 넘치지 않게 막는 것입니다.

강둑을 높이기 위해서는 주변의 흙을 모아 둑에 쌓는 방법이 가장 널리 사용됩니다. 이런 구조물을 **제방**이라고 부르며, 수세기 동안 치수[5]에 사용한 구조물이죠. 폭풍 해일로부터 해안 지역을 보호하기 위해 사용되기도 합니다. 개념은 단순하지만, 오늘날의 제방은 홍수로부터 저지대를 보호하기 위해 첨단 공학 기술을 사용합니다. 사실 흙은 빠르게 흐르는 물과 직접

맞닿았을 때 가장 잘 견디는 건축 자재는 아닙니다. 엔지니어는 건설에 사용할 수 있는 토양의 특성에 기반해 제방의 **경사면**과 다짐 정도를 결정해야 하죠.

홍수의 빠른 유속이 제방의 강쪽 벽을 침식하거나 손상할 수 있습니다. 경사면에는 잔디를 심기도 하죠. 잔디의 **빽빽한** 뿌리가 침식을 막아주거든요. 홍수가 오래 지속되거나 파도가 높이 치는 제방에는 추가적인 보호를 위해 **호안 포장**이라고 하는 돌 또는 콘크리트 포장을 추가하기도 합니다. 흙으로 만든 제방은 시간이 지남에 따라 성능이 저하될 수 있으므로 유지 관리가 필수적입니다. 제방에는 홍수 시 쓰러지거나 뜯겨 나갈 수 있는 나무와 목본 식물을 심어서는 안 됩니다. 굴을 파는 동물도 제방에는 집을 짓지 못하게 해야 합니다. 구멍 때문에 물길이 생겨서 물이 토양 구조물로 스며들 수 있으니까요.

제방은 비교적 저렴하고 간단하지만 사다리꼴 모양으로 조성해야 하기에 땅을 꽤 많이 차지한다는 문제가 있습니다. 건설 비용은 더 많이 들지만 공간을 절약할 수 있는 대안이 있습니다. **홍수벽**을 건설하는 것이죠. 홍수벽은 보통 철근 콘크리트로 만듭니다. 강둑을 높여 물의 흐름을 억제한다는 똑같은 목적으로 건설됩니다. 흙을 다져 만든 제방보다는 더 탄성 있는 재료로 만듭니다. 따라서 시간이 흐름에 따라 상태가 나빠질 가능성이 낮습니다.

제방이나 홍수벽의 높이를 결정하는 일은 아주 중요합니다. 일어날 수 있는 홍수 규모에는 제한이 없습니다. 큰 폭풍우를 상상할 수 있다면 더 큰 폭풍우

---

4 **옮긴이** 약간의 변화에도 영향이 급격히 커진다는 뜻입니다.
5 **옮긴이** 수리 시설을 잘하여 홍수나 가뭄의 피해를 막는 일을 뜻합니다.

도 상상할 수 있겠죠. 즉, 홍수 인프라를 건설할 때는 건설 비용과 건설로 제공받을 수 있는 보호 능력 사이에서 균형을 맞춰야 한다는 뜻입니다. 미국에서는 100년 만의 역대급 홍수를 뜻하는 **100년 홍수**에 대비할 수 있도록 제방과 홍수벽을 설계합니다. 이 표현은 개념은 단순한데 용어가 혼란스럽죠. 전 세계적으로 강우량을 측정하고 기록한 광범위한 역사 기록이 있기 때문에 폭풍우의 심각도와 발생 확률 사이의 관계를 추정할 수 있습니다. 100년 홍수는 이를 고려해서 참조하는 기준점입니다. 특정 위치에서 어느 해에 규모가 같거나 그보다 더 강할 확률이 1퍼센트인 이론적 폭풍우입니다. 이름에서 알 수 있듯이 100년에 한 번 꼴로 발생한다는 뜻이지만, 연간 1퍼센트의 확률을 30년 기준으로 보면 이런 폭풍우가 발생할 확률은 26퍼센트가 됩니다. 50년이 지나면 그 확률은 동전 던지기와 같은 40퍼센트에 가까워지죠.

100년 홍수에 대비해 설계한다는 것의 의미는 모든 홍수에 대비하는 것은 비용 효율적이지 않지만, 99퍼센트의 홍수에 대비할 수 있도록 인프라를 설계할 수는 있음을 인정하는 것입니다. 제방이나 홍수벽의 높이를 설정하기 위해 엔지니어는 과거 홍수 기록과 수문 모델을 사용해 100년 홍수가 발생했을 때 강의 수위가 얼마나 높이 도달할지 예측합니다. 그런 다음 불확실성을 고려하고 파도가 구조물을 덮치는 것을 방지하기 위해 **여유 높이**라고 하는 약간의 여유 공간을 추가합니다.

홍수 위험 지역을 항상 제방이나 홍수벽으로 완전히 둘러쌀 수는 없습니다. 우선 도로와 철도가 통과할 방법이 필요하겠죠. 모든 홍수벽에 경사로나 다리를 건설할 공간과 자금이 충분할 수는 없기에, 도로나 철

도가 통과할 수 있도록 홍수벽 울타리에 **차단문**을 두기도 합니다. 각 울타리의 철문으로 된 차단문은 홍수가 발생하기 전에 폐쇄되어야 합니다. 물론, 울타리는 홍수가 경고와 함께 서서히 발생하는 큰 강 유역 주변 지역에서만 사용할 수 있습니다. 수문을 개방하면 홍수벽이나 제방의 목적을 완전히 무력화시킬 수 있으므로 돌발 홍수에 취약한 지역에서는 울타리를 사용할 수 없습니다.

주변 저지대를 둘러싸면 분지가 만들어지는데, 폭풍우가 왔을 때 강쪽이 아니라 벽의 반대쪽에 물이 채워질 수 있습니다. 따라서 제방에는 홍수 시 강이 보호 구역으로 역류하는 것을 막으면서 한 방향으로 배수되는 길이 필요합니다. 일부 대규모 시스템은 펌프를 사용해 저지대의 물을 배수시킵니다. 하지만 펌프는 비용이 많이 들죠. **암거**라고 하는 파이프는 중력을 이용해 제방과 홍수벽 또는 그 기초를 통과해 밀폐된 지역의 물을 빼줍니다. 암거에는 수문(홍수 시 수동으로 닫아야 합니다) 또는 자동으로 역류를 막아주는 장치인 **체크 밸브**가 장착돼 있어요. **자동 수문**은 반대 방향에서 들어오는 수압을 차단하는 대표적인 체크 밸브입니다.

제방은 저지대를 홍수로부터 보호하지만, 새로운 문제를 일으킬 수도 있습니다. 제방은 강의 힘을 더 작은 공간으로 제한합니다. 제방이 없을 때보다 물이 더 높고 빠르게 흐르기 때문에 하류로 갈수록 홍수의 강도가 심해질 수 있습니다. 뛰어난 공학 기술에도 불구하고, 대자연을 제어하는 인간의 능력은 미미합니다. 개발된 지역에서 홍수 인프라는 매우 중요합니다. 하지만 하천의 자연 범람원에 대한 관리와 존중이 함께 이뤄져야겠죠.

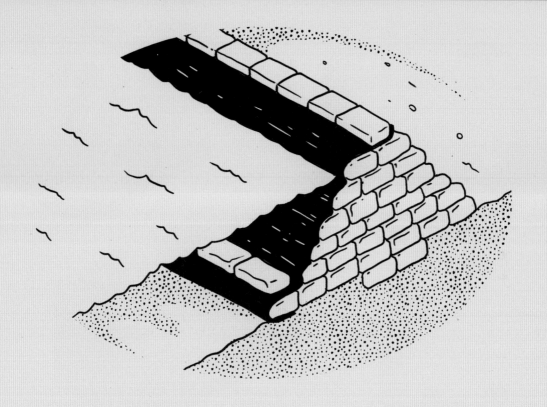

홍수와 싸우기 위한 기술로 모래주머니를 쌓아 물을 가두거나 우회시키는 방법이 있습니다. 적은 인원으로도 모래주머니를 제방 꼭대기에 추가해 제방 높이를 높일 수 있습니다. 또는 보호할 방법이 없는 구조물 주변에 모래주머니를 쌓아 홍수가 유입되지 않게 할 수도 있습니다. 모래주머니는 절반 정도만 채우면 큰 틈새 없이 이웃 모래주머니와 쉽게 맞물립니다. 모래주머니 중앙에 작은 홈을 만들어 기초에 고정하면 홍수의 압력을 견딜 수 있습니다. 모래주머니는 피라미드 모양으로 쌓는데, 바닥 너비가 둔덕 높이의 약 3배가 되도록 합니다. 상류 쪽에 플라스틱 시트를 추가해 장벽의 불투수성을 높일 수도 있죠.

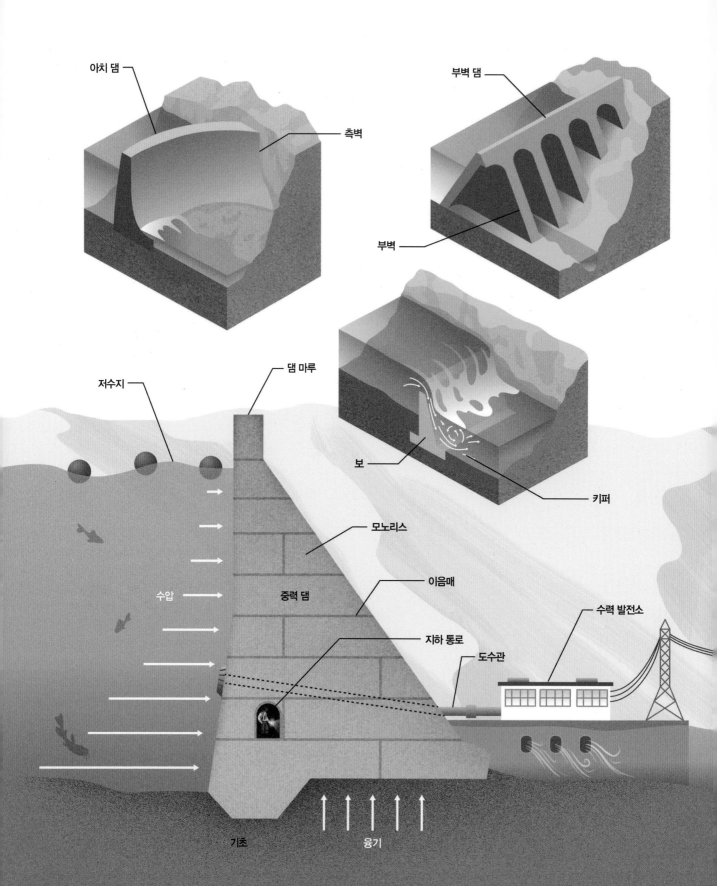

아치 댐

측벽

부벽 댐

부벽

저수지

댐 마루

보

키퍼

모노리스

수압

중력 댐

이음매

지하 통로

도수관

수력 발전소

기초

융기

콘크리트 댐

물은 지구에서 가장 중요한 자원이지만 수문학[6] 순환은 변동성이 큽니다. 가뭄부터 홍수까지, 그리고 그 사이의 모든 상황에서 물을 일관되게 공급하기란 매우 어렵죠. 비가 얼마나 많이 내리는지, 얼마나 자주 내리는지는 통제할 수 없습니다. 하지만 저수지를 개발해 연중 유량의 고점과 저점을 상쇄할 수 있도록 저수지를 개발할 수는 있습니다. 강의 계곡을 가로질러 댐을 건설하면 **저수지**를 만들 수 있습니다. 저수지에 물을 저장해 농지에 물을 대거나 도시에 물을 공급할 수도 있고, 전기를 생산하는 데 사용할 수도 있습니다.

악천후를 대비해 저수지를 비워둘 수도 있습니다. 홍수를 가뒀다가 이를 서서히 방류해 하류에 가는 피해를 줄일 수 있습니다(물을 방류하는 데 사용하는 **여수로**에 대해서는 다음에 자세히 설명합니다). 대형 댐은 저수지 내에 **풀**이라고 하는 여러 다른 구역을 두고 동시에 여러 목적으로 활용합니다. 예를 들어 하나의 풀은 수력 발전이나 상수도 공급을 위해 가득 채우고, 다른 풀은 홍수 발생 시 저수용으로 사용하기 위해 비워둡니다. 댐을 사용해 전기를 생산하는 경우, 터빈과 그 외의 설비가 있는 수력 발전소를 하류에서 볼 수 있습니다. 발전소가 댐에 연결되지 않은 경우, 터빈에 물을 공급하는 큰 파이프인 **도수관**을 볼 수 있죠.

다양한 재료로 댐을 만들 수 있지만, 가장 크고 유명한 댐은 대부분 콘크리트로 만듭니다(다음 절에서 흙과 암석으로 건설한 댐을 소개합니다). 콘크리트는 강하고 내구성이 뛰어나서 저수지의 엄청난 **수압**을 견뎌냅니다. 중력에 의해 수직 하중을 주로 받는 많은 대형 구조물과 달리, 댐에는 주로 수평 방향의 힘이 가해집니다. 저수지의 깊이가 깊어지면 댐의 상류 쪽에 가해지는 압력도 증가합니다. 또한 댐 **기초**의 구멍과 균열을 통해 물이 누출돼 구조물 바닥에 **융기** 현상이 발생할 수도 있죠. 이런 압력을 견디는 작업이야말로 각 댐의 설계와 물리적 특성을 결정할 때 고려해야 할 가장 중요한 요건입니다.

중력 댐은 단순히 자신의 무게로 저수된 물의 힘에 저항합니다. 콘크리트는 상당히 무겁기 때문에 질량이 충분히 커서 구조물을 안정화할 수 있죠. 중력 댐은 수압이 가장 높은 바닥 부분이 넓습니다. 거기서부터 좁은 **댐 마루**까지 점점 가늘어집니다. 차 한 대가 지나갈 수 있을 정도의 넓이가 되기도 하죠. 이런 특징 때문에 하류 쪽에는 중력 댐 특유의 경사면이 형성됩니다. 마찬가지로 **부벽 댐**은 삼각형 부벽을 사용해 저수지의 힘을 기초로 전달합니다. 여전히 수압은 댐을 수평으로 밀지만, 경사진 상류면은 물의 무게를 이용해 안정성을 확보합니다. 부벽 댐은 건설할 때 콘크리트가 적게 들지만, 안정성을 위해 복잡한 모양을 만들어야 하므로 노동력이 더 많이 필요합니다. 오늘날에는 경제성이 떨어지는 경우가 많죠.

중력 댐, 부벽 댐과는 달리, **아치 댐**은 저수된 물에서 발생하는 힘 대부분을 기초가 아닌 댐 양쪽의 **측벽**으로 전달합니다. 아치 댐은 아치형 다리(4장에서 설명했습니다)와 마찬가지로 간격을 메우기 위해 기하학적 구조를 활용합니다. 아치 댐은 자체 무게에 크게 의존하지 않기 때문에 콘크리트가 덜 필요하므로 더 경제적으로 시공할 수 있습니다. 그러나 아치 댐은 구조물을 하류로 밀어내려는 저수지 힘 대부분을 측벽이

---

6 옮긴이 물의 순환 중심 개념으로 물의 존재 상태, 순환, 분포, 물리적·화학적 성질 따위를 연구하는 학문입니다.

견뎌야 하므로 지질학적으로 유리한 부지에만 건설할 수 있습니다. 아치 댐을 좁고 바위가 많은 계곡에서 가장 자주 볼 수 있는 이유죠. 일부 부벽 댐은 다중 아치 댐으로 설계됩니다. 계곡 전체를 가로지르는 하나의 아치를 건설하는 대신, 작은 아치 각각을 부벽으로 지지하는 댐입니다.

콘크리트 댐은 단단한 하나의 블록으로 건설되는 게 아닙니다. 콘크리트는 액체에서 고체로 양생이 이뤄지면서 수축합니다. 균열을 낳을 수 있죠. 온도 변화로 콘크리트가 연중 팽창과 수축을 반복하면서 균열이 발생할 수도 있습니다. 인도나 차도에서 균열이 생기는 건 괜찮을 수 있지만, 댐은 아닙니다. 누수로 이어져 구조물을 약화시키고 손상시킬 수 있거든요. 콘크리트 댐은 **모노리스**라고 하는 작은 블록을 사용해 건설하며, 수평 및 수직 방향으로 **이음매**가 있어 자유롭게 움직일 수 있습니다. 이 덕분에 균열이 발생할 가능성을 줄이죠. 견고한 콘크리트 구조물에서 발생할 수 있는 무작위적인 균열과 달리, 이음매는 쉽게 밀봉할 수 있습니다. 내장된 지수재와 밀봉재를 사용해 누수를 방지합니다. 겉에서는 보이지 않지만, 콘크리트 댐에는 **지하 통로**라는 내부 터널이 있어 누수되는 물을 모으고 엔지니어가 내부에서 구조물의 무결성을 모니터링할 수 있습니다. 댐 기초 내부의 압력을 완화하는 배수구가 위치하는 곳이기도 합니다.

보라고 하는 또 다른 유형의 콘크리트 구조물은 저수지를 만들기 위해서가 아니라 단순히 강이나 하천의 수위를 높이기 위해 사용합니다. 자연적인 강의 수심은 시간에 따라 달라지며 오랫동안 얕은 수위를 유지하고 있을 수 있습니다. 보는 소량의 물을 저류해 수위를 인위적으로 높여 배가 수로를 더 잘 항해할 수 있도록 합니다. 또는 물을 공급하거나 관개를 위해 취수구의 수심을 높이기도 하고, 터빈이나 수차에 동력을 공급하기 위한 낙차를 만들기도 합니다. 보는 수문이나 배수구를 통하지 않고 상부로 물이 흐르기 때문에 **둑**이라고 부르기도 합니다. 이런 범람은 수영이나 보트 타기를 즐기는 사람들에게 아주 위험합니다.

물줄기(냅^{nappe}이라고도 합니다)가 보 위로 넘쳐 아래쪽 강으로 떨어지면, 보 바로 하류에 물이 재순환하는 구역이 만들어집니다. 이 지역은 물체, 파편, 심지어 사람까지 가둘 수 있기 때문에 키퍼^{keeper}라고도 부릅니다. 강력한 수력, 댐의 단단한 표면, 혼란스러운 난류, 수중에 잠긴 잔해 때문에 보는 익사 사고가 날 위험이 아주 높은 곳입니다. 오래전에 제분소와 공장에서 장비를 구동하기 위해 수력에 의존하던 시절, 보를 많이 건설했죠. 안전은 우선순위에서 뒷전이었습니다. 여러 도시에서 수중 생태계를 복원하고 외부 관광객을 유치하기 위해 보를 철거하거나 여가 시설로 개조하고 있습니다. 보가 있는 강에서 수영이나 패들링을 즐긴다면, 비록 겉보기에는 별로 해로워 보이지 않더라도 이 구조물의 위험성을 과소평가해서는 안 됩니다.

댐은 고위험 구조물입니다. 댐이 고장 나면 하류에 심각한 홍수가 발생해 인구 밀집 지역을 위협할 수 있습니다. 따라서 대부분의 대형 댐에는 안전을 유지하기 위한 종합적인 모니터링 계획이 있습니다. 엔지니어의 정기적인 검사 외에도 댐에는 구조물의 무결성을 모니터링하기 위한 지침이 있습니다. 계측 장치로 댐이나 기초 내부의 수압, 침하 또는 움직임을 측정합니다. 배수구의 물 흐름과 시간 경과에 따른 콘크리트의 온도도 측정할 수 있죠. 계측 장치는 꽤 예민해서, 화창한 날의 열로 인해 댐의 크기가 미묘하게 팽창하는 것도 확인할 수 있습니다. 측량 기준점이 설치된 댐도 많습니다. 정밀 측정 장비를 이용해 측량 기준점의 위치가 시간의 흐름에 따라 어떻게 변했는지 정확히 추적할 수 있습니다. 댐의 모든 계측 데이터는 고장을 일으킬 수 있는 조건을 조기에 경고해 엔지니어가 위험한 상황으로 이어지기 전에 문제를 평가하고 수리할 수 있도록 합니다.

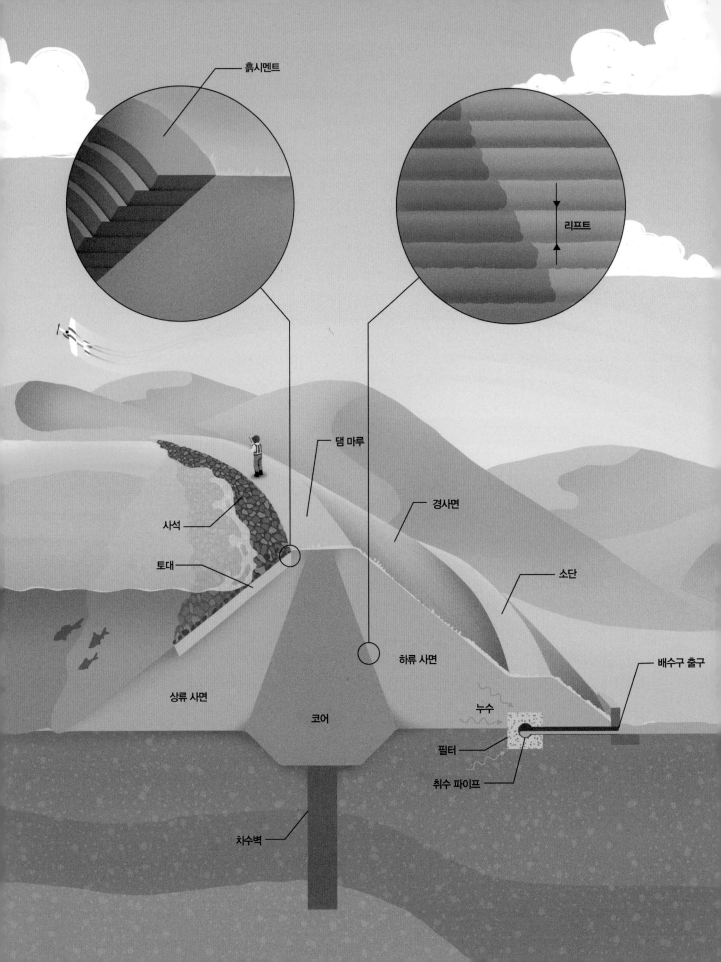

흙시멘트

리프트

댐 마루

경사면

사석

소단

토대

하류 사면

상류 사면

코어

누수

배수구 출구

필터

취수 파이프

차수벽

필 댐

댐을 생각했을 때 콘크리트 구조물을 떠올리는 경우가 많지만, 전 세계 대부분의 댐은 흙이나 암석으로 건설됩니다. 특정 지질 조건이 갖춰져야 하고 부근에 재료 공급원(주로 시멘트와 골재입니다)이 필요한 콘크리트 댐과 달리, **필 댐**[7]은 거의 모든 곳에 건설할 수 있습니다. 지구에 공급이 풍부한 재료를 두 가지 고르라면 바로 흙과 암석입니다. 하지만 필 댐은 단순히 강의 계곡을 가로질러 쌓은 흙더미가 아닙니다. 원시적인 재료를 사용해 엄청난 양의 물을 안전하게 가두는 것은 복잡한 공학 기술이 필요한 과제입니다. 세심한 관찰자라면 필 댐 설계에 수많은 복잡함이 숨어 있음을 알 수 있을 것입니다.

필 댐에는 흙으로 만드는 **흙 댐**과 돌과 자갈로 만드는 **록필 댐**이 있습니다. 두 재료는 콘크리트와 매우 다른 성질을 갖습니다. 토사와 암반은 재료 하나하나가 개별 입자이기 때문에, 자연적으로 불안정합니다. 중력은 항상 이들을 떼어내려고 합니다. 댐을 하나로 묶어주는 유일한 힘은 개별 입자 또는 암석 사이의 마찰뿐이죠. 장기간 구조를 유지하며 저수지의 압력을 견딜 수 있는 대형 제방은 상류와 하류에 완만한 경사가 필요합니다. 필요한 경사는 사용되는 재료의 특성에 따라 다릅니다. 흙 댐은 대부분 폭이 높이의 약 3배에 해당하는 경사면을 가집니다. 록필 댐의 경사도 조금 더 가파를 수 있지만, 그래도 폭과 높이의 비율이 2대 1보다 작은 경우는 거의 없죠. 그러니까 흙 댐과 록필 댐 모두 양쪽 끝으로 갈수록 높이가 낮아지는 구조입니다. 구조물을 더욱 안정화하기 위해 한쪽 또는 양쪽 경사면의 바닥을 따라 추가적으로 재료를 채워 **소단**을 설치하는 경우도 많습니다.

흙과 암석을 단순히 원하는 위치에 붓는다고 댐이 되지는 않겠죠. 입자 형태의 물질은 시간이 지나면 침하를 일으키고 압축됩니다. 이 현상은 더미의 높이가 높아지면 더 강하게 발생합니다. 댐이 건설된 뒤 수축되지 않기 위해서는, 시공 중에 채움재를 압축하고 밀도를 높여 단단하고 안정적인 구조를 만들어야 합니다. 다짐 작업은 침하 과정을 빨리 진행시키기 때문에 대부분 공사 후가 아니라 시공 중에 다짐 작업을 합니다. 토양이 최대 밀도로 다져지면 시간이 지나도 더 이상 침하되지 않습니다. 최신 건설 장비는 한 번에 최대 약 30센티미터 두께의 흙층을 다집니다. 더 두꺼운 층을 다지게 되면 표면만 밀도가 높아지고 그 아래 땅은 다져지지 않습니다. 따라서 필 댐은 **리프트**라고 하는 하나하나의 층 단위로 아래에서 위로 천천히 쌓아 올립니다.

록필 댐과 흙 댐의 재료는 대부분 투수성 재료로 물이 바로 통과할 수 있습니다(**누수** 현상이라고 하죠). 재료 하나로 안정성과 수밀성을 모두 달성할 수 있는 콘크리트 댐과 달리, 필 댐은 저수지를 유지하기 위해 추가적인 기능이 필요합니다. 흙 댐의 각 구역은 대부분 서로 다른 재료로 구성됩니다. **코어**는 투수성이 낮은 점토를 사용해 건설합니다. 현장의 지질에 따라 수밀성 요구 조건을 엄격하게 충족하는 충분한 양의 점토를 찾기 어려울 수도 있습니다. 코어는 필 댐 시공에서 가장 비용이 많이 드는 부분이며 너무 크지

---

7 **옮긴이** 원어는 제방 댐(embankment dam)이라고 직역할 수 있지만, 흙이나 암석으로 지은 댐을 한국에서는 거의 필 댐이라고 부르기에 필 댐으로 번역했습니다.

않게 필요한 크기로 설계해야 합니다. **외벽**은 안정성만 제공할 뿐 수밀성이 높을 필요가 없기에 사양이 덜 엄격합니다.

록필 댐은 흙 댐보다 훨씬 더 다공성[8]이기 때문에 댐에 물이 침투하지 못하도록 코어 또는 상류쪽 경사면을 따라 콘크리트, 아스팔트 또는 점토로 된 장벽을 둡니다. 또한 외부에서는 보이지 않지만, 필 댐에는 내부에 일종의 **차수벽**이 있습니다. 이 벽은 콘크리트 또는 점토 혼합물로 건설되며 저수지에서 댐의 기초를 통해 물이 침투하지 못하도록 막습니다.

취약한 흙 구조물에 물결의 힘이 반복적으로 부딪히면 침식과 열화를 일으킬 수 있죠. 거의 모든 대형 흙 댐은 긴 세월에 걸쳐 파동에 의해 손상을 입지 않도록 상류면에 보완 피복을 입힙니다. **사석**이라고 하는 두꺼운 암석층으로 이뤄지죠. 댐과 큰 암석 사이에는 **토대**라고 하는 작은 자갈층이 있어 사석 아래에서 흙이 씻겨 내려가는 것을 막습니다. 건설 현장의 토양과 시멘트를 혼합해 저렴하지만 내구성이 뛰어난 **흙시멘트**라고 부르는 피복을 덧대는 댐도 많습니다. 필 댐의 상류면을 따라 층층이 배치되죠. 이 때문에 계단처럼 보이는 독특한 외관을 형성합니다.

필 댐은 비에 의해 침식되지 않도록 잔디로 덮여 있습니다. 완만한 잔디 경사면 덕분에 언뜻 보면 자연스러운 풍경처럼 보이죠. 반대편에 있는 저수지가 보이지 않는다면 댐이 있다는 사실을 전혀 알아차리지 못할 수도 있어요. 하지만 완벽하게 평평한 **댐 마루**를 보면 댐이 있다는 사실을 알 수 있죠.

누수가 하나도 발생하지 않는 댐은 없습니다. 이런 거대한 구조물에서 완벽한 수밀성을 달성하는 것은 비용만 많이 들 뿐, 얻을 가치가 없습니다. 그래서 엔지니어는 배수구를 사용해 누수가 문제를 일으키지 않도록 하는 방법을 씁니다. 대부분의 배수구는 두 부분으로 구성됩니다. **필터**는 자갈이나 모래 층을 사용해 토양 입자가 씻겨 내려가지 않게 합니다. 필터 내부에 위치한 구멍이 뚫린 **취수 파이프**는 배수구로 유입되는 모든 물을 모아 배출해 압력이 쌓이지 않도록 합니다. 댐의 하류 쪽에서 바깥으로 나와 있는 작은 파이프가 보일 경우, 대부분은 내부 배수 시스템의 **출구**입니다.

하천이나 강을 가로질러 건설하지 않고 인근 고지대에 건설되는 댐도 있죠. **수로 외 저수지**는 물을 저장하기 위해 원형 댐을 건설해 만든 저수지입니다. 이런 저수지는 인근 수원(보통 강입니다)에서 펌프를 사용해 물을 채워야 합니다. 저수지 전체를 댐이 둘러싸고 있어야 하기 때문에 비용이 더 많이 듭니다. 하지만 수로 외 저수지는 강을 가로지르는 장벽을 만들지 않기 때문에 자연환경을 덜 파괴합니다. 그리고 상대적으로 덜 까다로운 곳에도 건설할 수 있죠.

---

8 옮긴이 물질의 내부나 표면에 작은 구멍이 많이 있는 성질입니다.

못다 한 이야기

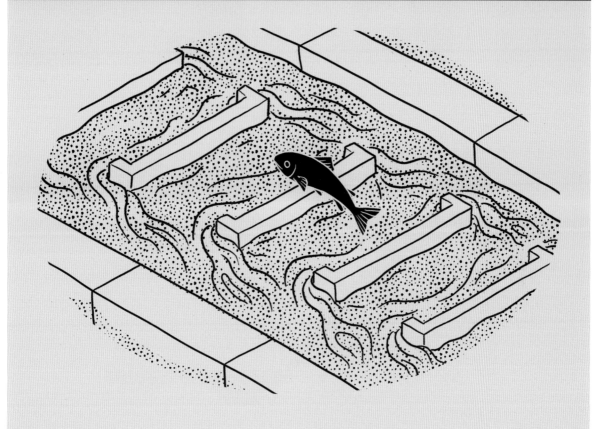

댐은 물을 저장하고 홍수를 예방하며 재생 가능한 전력을 공급하는 등 인간에게 중요한 역할을 합니다. 하지만 자연환경을 심각하게 파괴할 수 있죠. 많은 댐이 강력한 환경 규제가 시행되기 전에 건설돼 수생 생태계와 자연의 수문학적 과정에 큰 피해를 입혔습니다. 댐이 일으킬 수 있는 문제 가운데 가장 심각한 것은 강을 막아 계절성 어종의 이동 통로를 방해한다는 것입니다. 이 문제를 해결하기 위해 일부 댐과 그 밖의 인공 장벽에는 **어도**(물고기 사다리라고도 합니다)를 설치해 댐 반대편으로 우회하는 통로를 제공합니다. 다양한 구조가 있지만, 대부분은 어류가 뛰어넘을 수 있는 낮은 단차가 있는 구조거나 폭포가 있는 웅덩이를 이어놓은 형태입니다. 수직으로 꽤 긴 거리를 오르거나 내려가는, 자연 속 강 흐름을 모방하는 구조물을 설계하는 것은 어려운 일이며, 이보다 더 효과적인 구조물이 있을 수도 있습니다. 생물학자와 엔지니어들은 댐이 자연환경에 미치는 영향을 줄이기 위해 계속 협력하며 연구하고 있습니다.

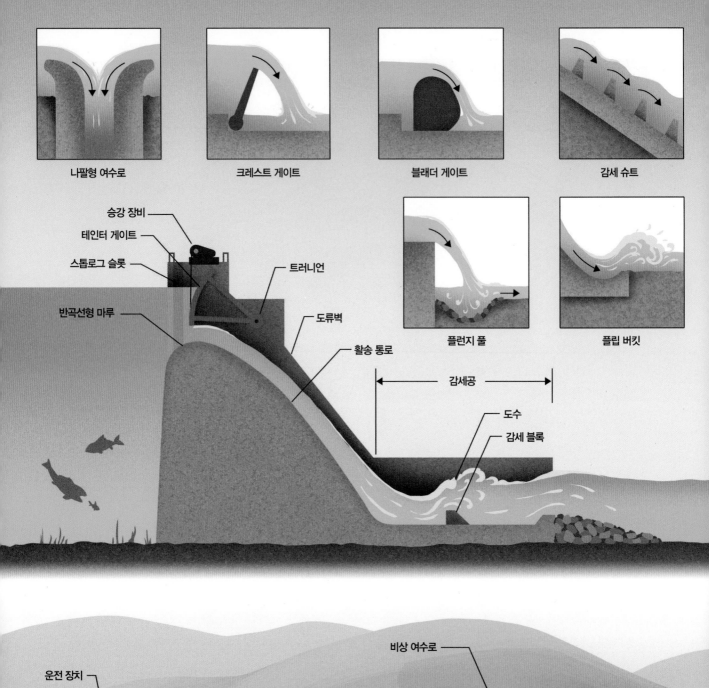

나팔형 여수로

크레스트 게이트

블래더 게이트

감세 슈트

플런지 풀

플립 버킷

승강 장비

테인터 게이트

스톱로그 슬롯

반곡선형 마루

트러니언

도류벽

활송 통로

감세공

도수

감세 블록

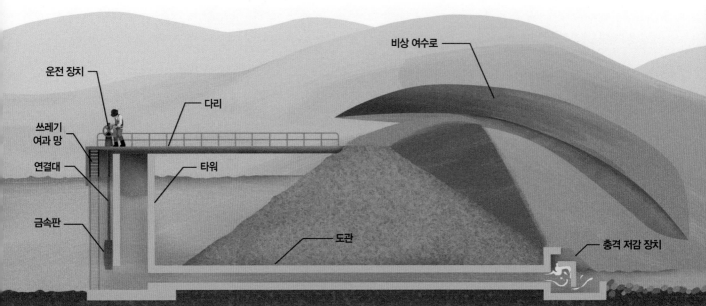

비상 여수로

운전 장치

다리

쓰레기
여과 망

연결대

타워

금속판

도관

충격 저감 장치

배수구와 여수로

댐은 물을 저장하는 용도로 사용하지만, 물을 방류하는 방법도 필요합니다. 물이 필요할 수도 있고, 댐이 가득 차는 것을 막을 필요도 있으니까요. 댐의 목적과 용량에 따라, 댐에서 물을 안전하게 방류하기 위한 구조물은 매우 다양합니다. 물을 방류하는 것은 역동적인 과정이기 때문에, 여수로와 배수구는 대부분 댐에서 가장 복잡한 설비입니다.

용어는 다를 수 있습니다만, **배수구**는 하류 지역의 필요에 따라 저수지에서 물을 방출하는 시설입니다. 일부 저수지 배수구는 물을 양수장에 전달합니다. 양수장에서는 관개용 파이프를 통해 관개용수를 보내기도 하고, 인구 밀집 지역에 식수를 공급하기 위해 정수 처리장으로 보내기도 하죠. 어떤 배수구는 수력 발전소의 도수관에 물을 공급합니다. 물을 다시 강으로 방류해 하류로 빼내거나 댐 아래의 수생 생태계를 유지하는 데 사용하기도 합니다.

배수구는 저수지 아래에 완전히 또는 부분적으로 잠겨 있어 발견하기 어려울 때가 많습니다. 배수구는 보통 물이 가장 깊은 댐의 중앙 근처에 위치합니다. 상류 쪽 면이 수직인 콘크리트 댐의 경우, 배수구가 댐 내부에 있을 수 있습니다. 필 댐은 가운데를 기준으로 점점 낮게 경사지기 때문에, 배수구는 저수지에서 더 멀리 떨어진 별도의 **타워**로 설치되는 경우가 많죠. 타워와 댐 마루를 연결하는 다리를 설치해 사람과 차량이 접근할 수 있도록 합니다.

배수구의 주요 특징은 물의 흐름을 제어하는 수문과 밸브입니다. 물은 배수구에 도달하기 전에 먼저 **쓰레기 여과 망**을 통과합니다. 시설에 손상을 줄 수 있는 이물질이 유입되는 것을 방지하기 위해서죠. 양수장과 수력 발전 취수구의 쓰레기 여과 망에는 물고기가 유입되는 것을 막기 위해 구멍이 작은 **스크린**을 사용하는 경우가 많습니다.

여러 종류의 수문과 밸브가 배수구를 통하는 물을 제어합니다. 수문이 열리거나 닫히지 못하면 심각한 결과를 초래할 수 있으므로 대부분의 배수구는 여러 벌의 유량 제어 장치를 사용해 하나가 잘못 작동하더라도 다른 장치가 기능을 대신할 수 있게 합니다. 정기적으로 유지 보수하기도 쉬워지죠. 대부분의 배수구는 철근 콘크리트 또는 강철로 만든 대형 **도관**으로 댐 내부에 물을 공급합니다. 배수구에 사용되는 수문 유형 중에 **슬라이드 게이트**가 있습니다. 입구의 위아래로 움직이는 **금속판**으로 구성되며 **연결대**가 금속판과 **운전 장치**를 연결하죠. 모터를 사용해 연결된 기계 전체를 들어 올리거나 내립니다. 수면 아래 깊이에 따라 저수지의 수질과 온도는 달라질 수 있으므로, 배수구 타워에는 수위가 각기 다른 여러 개의 수문을 두고 운전 장치를 통해 물을 끌어오는 높이를 선택합니다.

댐이 마주할 수 있는 위험 가운데 가장 큰 위험은 홍수입니다. 극단적으로 많은 양의 물을 저장할 정도로 댐을 높이 건설하는 것은 실용적이지 않습니다. 반면에 저수지 수위는 절대 댐을 넘어서면 안 됩니다. 침식으로 구조물과 기초가 손상될 수 있거든요. 그래서 모든 댐은 저수지가 가득 찼을 때 하류로 물을 안전하게 방류하는 구조물인 **여수로**가 적어도 하나 이상 설치됩니다.

유입량은 늘 변하기에 대형 댐에는 두 개 이상의 여수로가 있을 때가 많습니다. 그 가운데 작은 여수로를 **주 여수로** 또는 **서비스 여수로**라고 부르며 저수지가 가득 찼을 때 정상적인 유량을 배출합니다. 다른 여수로는 극한 상황에서만 작동하는 **보조 여수로** 또는 **비상**

여수로라고 합니다. 설계대로라면, 보조 여수로는 댐의 전체 사용 기간 가운데 몇 번 안 되는 무서운 순간에만 물이 흐릅니다. 따라서 측벽에 굴착한 수로처럼 단순한 구조로 보조 여수로를 만들기도 합니다. 때로는 댐의 전체 구간이 여수로 역할을 하도록 포장을 하기도 합니다. 이를 **월파 보호**라고 합니다.

제어 기능이 없는 여수로에서는 일종의 보 구조물을 통해 저수지 수위를 조절합니다. 수위가 고정된 여수로의 높이를 넘으면 물이 흐르는 식이죠. 배출되는 물의 양은 저수지의 수위와 여수로의 크기, 모양과 밀접하게 관련됩니다. 제어 기능이 없는 여수로 대부분은 길이와 깊이가 정해진 상황에서도 **반곡선형 마루**라는 곡선형 형태를 이용해 배출할 수 있는 물의 양을 늘립니다. 일부 댐은 원형 보인 **나팔형 여수로**를 사용해 도관으로 물을 방류합니다. 월류를 처리할 고전적인 방법을 사용할 공간이 없는 좁은 협곡에서 이 여수로를 사용하죠.

제어식 여수로에서는 수문을 사용해 방류를 인위적으로 조절합니다. 수문 때문에 여수로의 구조가 복잡해지지만, 방류량을 조절할 수 있어 전체적인 구조물을 작게 만들 수 있고 비용도 적게 듭니다. **테인터 게이트**는 긴 직선 구조물과 곡면으로 구성되며, **트러니언**이라고 하는 일종의 힌지를 중심으로 회전합니다. 수문 위의 **승강 장비**는 체인이나 와이어로프를 통해 구조물을 들어 올려 아래로 물이 흐르도록 합니다. **크레스트 게이트**는 바닥에서 회전하며 유압 실린더를 사용해 작동합니다. 일부 수문은 압축 공기나 물로 부풀려서 올리거나 내릴 수 있는 대형 고무 **블래더**를 사용합니다. 모든 수문은 정기적으로 점검과 유지 보수를 해야 하므로 대부분의 여수로에는 상류에 **스톱로그 슬롯**이 설치됩니다. 스톱로그는 강철판으로, 크레인을 사용해 슬롯에 설치하고, 유지 보수를 위해 물을 차단함으로써 수문을 분리합니다(이 과정을 **탈수 공법**이라고 합니다).

물이 여수로나 배수구를 통과하면 저수지와 하류의 자연 수로 사이의 수위 차만큼 강하합니다. 이때 내려가면서 유속이 빨라지죠. 개방형 수로 배수로에서는 물이 **활송 통로**를 따라 내려갑니다. 이때 **도류벽**이 물의 흐름이 벗어나지 않게 하죠. 빠르게 흐르는 물은 파괴적이기 때문에 신중하게 제어하지 않으면 댐을 침식하고 손상시킬 수 있어요. 그래서 여수로와 배수구를 공사할 때는 수력 에너지를 분산시키고 흐름을 늦춰 자연 수로로 방출하는 방법이 필요합니다.

여수로와 배수구를 공사할 때는 다양한 에너지 분산 구조물을 사용합니다. 도관을 통해 흐르는 물은 단단한 콘크리트 벽에 충돌시키는 **충격 저감 장치**를 사용합니다. **감세 슈트**는 물이 아래로 내려갈 때 블록을 사용해 속도를 늦춥니다. **플런지 풀**은 물이 하류 수로로 나가기 전에 보강 포장을 한 큰 구멍으로 떨어지도록 합니다. 더 큰 여수로에는 때때로 활송 통로 끝에 **플립 버킷**을 설치해 물을 공중으로 향하게 합니다. 물이 미세한 스프레이로 분사되죠. 마지막으로 대부분의 여수로는 침식으로부터 댐의 기초를 보호하기 위해 **감세 공**이라는 구조물을 사용합니다. 감세공은 빠르게 흐르는 물이 느리게 흐르는 물로 전환될 때 발생하는 **도수**라는 현상을 이용합니다. 감세공은 대부분 **감세 블록**을 다양하게 조합해 도수를 강제로 일으킵니다. 감세공의 도수로 하류로 빠져나가는 물은 잔잔하고 고요해집니다. 덕분에 구조물의 안전을 위협하는 침식 가능성을 최대한 낮출 수 있습니다.

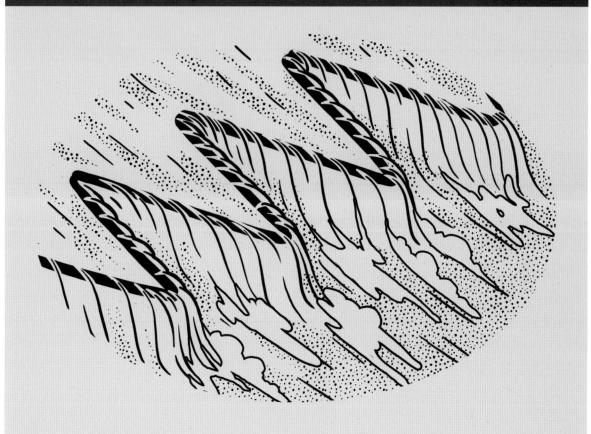

보 위로 넘치는 물의 흐름은 보의 마루 위를 지나는 물의 높이, 그리고 전체 길이와 연관됩니다. 여수로를 설계할 때의 목표는 방류할 수 있는 물의 양을 줄이지 않고 크기를 최소화하는 것입니다(즉, 건설 비용을 줄이겠다는 거죠). 영리한 공학 전략으로 보를 지그재그 모양으로 접어서 물이 작은 공간에서 더 많은 길이를 통과하게 만드는 방법이 있습니다. 이 방법은 여수로의 용량을 늘리는 데 자주 사용됩니다. 접힌 모양을 사용하면 용량을 희생하지 않고도 댐의 수위를 높일 수 있습니다(더 많은 저수량을 확보할 수 있습니다). 사다리꼴 또는 삼각형 모양 보를 **미로형 보**라고 하고, 정사각형 모양을 사용하는 보를 **피아노 건반형 보**라고 합니다.

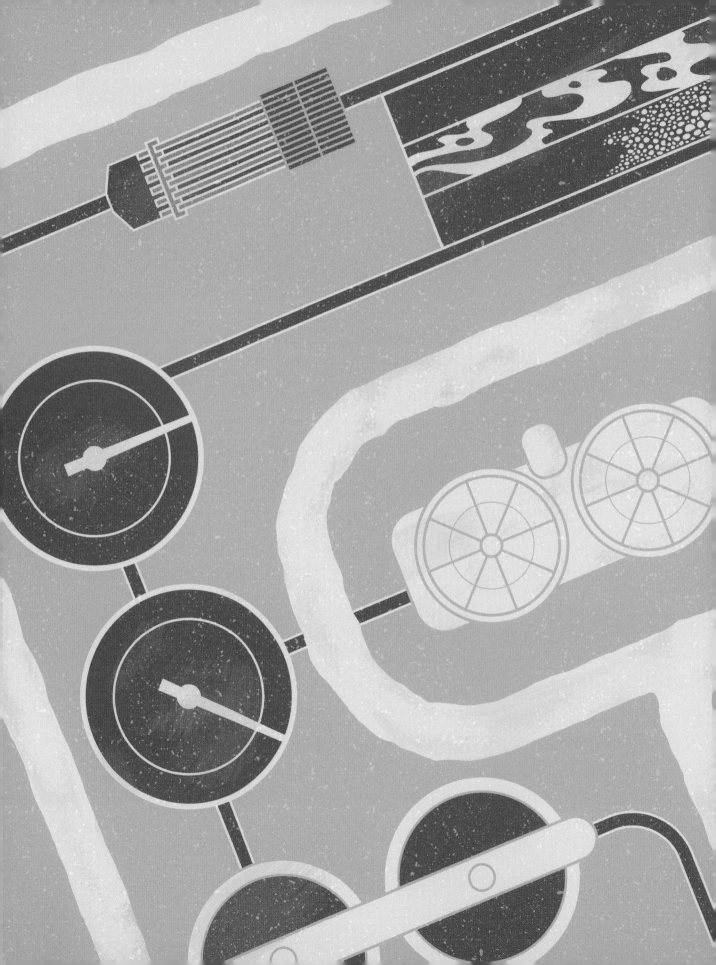

7

상수와 하수

들어가며

물은 인간의 기본 요구 조건이지만, 얼마나 깨끗한지 역시 중요합니다. 현대적인 도시 공학이 등장하기 전에도 많은 문명에서는 도시에 담수를 공급하고 하수를 제거해 수원을 깨끗하게 유지하는 전략을 개발했습니다. 19세기에 전 세계 도시의 인구가 증가하고 밀도가 높아지기 시작하면서 수인성 질병으로 인한 공중 보건의 위협은 더욱 위협적이고 교묘해졌습니다. 위생학이 발전한 것도 도시 거주자를 감염병으로부터 안전하게 지키기 위해서였습니다. 이제 거의 모든 도시와 마을은 시민에게 풍부하고 깨끗한 물을 공급하고 하수를 처리하기 위한 복잡한 시스템을 갖추고 있죠. 당연하다고 생각하기 쉽지만, 도시의 상수도와 하수도 시스템을 개발하고 유지 관리하는 것은 많은 인프라가 필요한 큰 사업입니다. 도시의 파이프와 밸브는 대부분 땅속에 묻혀 있습니다. 하지만 주의 깊게 살펴보면 많은 시설과 장비를 관찰할 수 있습니다.

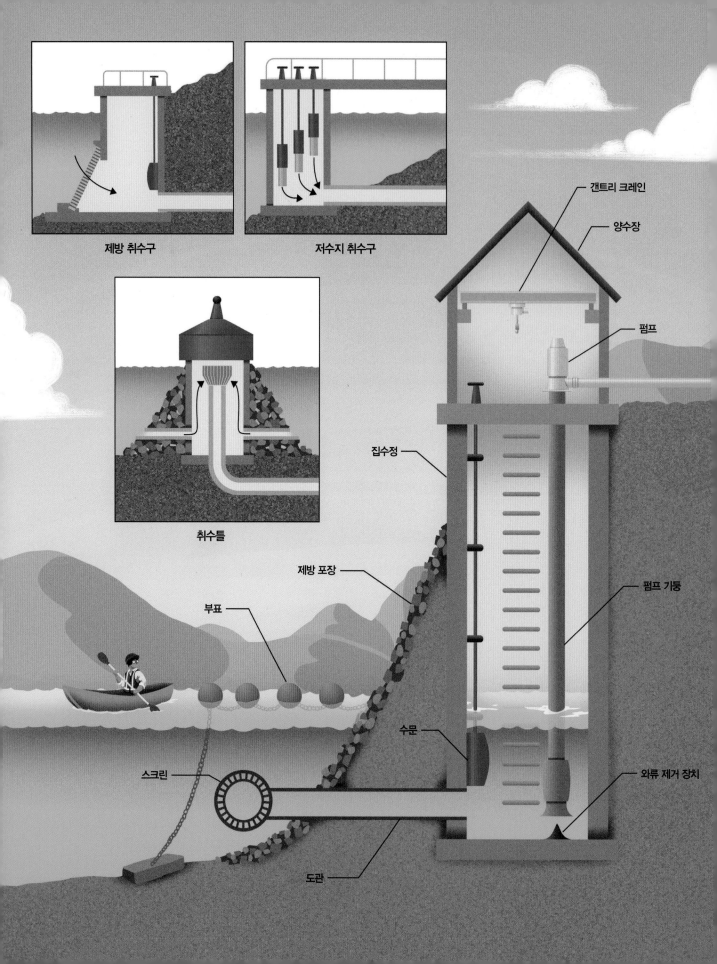

제방 취수구

저수지 취수구

취수틀

갠트리 크레인

양수장

펌프

집수정

펌프 기둥

제방 포장

부표

와류 제거 장치

수문

스크린

도관

취수장과 양수장

우리가 식수로 마시거나 청소, 농작물 관개에 사용하는 물은 대부분 강이나 하천, 개울, 호수 또는 저수지에서 여정을 시작합니다. 이런 수원을 **지표수**라고 합니다(지하수와는 대조되는 개념입니다). 강이나 호수에서 물을 모으는 것은 언뜻 간단해 보일 수 있어요. 하지만 목적지까지 운반하기 위해 지표수를 파이프나 **수관**으로 옮기는 작업은 꽤 까다롭습니다. 취수 시설이 이 중요한 일을 담당합니다. **취수구**는 댐과 같이 물을 저류하거나 용도를 바꾸는 데 사용하기도 하지만, 독립된 구조물인 경우도 많습니다. 강둑이나 호수, 저수지 근처를 잘 살펴보면 취수구를 볼 수 있습니다.

호수나 **저수지 취수구**는 거대한 콘크리트 또는 석조 타워로 구성된 경우가 많습니다(6장에서 다뤘죠). 혼란스러운 점은, 댐에서 물을 방류하는 배수구로 간주되는 구조물이 양수장이나 수관에서는 취수구가 될 수 있다는 것이죠. **취수틀**이라는 오래된 구조물은 육지에 구조물을 세워 띄운 다음 자갈로 주변을 채운 구조입니다. 중앙의 통로는 취수구를 통해 들어온 물을 중력의 힘으로 호수 아래 터널로 운반합니다. 이 물은 펌프를 통해 해안의 정수 및 분배 시설로 이동합니다.

오염 물질과 침전물을 완전히 제거하는 과정은 나중에 따로 진행합니다. 그래도 취수장 설계 단계에서도 정수 처리장의 부담을 줄이기 위해 파이프에 유입되는 물을 가능한 한 깨끗하게 유지할 필요가 있습니다. 처리되지 않은 이 물을 흔히 **원수**라고 합니다. 저수지와 호수에서는 부유 퇴적물의 양, 플랑크톤 및 조류 등 미생물의 양, 심지어 깊이에 따른 수온에 따라서도 원수의 품질이 크게 달라집니다. 따라서 호수와 저수지에 있는 대부분의 취수 시설물에는 여러 깊이의 개구부(포트)가 있어 운영자가 다양한 수심에서 이상

적인 호수 또는 저수지 혼합수를 선택할 수 있죠. 다양한 개구부의 수문은 원수의 조건과 하류 쪽의 필요에 따라 열리거나 닫힐 수 있습니다.

하천의 취수장에는 어려운 점도 많습니다. 하천의 수위가 크게 다를 수 있고, 더구나 하천이 역동적인 시스템이라는 사실도 고려해야죠. 홍수는 엄청난 양의 퇴적물을 이동시켜 둑의 위치와 모양을 바꾸고 심지어 강의 흐름을 완전히 바꿀 수도 있습니다. 하천에서 취수구는 거의 항상 수로의 직선 구간 또는 구부러진 부분의 바깥쪽에 위치합니다. 퇴적물은 유속이 느린 곡선 안쪽에 퇴적되는 경향이 있으므로 쉽게 막힐 수 있는 이 구간을 피해서 취수구를 설치합니다. **제방 취수구**는 강둑에 설치됩니다. 물이 측면 방향에서 취수구 내부로 흐르도록 하죠. 그러나 자연 수로의 가장 깊은 부분(골짜기선이라고 합니다)은 중앙에 있는 경우가 많기 때문에 제방 취수구는 강 수위가 낮을 때 물이 흐를 수 있도록 강바닥을 준설해야 하는 경우가 많습니다. 준설은 하천의 민감한 환경에 해가 되기도 하지만, 시간이 지나면 하천 퇴적물이 쌓이므로 정기적으로 수행해야 하는 작업입니다.

수위 변화와 퇴적물 축적 문제를 해결할 방법으로 하류에 작은 **보**를 건설하는 방법이 있습니다. 보는 강의 수위를 높이는 동시에 물의 흐름을 느리게 해 퇴적물을 가라앉힙니다. 그러나 보는 항해를 할 때나 야생동물이 이동할 때 방해가 되기도 하고 매우 위험할 수 있어(6장에서 이야기했죠), 요즘은 잘 사용하지 않습니다. 오늘날 강에 설치된 취수 시설은 환경 문제를 최소화하면서 동시에 침전물이나 수위 저하와 같은 문제를 피하기 위해 매우 주의 깊게 입지를 정합니다. 대안 중에는 강 깊은 곳에서 강가까지 **도관**을 연결하는 방

법이 있죠. 자연 강둑을 파헤칠 필요가 없도록 터널을 사용합니다. 도관 끝에 **스크린**이 있어 물고기나 이물질이 도관 안으로 들어오는 것을 방지합니다. 그리고 수문은 물의 흐름을 제어합니다.

원수의 최종 목적지가 수원지보다 훨씬 아래에 있지 않는 한, 대부분의 취수장은 원수에서 파이프나 수관으로 물을 끌어올리는 **양수장**을 함께 짓습니다. 펌프(양수기)는 취수 시설물 바로 위나 옆에 설치될 때가 많지만, 양수장이라는 건물 내에 설치하기도 합니다. 양수장은 내부에 설치된 **갠트리 크레인**을 보면 알아볼 수 있죠. 갠트리 크레인으로 필요할 때 장비를 정비하거나 교체할 수 있습니다.

양수장에서 물은 도관이나 터널을 통해 개구부로 유입되고 **집수정**이라는 구조물로 흘러 들어갑니다. 집수정은 펌프 작동을 위해 필요한 부피와 깊이를 제공하는 구조물로, 펌프의 비효율성과 손상을 방지하기 위해 이상적인 물 흐름 조건을 만들도록 설계합니다. 집수정에서 난류와 소용돌이는 욕조의 물을 뺄 때 발생하는 것과 같은 **와류**를 유발할 수 있습니다. 와류가 **펌프 기둥** 입구에 유입되면 공기 때문에 펌프의 효율이 떨어지고 고장이 날 수도 있습니다. 따라서 **와류 제거 장치**를 집수정에 설치해 펌프 유입수가 소용돌이치는 것을 예방합니다.

취수구는 물에 잠겨 있고, 물이 빠르게 흐르기 때문에 강과 호수에서 수영하거나 보트를 타는 사람의 안전을 크게 위협할 수 있어요. 공공의 안전이 위협받는 곳일 경우, 취수장 소유주는 **부표**를 설치합니다. 이 부표는 체인과 연결된 밝은 색상의 부유 시설물입니다. 강이나 호수 바닥에 고정돼 위험한 구조물 주변에 접근 금지 구역을 형성합니다. 일부 부표는 취수 구조물을 손상시킬 수 있는 파편이나 떠다니는 나무, 얼음에도 견딜 수 있을 정도로 튼튼하게 설계되죠. 또한 취수장이나 양수장이 제방 근처에 위치할 경우 시설물을 망가뜨릴 수 있는 침식으로부터 보호하기 위해 포장재(사석이 대표적입니다)로 덮기도 합니다.

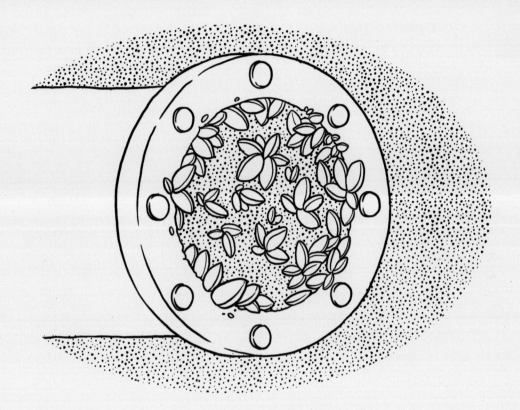

취수 시설은 강과 호수에 설치되므로 야생의 수생 동물과 충돌을 겪을 수밖에 없습니다. 홍합, 달팽이, 조개 등 몇몇 생물은 수자원 인프라에 달라붙어 증식해 취수구를 막고 파이프의 효율을 떨어뜨립니다(이를 **생물 부착**이라고 합니다). 공공시설에서는 생물의 부착을 막거나 쉽게 제거할 수 있는 생물 부착 방지 코팅을 사용하는 경우가 많습니다. 이런 코팅은 정기적으로 다시 칠해야 하는데, 이 작업을 위해서는 가동을 중단해야 합니다. 즉, 비용이 많이 들죠. 대부분의 경우, 생물 부착을 해결할 가장 효과적인 방법은 물리적으로 청소하는 것입니다(쉽게 말해 생물을 긁어내는 거죠). 스크린처럼 직접 접근할 수 있는 시설은 잠수팀이 청소할 수 있지만, 파이프는 그럴 수 없죠. **피그**라고 부르는 원통형 장치를 도관 안에 넣고 이를 끌어당기면서 청소하는 경우가 많습니다. 가장 문제가 되는 침입종은 해당 수역에 원래 서식하지 않으므로 생존 경쟁을 심하게 겪지 않습니다. 따라서 급격하게 개체수가 늘어나죠. 생물 부착을 막는 가장 중요한 방법은 이런 침입종이 새로운 수역에 퍼지지 못하도록 애초에 막는 것입니다. 그래서 많은 나라에서 강이나 호수에 들어가기 전에 보트를 세척한 뒤 물을 빼고 건조시킬 것을 법으로 정해 놓았습니다.

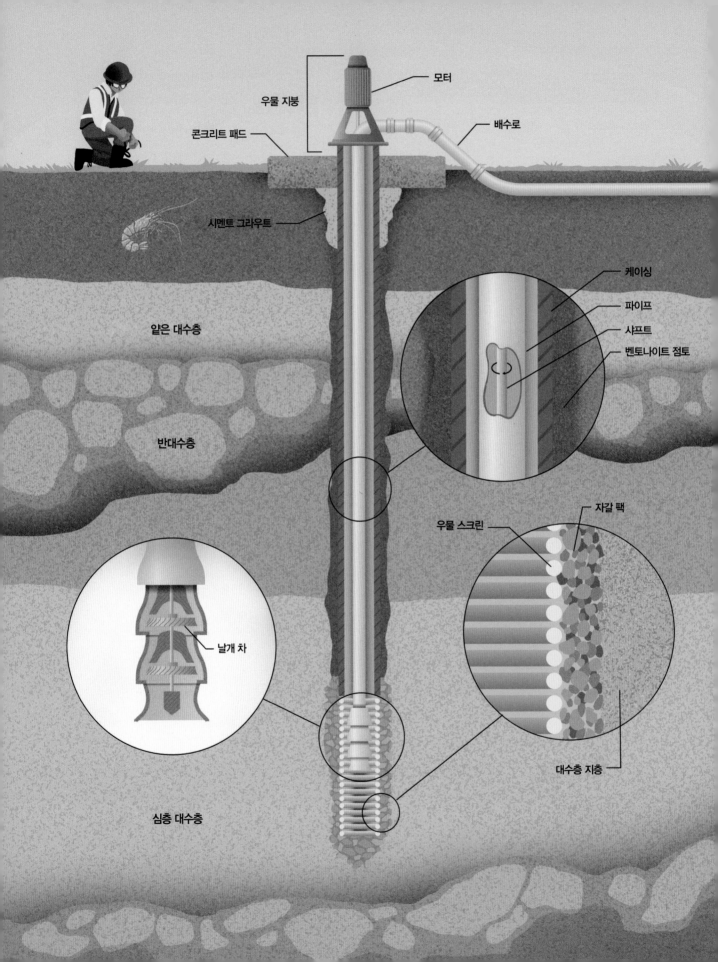

모터

우물 지붕

콘크리트 패드

배수로

시멘트 그라우트

케이싱

파이프

샤프트

벤토나이트 점토

얕은 대수층

반대수층

자갈 팩

우물 스크린

날개 차

대수층 지층

심층 대수층

우물

비로 지상에 내린 물이 모두 호수와 강으로 흘러가지는 않습니다. 일부는 토양과 암석 입자 사이 공간으로 스며들어 땅속에 고입니다. 이런 지하수는 투수성이 낮은 지층인 **반대수층**에 도달해 더 이상 내려가지 못합니다. 오랜 기간에 걸쳐 침투한 물은 **대수층**이라고 하는 광대한 지하 자원으로 축적됩니다. 많이들 지하수가 지하에 있는 강이나 호수 등 개방된 공간에 저장된다는 생각을 하곤 합니다. 하지만 대규모 지하 동굴이 있는 곳도 있지만, 흔하지는 않습니다. 대부분의 지하수 대수층은 모래, 자갈, 암석으로 된 지질학적 구조물이 물을 가득 머금고 있는 형태입니다. 마치 스펀지처럼요. **우물**은 이 지하수를 사람이 사용할 수 있도록 빼냅니다. 가장 단순한 우물을 만들고 싶다면 주변 토양에서 지하수가 스며들 수 있도록 구멍을 만들면 됩니다. 하지만 오늘날의 우물은 정교한 공학을 활용해, 오래, 안정적으로 담수를 공급하죠. 농장에서는 관개용으로 우물을 사용합니다. 시골의 가정과 가게에서는 도시 배급수 시스템에 연결할 수 없을 때 우물을 사용합니다. 대도시에서도 지하수를 주요 담수 공급원으로 활용하곤 합니다.

지하수를 얻을 수 있는 곳은 다양합니다. 대부분의 땅 아래에는 물을 가득 머금은 포화 상태의 토양이나 암석층이 있습니다. 하지만 물의 양과 수질, 그리고 지표면으로 추출하기 쉬운 정도는 그 지역의 지질에 따라 다르죠. 지하수는 다른 수문 시스템과도 연결돼 있어 지하수를 추출하면 지표면의 수자원 양과 수질에도 영향을 미칩니다. 아쉽게도 우리는 땅속을 볼 수 없어요. 그래서 땅속 지질을 탐사할 때 보통 **시추공**을 뚫습니다. 이 방법은 비용이 꽤 많이 듭니다. 특정 지역에서 지하수를 사용할 수 있을지 결정하려면, 현장에

대한 지식과 함께 근처 우물의 성능 등 여러 정보를 결합해야 합니다. 우물의 위치와 깊이를 선택하는 것은 지하수 전문가에게는 과학이자 동시에 예술입니다.

우물은 시추기로 지하를 시추해 건설합니다. 시추기를 이용하면 시추된 토양과 암석에 대한 자세한 기록(절단면)을 얻을 수 있습니다. 우물을 설계할 때 추정했던 내부 지질의 모습과 비교할 수 있죠. 필요한 깊이까지 시추공을 뚫고나면 우물을 설치합니다. **케이싱**이라고 하는 강철 또는 플라스틱 파이프를 구멍에 넣어 단단히 다져지지 않은 토양과 암석이 우물로 떨어지지 않도록 지지합니다. 물을 뽑아낼 깊이에 위치한 케이싱에는 **우물 스크린**을 부착합니다. 스크린은 지하수가 케이싱으로 흐르도록 하는 동시에, 물을 오염시키거나 펌프를 마모시킬 수 있는 큰 흙과 암석 입자가 들어오지 못하게 막습니다.

케이싱과 스크린을 설치한 후에는 **고리 형태의 공간**(굴착된 시추공과 케이싱 사이의 공간)을 채워야 합니다. 스크린이 설치된 부분에서는 이 공간에 자갈 또는 **자갈 팩**이라고 하는 굵은 모래를 채웁니다. 이 재료는 **대수층 지층**의 미세 입자가 스크린을 통해 우물로 유입되는 것을 막는 필터 역할을 하죠. 스크린이 없는 케이싱 주변은 **벤토나이트 점토**로 채웁니다. 점토는 부풀어서 물이 통과하지 못하게 주변을 밀봉하는 역할을 합니다. 얕은 지하수(이 지하수는 수질이 낮을 수 있어요)가 들어오지 못하게 막아주죠. 마지막으로 고리 형태 공간의 가장 윗부분은 벤토나이트 점토나 **시멘트 그라우트**를 사용해 영구적으로 밀봉합니다. 이 밀봉은 표면의 오염 물질이 우물 안으로 들어가지 못하도록 막습니다. 최악의 경우 오염 물질이 우물로 들어가 대수층으로 흘러 들어가면 다른 여러 사용자에게까지 오

염 물질을 전달할 수 있기에, 우물을 관리하는 지역은 대부분 엄격한 규칙을 통해 우물 상단을 봉쇄합니다. 우물의 손상을 막고 오염 물질이 침투하지 않도록, 케이싱을 지상으로 확장하고 **콘크리트 패드**를 사방으로 펼쳐 그 위에 **우물 지붕**을 만듭니다.

우물을 시추할 때, 시추공 표면을 따라 묻은 점토층이나 미세 입자가 물의 흐름을 방해할 수 있습니다. 우물을 설치한 후에는 대수층과 우물을 연결하는 **우물 개발**이라는 절차를 거칩니다. 우물 안팎으로 물이나 공기를 주입하는데, 이를 통해 자갈 팩과 대수층 사이 접촉면에 존재하는 입자가 작은 퇴적물을 제거합니다. 제대로 만든 우물은 대수층에서 케이싱 안으로 침전물이 들어오지 않게 막으면서, 동시에 지하수는 쉽게 흐르게 합니다. 하지만 남은 과제가 있습니다. 지하수를 지표면까지 끌어올리는 방법이죠. 얕은 우물에서는 빨대처럼 빨아들여 물을 끌어올리는 **제트 펌프**를 사용할 수 있습니다. 하지만 깊은 우물에서는 이 방법을 사용할 수 없습니다. 빨대로 음료를 마실 때를 생각해보죠. 빨대 안에 진공 상태가 만들어지면서 주변의 대기압이 음료를 위로 밀어 올립니다. 그러나 우물의 흡입 파이프 안에 있는 액체의 무게와 균형을 맞추기에는 대기만으로는 역부족입니다. 흡입 파이프에 완전한 진공을 만들 수 있다고 해도 물을 끌어올릴 수 있는 최고 높이는 약 10미터입니다. 따라서 더 깊은 우물에서는 빨아들이는 방법으로 물을 지표까지 끌어올릴 수 없습니다. 대신 우물 바닥에 펌프를 설치해 물을 위로 밀어 올려야 합니다.

큰 우물에는 **수직 터빈 펌프**가 장착된 경우가 많습니다. 우물 지붕에 장착된 모터가 파이프 가운데를 통해 아래로 이어지는 수직 **샤프트**에 연결됩니다. 바닥에서 샤프트는 일련의 **날개 차**를 구동하고, 날개 차는 파이프를 통해 **배수로**로 물을 밀어 올립니다. 수직 터빈 펌프는 지표에 모터가 있어 운영하기 쉽습니다. 하지만 소음이 심하고 우물 전체 구간을 정밀하게 정렬해야 하죠. 대안으로 모터를 우물 바닥에 배치하고 날개 차를 **수중 펌프**라고 하는 밀폐된 기계에 넣는 방법도 있습니다. 수중 펌프는 움직이는 부품이 땅속 깊숙이 있기 때문에 조용하지만, 우물 파이프 크기에 들어가는 더 작은 모터를 사용하기 때문에 용량이 더 낮습니다.

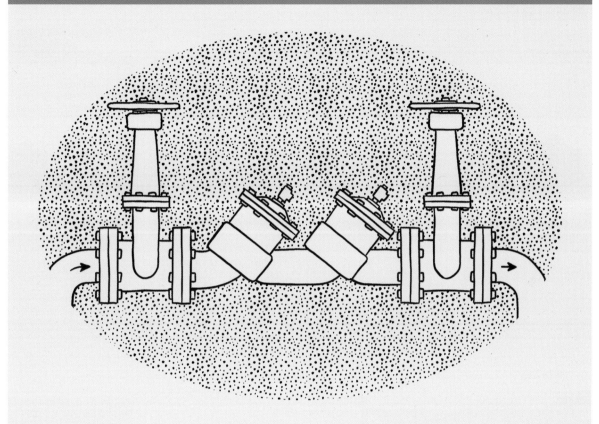

파이프가 파손되거나 얼면, 지표면의 오염된 물이 우물로 들어가 내부의 물과 주변 대수층까지 오염시킬 수 있습니다. 우물뿐만 아니라 배급수 시스템에서도 똑같은 일이 벌어질 수 있죠. 상수도의 주 공급관이 부서지거나 펌프의 전원이 끊겨 압력이 사라지면 유해한 오염 물질이 내부로 들어올 수 있습니다. 관개 시스템이나 소화전 같이 오염원이 있는 상수도의 우물 등에는 역류 방지 장치를 설치합니다. 연달아 설치된 두 개의 **체크 밸브**를 사용해, 하나가 잘못 작동하더라도 물이 한 방향으로 흐를 수 있게 합니다. 이 밸브는 부품을 정기적으로 시험할 수 있도록 차단 밸브나 개구부와 결합돼 있는 경우가 많습니다.

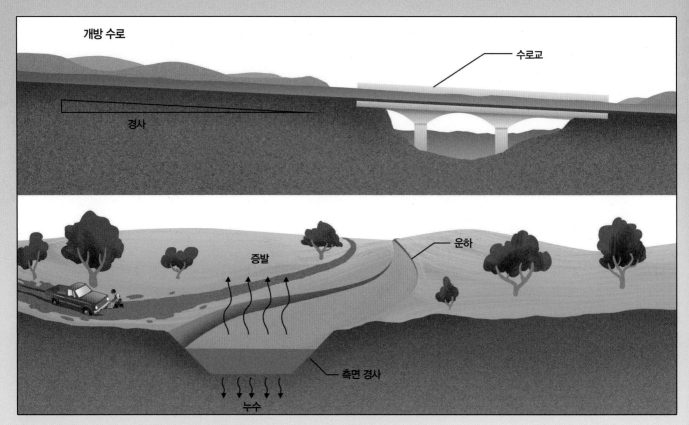

개방 수로

- 수로교
- 경사
- 증발
- 운하
- 측면 경사
- 누수

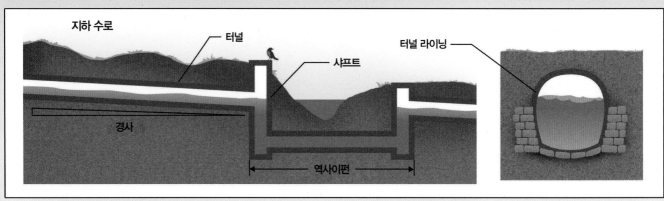

지하 수로

- 터널
- 샤프트
- 터널 라이닝
- 경사
- 역사이펀

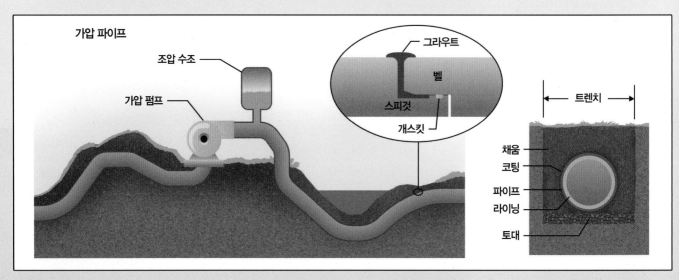

가압 파이프

- 조압 수조
- 가압 펌프
- 그라우트
- 벨
- 스피겟
- 개스킷
- 트렌치
- 채움
- 코팅
- 파이프
- 라이닝
- 토대

수로

필요한 곳 부근에 수자원이 있는 상황이 가장 이상적이죠. 하지만 아쉽게도 인구가 밀집한 지역의 일 년 강수량이 충분하지 않은 곳도 많습니다. 세계에서 가장 널리 알려진 인프라 건설 프로젝트 중에도 원수를 인구 밀집 지역으로 옮겨 사용자들에게 분배하는 단순한 작업이 꼭 필요했습니다. 고대 로마인은 수 킬로미터를 가로질러 도시로 담수를 운반하는 수로로 유명했죠. 심지어 정교한 돌다리를 이용해 강을 넘어 물을 공급하기도 했습니다. 하지만 다리는 수 킬로미터에 달하는 파이프, 운하, 터널을 포함하는 수로 시스템 중 빙산의 일각에 불과합니다. 오늘날의 엔지니어는 고대 로마인이 사용했던 같은 도구를 사용해 필요한 곳으로 물을 이동시킵니다.

장거리를 가로질러 물을 전달하기 위해 인간이 만든 모든 구조물을 지칭할 때는 흔히 **수로**라는 단어를 씁니다. 물론 다른 표현을 쓰기도 하지만요. 물을 이동하는 가장 간단한 기술은 **개방 수로**를 이용하는 것입니다. 발원지의 고도가 목적지보다 충분히 높으면 중력이 모든 작업을 수행합니다. 이 경우 개방 수로를 조성하는 게 물을 흐르게 하는 확실한 방법이겠죠. 수로 상당수는 거의 눈에 띄지 않을 정도로 경사가 매우 완만합니다. 중력에 의해 흐를 수 있는 유체의 양은 수로의 크기, 경사와 관련됩니다. 만약 수로를 가파르게 만든다면, 더 크고 완만한 수로에 비해 더 작은 수로로도 동일한 양의 물을 이동시킬 수 있습니다(건설 비용도 더 저렴하겠죠).

개방 수로를 설계할 때 유량말고도 고려해야 할 부분이 많습니다. 유속이 충분히 빨라야 운하 바닥에 토사가 침전되는 것을 최소화할 수 있죠. 하지만 세굴과 침식이 일어날 정도로 빨라서는 안 됩니다. 또한 물이 충분히 흐를 수 있도록 넓어야 하지만, 얕아서는 안 됩니다. 물이 공기 중으로 **증발**하거나 토양으로 **누수**가 일어나도록 촉진할 수 있으니까요. 엔지니어는 이런 요소의 균형을 맞춰 수로가 지나가는 경로와 모양을 선택합니다. 예를 들어 수로 가운데 상당수는 강과 나란히 놓입니다. 긴 거리에 걸쳐 높이가 자연스럽게 하강하죠. 대부분 붕괴 가능성이 적은, 측면에 경사가 있는 사다리꼴 단면을 사용하고요. 또한 많은 운하는 누수와 세굴을 줄이기 위해 **콘크리트 라이닝**을 설치합니다.

개방 수로는 다른 방식보다 비용이 적게 듭니다. 하지만 증발이나 누수에 의해 물이 줄어들 수 있고, 물이 얼 경우 물 공급이 중단될 수 있습니다. 오염에도 취약하죠. 도로나 고속 도로처럼 경관을 가로지르기 때문에 환경에 미치는 영향도 무시할 수 없습니다. 또한 내리막길로만 수로가 흐르기 때문에 언덕이 많은 지형에서는 실용성이 떨어집니다. 따라서 터널이나 파이프를 통해 수로를 지하로 옮기는 것이 합리적일 때가 많습니다.

지하 수로에 압력이 가해지지 않는다면, 지표면의 개방 수로와 다를 게 없겠죠. 물은 상단에 자유면[1]이 있는 상태로 중력에 의해 이동합니다. **터널 라이닝**이나 파이프 덕분에 물에 오염이나 증발, 누수는 발생하지 않습니다. 지하 수로의 물이 중력에 의해 자연스럽게 흐르게 하려면 일정한 경사를 유지해야 합니다. 그런데 이건 물길이 지표면을 따라가야 하는 개방 수로보다 지하 수로에서 오히려 달성하기 쉽죠. 지하 터널은 지표면의 영향을 최소화할 수 있기에 환경 문제도 줄일 수 있습니다. 수직 **샤프트**를 사용해 강 아래를 통과하는 경우도 있는데, 이 과정에서 **역사이펀**[2]이 만들어집니다. 다리가 따로 없어도 되죠.

원수의 고도가 목적지보다 낮거나 중력을 이용해 물을 흘려보내기에 지형의 기복이 너무 심한 경우에는 **가압 파이프** 수로를 사용해야 합니다. 앞서 설명한 것처럼 취수구에 있는 양수장이 파이프로 물을 밀어 넣습니다. 그럼 물이 중력에 반해 흐르죠. 이런 파이프는 손상이나 동결로부터 보호하기 위해 지표면 깊숙한 곳에 위치한 **트렌치**에 설치됩니다. 파이프는 매트리스와 같은 역할을 하는 **토대** 위에 설치돼 **라이닝**을 따라 하중을 분산시킵니다.

파이프를 설계할 때는 재료 선택이 아주 중요합니다. 파이프는 내부 수압과 채움재, 표면 하중에 의한 외부 힘을 모두 견딜 수 있을 만큼 강해야 하죠. 또 내부로 운반되는 물과 외부의 토양에 의한 부식에도 견딜 수 있어야 하고요. 파이프는 강철, 플라스틱, 유리 섬유, 콘크리트 등 다양한 재료로 만들 수 있습니다. 모든 재료는 상황에 따라 장점이 있습니다. 대형 파이프의 경우, 보호를 위해 외부에는 **코팅**을 하고 내부에는 **라이닝**을 사용해 수명을 연장합니다.

접착제나 나사로 연결하는 배관의 파이프와 달리 대부분의 대형 파이프는 각 이음매를 용접하거나 **플러그 이음** 설계를 사용합니다. 한쪽 파이프의 스피것이 다른 쪽의 **벨**로 미끄러져 들어가면 고무 **개스킷**을 압축해 물이 새지 않는 밀봉 상태를 만듭니다. 개스킷과 노출된 강철이 손상되거나 부식되지 않도록 보호하기 위

해 플러그 이음 주위에 **그라우트**를 설치하는 경우도 있습니다.

수로 설계에서 파이프 크기 역시 중요한 요소입니다. 파이프가 작을수록 비용은 저렴하지만, 큰 파이프와 같은 유량을 얻기 위해서는 물이 이동하는 속도가 더 빨라야 합니다. 물은 마찰을 통해 에너지를 잃고, 이런 손실은 속도에 따라 증가하죠. 따라서 작은 파이프를 설치해 비용을 절약하더라도, 시간이 지남에 따라 펌프의 작업 비용이 증가해 결과적으로 장점이 사라질 수 있습니다. 파이프가 길어지는 경우에는 마찰 손실이 너무 커서 시스템의 압력을 유지하기 위해 **가압 펌프**가 필요할 수 있습니다. 파이프가 노후화되면 내부 표면이 거칠어지므로 엔지니어는 수로의 전체 수명에 걸친 마찰과 펌프 비용도 고려해야 합니다.

긴 파이프를 흐르는 유체는 질량이 매우 크며 때로는 화물 열차보다 더 클 수도 있습니다. 그 많은 물이 파이프를 통해 이동할 때는 운동량이 매우 커집니다. 그런데 유체임에도 불구하고 물은 압축이 잘 일어나지 않죠. 밸브를 닫거나 펌프를 멈추면 운동량은 오갈 데가 없어집니다. 대신 압력이 급상승해 파이프에 충격파 형태로 전달됩니다. 이를 **수격**이라고 하죠. 이런 충격파는 가정에서도 약하게 느껴볼 수 있습니다. 수도꼭지를 너무 빨리 닫을 때 파이프의 물이 벽을 때리는 듯한 느낌을 받은 적이 있나요? 물을 많이 담을 수 있는 대형 파이프에서는 밸브를 빠르게 닫을 경우, 화물 열차를 콘크리트 벽에 부딪히는 것과 맞먹는 충격을 받습니다. 장비를 손상시키거나 파이프를 파열시킬 수 있는 압력 급상승 현상을 막기 위해, 엔지니어는 서서히 열리고 닫히는 밸브와 펌프를 사용합니다.

---

2 옮긴이 사이펀은 대기압을 이용해 물을 높은 곳으로 끌어올렸다가 낮은 곳으로 내려 보내는 장치입니다. 역사이펀은 반대로 물을 낮은 곳으로 내렸다가 높이 끌어올리는 장치로 강과 같은 장애물을 피할 수 있습니다.

물의 양을 신속하게 제어해야 할 경우에는 **조압 수조**를
사용해 압력의 급상승 현상을 완충하고 수격의 피해를
최소화합니다.

못다 한 이야기

파이프는 물을 운반하기 위한 것이지만, 엔지니어는 공기가 파이프에 유입될 경우 어떤 일이 벌어질지도
고려해야 합니다. 파이프는 밀폐된 시스템이지만 물에 용해된 채로 공기가 들어오거나 펌프에 의해 유입
되기도 하고, 초기에 파이프로 물이 들어오는 과정에서 유입될 수도 있습니다. 이렇게 들어온 기포가 파이
프 상단에서 뭉치면 공간을 차지하고 흐름을 방해합니다. 최악의 경우 에어 포켓이 만들어져 수로를 완전
히 차단할 수 있죠(**에어 로크**라고 하는 현상입니다). 파이프에는 물이 나가지 않도록 하면서 파이프의 상
단으로 기포를 자동으로 배출하는 **공기 방출 밸브**가 장착돼 있는 경우가 많습니다. 자세히 보면 지표면 위
로 튀어나온 밸브를 볼 수 있답니다.

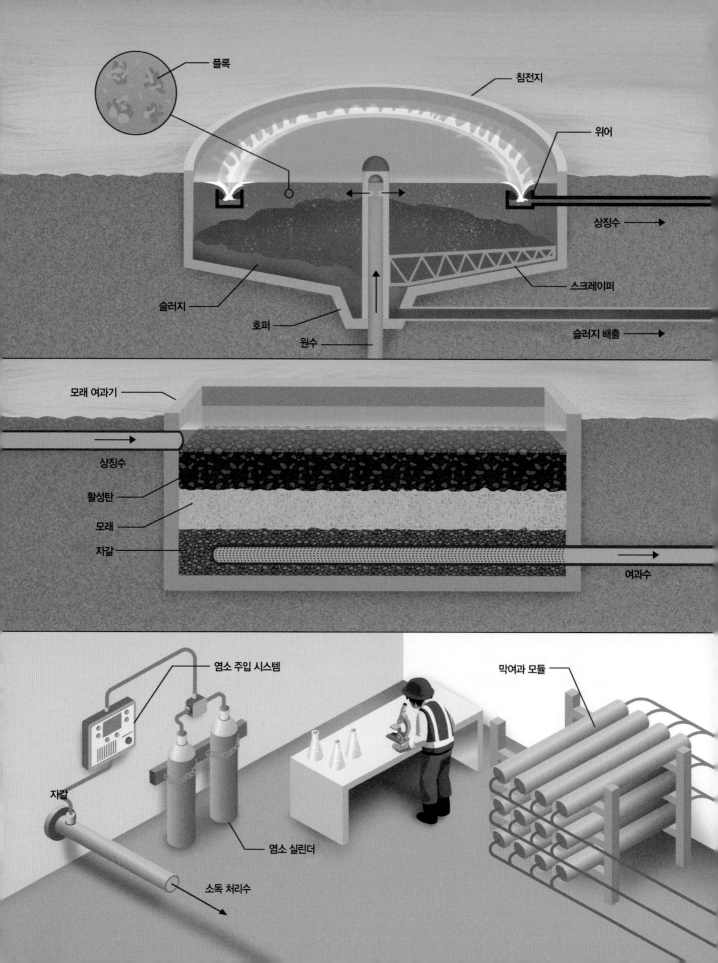

플록

침전지

위어

상징수

스크레이퍼

슬러지

호퍼

원수

슬러지 배출

모래 여과기

상징수

활성탄

모래

자갈

여과수

염소 주입 시스템

막여과 모듈

자갈

염소 실린더

소독 처리수

정수 처리장

원수 대부분은 세균이나 침전물, 그 밖에 건강에 위해를 끼칠 수 있는 물질에 의해 오염될 가능성이 있습니다. 유기물 입자는 물의 맛과 냄새에 나쁜 영향을 미칩니다. 물을 마시거나 요리에 사용할 수 있도록 가정과 사업장에 공급하려면, 먼저 정수 처리장의 정수 과정을 통해 마실 수 있는 식수로 만들어야 합니다. 물을 정화해 사람이 마셔도 안전할 수 있도록 다양한 기술을 사용합니다. 대부분의 정수 처리장은 특정 원수와, 원수를 위협하는 잠재적인 오염 물질을 고려해 맞춤 설계됩니다. 예를 들어 지하수는 오염에 덜 취약하기 때문에 지표수보다 수처리를 덜 해도 괜찮을 때가 많습니다. 모든 정수 처리장의 과정이 동일하지 않고, 외부에 모든 부분이 보이지도 않죠. 그래도 물을 정화하는 기본 과정을 이해하면, 도시의 상하수도 시설이 어떻게 이뤄지는지 맥락을 파악할 수 있을 것입니다.

지하수와 지표수에는 모두 다양한 부유 입자가 포함돼 있습니다. 이런 고체 입자는 물을 탁하게 보이게 하고(**탁도**라고 합니다) 건강에 해를 끼치는 위험한 미생물이 살 수 있게 합니다. 대부분의 처리장에서 첫 번째 단계는 **침전**이라고 하는 과정을 통해 물에서 이런 부유 입자를 제거합니다. 이 단계는 흔히 세 단계로 구성됩니다. 먼저 화학 **응고제**를 물에 혼합합니다. 응고제는 부유 입자끼리 서로 반발하게 만드는 전하를 중화시키는 역할을 하죠. 즉, 입자가 서로 달라붙을 수 있게 합니다. 다음으로 화학 **응집제**를 물에 첨가해 부유 입자를 **플록**이라고 하는 침전물 덩어리로 결합시킵니다. 응집제를 원수에 넣을 때에는 플록이 깨지지 않도록 천천히 넣습니다.

부유 입자의 플록이 점점 커지면 결국 가라앉을 만큼 무거워집니다(침전의 세 번째이자 마지막 단계가 바로 이것이죠). 플록이 넓고 평평한 수조의 바닥으로 떨어지는 동안 잔잔히 가라앉을 수 있도록 원수는 펌프를 통해 공급됩니다. 단순한 수조는 정기적으로 물을 빼고 청소할 수 있는 직사각형 콘크리트 상자일 때도 있습니다. 하지만 바닥에 가라앉은 고형물을 자동으로 수집할 수 있는 **침전지**라는 저수조를 사용하는 경우가 많습니다. 많은 정수 처리장에서 이 원형 저수조를 자주 볼 수 있죠. 원수는 침전지의 중앙을 통과해 바깥쪽으로 천천히 흐릅니다. 이 과정에서 바닥에 **슬러지**를 형성하는 입자를 떨어뜨립니다. 정화된 물은 **위어**를 통과하며, 바닥의 슬러지와 거리가 가장 먼 얇은 층에 위치한 물만 침전지에서 빠져나갑니다. **스크레이퍼**는 침전지의 경사진 바닥을 따라 이동하며 슬러지를 **호퍼**로 밀어내고 이를 폐기할 수 있게 합니다.

침전은 대부분의 부유 고형물을 제거하지만 작은 입자, 바이러스 및 박테리아를 완전히 정화할 수는 없습니다. 대부분의 정수 처리장에서는 침전 후 다공성 매체를 통과하도록 물을 강제적으로 통과시키는 **여과** 과정을 거칩니다. 정수 처리장의 필터는 보통 층층이 모래, 활성탄 또는 그 밖의 입상 물질로 이뤄집니다. 물은 중력이나 펌프의 압력을 이용해 필터를 통과합니다. 물에 들어 있던 우리가 원치 않는 입자는 필터에 남게 됩니다. **자갈**은 여과된 물에 필터가 씻겨 나가지 않도록 막습니다. 시간이 지나면 필터 안에 고형물이 축적돼 효율성이 떨어집니다. 그때 반대 방향으로 물을 보내면서 필터를 **역세척**하죠. 역세척된 물은 처리장 입구로 보내 다시 정수 처리를 합니다.

일부 현대식 처리장에서는 기존의 모래 여과기 대신 얇은 반투과성 물질로 구성된 **막여과**를 사용합니다. 물에 압력을 가해 막여과의 작은 구멍을 통해 강제로 원하지 않는 입자를 걸러냅니다. 막여과를 사용하는 정수 처리장에는 보통 관 모양의 **필터 모듈** 받침대가 있어 막히거나 오작동하는 경우 개별 장치를 빠르게 교체할 수 있습니다. 막여과는 아주 작은 오염 물질(바이러스도 포함해서요)도 제거할 수 있어 여러 개의 필터를 사용하는 것보다 막여과를 선호하는 사람도 많습니다. 식수를 만들기 위해 별도의 처리 공정을 사용하는 것보다 이 방식을 선호하기도 하죠.

정수 처리 시설의 마지막 단계는 **소독**입니다. 남아 있는 기생충, 박테리아, 바이러스를 모두 죽여야 하죠. 물을 식수로 만들기 위해 미생물을 비활성화하는 방법에는 여러 가지가 있습니다. 대부분의 도시에서는 물에 소독제용 화학 물질(보통 염소 또는 클로라민을 사용합니다)을 첨가합니다. 이런 화학 물질은 농도가 낮으면 사람이 섭취해도 안전하며 질병을 유발할

수 있는 미생물도 죽입니다. 정수 처리장에서는 금속 탱크인 **실린더**에 저장된 염소 가스를 사용합니다. **염소 주입 시스템**이 미리 정해진 속도로 가스를 완전히 공급하고, 염소가 물에 녹으면서 질병을 일으키는 병원체를 죽입니다.

화학 소독은 매우 중요한 처리 절차입니다. 수 킬로미터의 파이프를 통해 상수도 시스템 말단의 수도 사용자에게로 식수가 이동하는 동안에도 계속 소독이 작용해야 합니다. 다만 식수가 처리장을 떠나기 전에 정수된 물이 정부의 수질 기준을 충족하는지 검사해야 합니다. 다양한 잠재적 오염 물질이 인체 건강에 유해할 수 있으며, 원수의 화학적 성질도 시간에 따라(특히 계절에 따라) 변할 수 있습니다. 정수 처리장에서는 정수된 물이 깨끗하고 안전한지 지속적으로 확인해야 합니다.

보통은 정수 처리장에서 염소와 같은 화학 소독제를 물에 첨가합니다. 그런데 수질 기준은 천차만별이라서, 일부 도시에서 소독제가 상수도 시스템에서 가장 먼 곳의 물에까지 남아 있어야 합니다. 건강에 해를 끼칠 수 있는 병원체가 모든 지점에서 살 수 없게 하는 거죠. 물에 남아 있는 염소를 **잔류 염소**라고 합니다. 수처리 및 배급 과정이 효과적으로 작동하고 있는지를 나타내는 중요한 지표가 되기도 하죠. 염소는 파이프와 저수조를 통과하면서 점점 분해됩니다. 그런데 상수도 시스템의 모든 지점의 물에서 충분한 잔류 염소를 확보해야 하는 데, 이를 가능케 할 기회는 정수 처리장에서 소독제를 넣는 순간뿐입니다. 따라서 정수 처리장 근처의 파이프에는 염소가 너무 많고 먼 곳에는 염소가 너무 적은 경우가 자주 발생합니다.

많은 도시에서는 소독제를 보다 균일하게 분배하기 위해 전략적으로 특정 위치에 추가 염소 소독 스테이션을 도입했습니다. 일부는 잔류 염소를 자동으로 분석하고 그에 따라 추가 도입 용량을 조정할 수도 있습니다. 추가 염소 소독 스테이션은 별도의 작은 건물에 위치하거나, 배급수 시스템의 다른 시설(예를 들어 급수탑이나 저수조)에 붙어 있을 수 있습니다. 염소 경고 표지를 본 뒤에야, 그 안에서 이런 추가 소독이 이뤄지고 있다는 사실을 눈치챌 수 있죠.

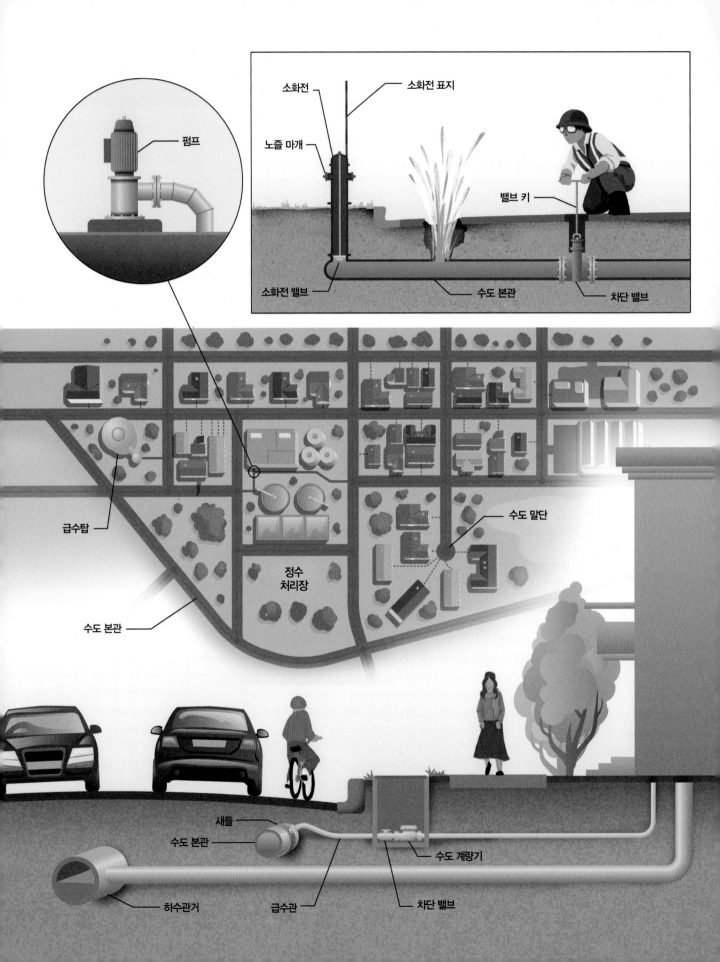

펌프

소화전 소화전 표지

노즐 마개

밸브 키

소화전 밸브 수도 본관 차단 밸브

급수탑

수도 말단

정수 처리장

수도 본관

새들

수도 본관

수도 계량기

하수관거 급수관 차단 밸브

배급수 시스템

수원지에서 물을 취수한 뒤에는 물을 인구 밀집 지역으로 보내 오염 물질을 제거한 뒤, 지역 내 고객에게 전해줘야 합니다. 우물이나 정수 처리장에서 나온 식수는 수 킬로미터까지 퍼져 있는 가정과 사업장으로 운반되죠. 도시의 **배급수 시스템**에는 식수, 청소, 요리, 가드닝, 다양한 상업과 산업 공정에 사용되는 깨끗한 물을 운반하기 위해 연결된 모든 파이프와 밸브 등이 포함됩니다. 배급수 시스템은 화재를 진압할 때 가압 급수 시설로도 사용될 수 있죠. 덕분에 불이 근처 구조물로 확산될 가능성을 최소화합니다. 원수 인프라는 아주 큰 단일 시설로 구성되지만 배급수 시스템은 도시 전역에 분산돼 있습니다. 인류의 건강에 매우 중요한 이 시설은 불규칙하게 뻗어나가는 시스템이기에 건설하고 유지하기가 만만치 않습니다.

배급수 시스템의 첫 단계는 **펌프**입니다. 원수 취수구에 있는 펌프와 마찬가지로, 펌프는 시스템 내의 파이프 압력을 대기압의 2~6배까지 높이는 역할을 합니다. 그래서 **고압 펌프**라고 부르기도 합니다. 이렇게 만들어진 압력 가운데 일부는 급수탑이나 저수조에 저장됩니다(다음 절에서 자세히 설명합니다). 양수장은 보통 **정수 처리장** 내에 위치합니다. 깨끗한 물을 보내는 역할을 하죠. 펌프가 만들어내는 압력 덕분에 식수는 목적지까지 흐릅니다. 또한 오염 물질이 파이프의 틈새나 작은 구멍을 통해 배급수 시스템으로 유입되지 않도록 막아줍니다. 대신, 누수가 발생하면 압력이 높은 배급수 시스템에서 밖으로 물이 흘러나오게 됩니다. 배급수 시스템에 사용되는 대용량 펌프는 전기를 많이 소비하므로 정전 가능성을 염두에 두고 전력망과 비상용 발전기를 연결돼둬야 합니다. 배급수 시스템에서 에너지는 상당히 많이, 그리고 고정적으로 발생합

니다. 절수를 하면 물 자체의 낭비를 줄일 수 있을 뿐만 아니라 수돗물을 수집, 정수, 공급하는 데 필요한 에너지를 크게 줄일 수 있겠죠.

펌프에서 나온 깨끗한 물은 도시 내 식수 순환 시스템인 **수도 본관**이라고 하는 일련의 파이프로 들어갑니다. 수도 본관은 파손이나 추위에 의한 손상을 막기 위해 땅속에 설치됩니다. 대부분의 수도 본관은 격자나 루프 모양으로 연결되며, 도시의 도로를 따라 연결될 때가 많습니다. 도시에서는 수도 본관과 지하 **하수도**를 수평으로 분리하도록 규제하곤 합니다. 만약 두 관이 나란히 배치된다면 서로 도로의 반대편에 위치해야 합니다.

격자 방식으로 수도 본관을 설치하려면 파이프와 이음매가 필요합니다. 그런데 격자 방식의 시스템에서는 물이 특정 위치로 갈 때 경로가 여럿일 수 있죠. 이는 서비스 안정성을 높이며, 또 다른 배급수 시스템에 영향을 주지 않으면서 수도 본관을 수리할 수 있게 합니다. 물의 정체를 방지하는 데에도 도움이 됩니다. 수도 본관에 막다른 부분이 있으면 각 라인에 있는 사용자가 수도꼭지를 틀 때만 물이 흐릅니다. 깨끗한 물이 파이프에 오랫동안 고여 있으면 소독제가 부패해 수질이 악화될 수 있습니다. 격자 방식의 시스템에서는 파이프의 물이 지속적으로 순환해 어디에서든 깨끗한 물을 공급할 수 있죠.

각 고객은 **급수관**을 이용해 수도 본관으로부터 물을 공급받습니다. **새들**은 수도 본관에 수도꼭지를 연결하는 데 사용합니다. 보통 급수관은 새들에서 물 사용량을 측정하는 **수도 계량기**까지 연결됩니다. 이를 통해 수도 회사는 사용량에 기반해 각 고객에게 요금을 부과할 수 있죠. 각 급수관을 계량하면 물을 보호하는

데 도움이 됩니다. 수도 회사가 배급수 시스템의 누수를 파악하는 데에도 유용하죠.

수도 본관은 지반의 변화나 동결 또는 노후에 따른 성능 저하로 파손되곤 합니다. 이런 일이 발생하면 굴착해 파이프를 수리해야 하죠. 물이 흐르는 동안 파이프를 수리하는 것도 가능은 하지만, 보통은 어려운 일입니다. 수리를 시작하기 전에 수도 본관을 배급수 시스템에서 분리하는 것이 훨씬 쉽습니다. **차단 밸브**는 보통 수도 본관의 교차점에 위치합니다. 배급수 시스템의 연결을 일부 끊어서 작업자가 고장난 파이프를 수리할 수 있도록 합니다. 밸브는 작은 강철 뚜껑이 있는 지하 함체에 설치됩니다. 파이프가 교차하는 곳 대부분에는 설치 및 유지 보수 비용을 절약하기 위해 밸브가 없는 라인이 하나 있습니다. 밸브가 없는 배관을 격리해야 할 경우에는 교차하는 파이프의 모든 밸브를 닫아야 합니다. 작업자는 필요할 경우 **밸브 키**를 사용해 밸브를 열거나 닫습니다. 마찬가지로 각 서비스 연결부에는 하나 이상의 차단 밸브가 있어 배관을 수리하거나 비상 상황이 발생했을 때 가정이나 사업장을 하나씩 격리할 수 있습니다.

깨끗한 물은 인간의 기본 욕구를 충족하기 위해서뿐만 아니라, 화재를 진압하기 위해서도 늘 준비돼 있어야 합니다. 역사상 최악의 재난이 일어난 이유를 보면, 인구 밀집 지역에서 화재가 발생했을 때 확산을 막을 방법이 없어서였거든요. 도시에는 화재 진압을 위해 압력이 높은 수도 본관에 **소화전**을 연결해놓습니다. 미국 대부분의 지역에서는 밸브가 지하에 있는 건식 배럴 소화전을 사용하죠. 차량의 실수에 의한 파손을 방지하고 노출된 소화전에서 물이 얼어붙지 않게 합니다. 일부 지역에서는 소화전 **노즐 마개**의 색상을 통해 불을 끌 때 사용할 수 있는 최대 유량을 표시합니다. 추운 지역에서는 겨울철에도 쉽게 찾을 수 있도록 눈이 쌓인 곳 위까지 이어진 **소화전 표지**를 소화전에 설치합니다.

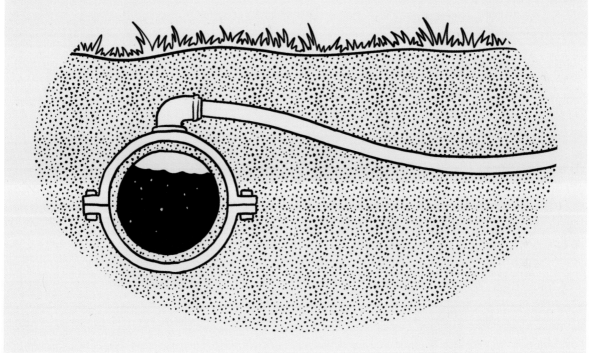

20세기 초까지만 해도 납으로 만든 파이프로 지하의 수도 본관과 가정과 사업장을 연결했습니다. 일부 도시에서는 1980년대까지도 납으로 파이프를 만들도록 허용했지요. 납은 내구성이 강한 금속이면서도 유연해 쉽게 구부릴 수 있습니다. 그러나 낮은 농도라도 납에 노출되면 인체 건강에 치명적이며 신경계에 영향을 줄 수 있습니다. 납은 파이프를 통해 흐르는 물에 침출될 수 있으며, 사람은 유해한 오염 물질에 노출될 수 있습니다. 납 파이프를 사용하고 있는 도시에서는 납 파이프를 영구적으로 교체하기 위해 노력하고 있습니다. 이 과정은 비용이 많이 들곤 합니다. 일부 도시에서는 수도 본관을 교체하기 전에 수도 본관으로부터 납이 침출될 가능성을 줄이기 위해 부식을 방지하는 화학 물질을 수돗물에 주입하기도 합니다. 수돗물에 납이 있는지 확실하지 않다면, 위험한 중금속에 노출될 가능성을 줄이기 위해 실험실에서 수질 검사를 받는 것이 좋습니다.

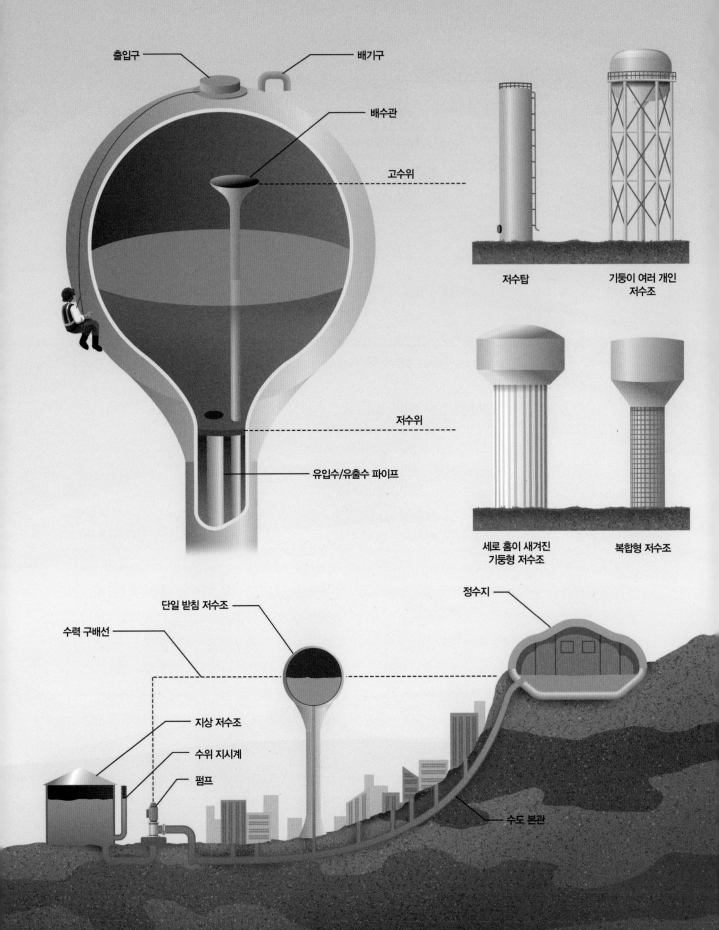

출입구

배기구

배수관

고수위

저수위

유입수/유출수 파이프

저수탑

기둥이 여러 개인
저수조

세로 홈이 새겨진
기둥형 저수조

복합형 저수조

단일 받침 저수조

정수지

수력 구배선

지상 저수조

수위 지시계

펌프

수도 본관

저수조와 급수탑

상수도의 수요는 계절에 따른 날씨 변화의 영향으로 연중 변합니다. 하지만 날에 따라서도 크게 달라지죠. 도시의 물 사용량은 사람들이 샤워를 하거나 요리를 하고 잔디에 물을 주는 아침과 저녁에 가장 많습니다. 또한 화재가 발생했을 때도 수요량이 많아지죠. 화재는 밤낮을 가리지도 않고 예측할 수 없는 시간대에 발생합니다. 밀집된 도시에서 발생한 화재는 통제 불능 상태로 번질 수 있습니다. 따라서 대부분의 도시는 물 수요가 가장 많은 날에도 상수도에 예비 용량을 확보해놓습니다. 상수도를 설계하는 엔지니어는 펌프와 파이프, 밸브 및 그 밖의 장비 크기를 선택할 때 가능한 모든 유량의 변화를 고려해야 합니다. 상수도에서 가장 중요한 부분은(가장 눈에 띄는 부분이기도 합니다) 이런 급수 수요의 변동성을 해결할 **저수조**입니다.

물을 취수하고 이동시키며 정수하고 분배하는 과정은 일정한 속도로 진행될 때 가장 효율적입니다. 정수 처리장에서 갑작스러운 유속 변화가 일어나면 화학 물질 공급과 정수 공정이 유지되기 힘들죠. 급수 시스템에 사용되는 **펌프**도 일정한 속도로 작동됩니다. 만약 물을 저장할 곳이 없다면 상수도 운영자는 변화하는 수요에 맞추기 위해 끊임없이 생산량을 늘리거나 줄여야 할 것입니다. 더구나 모든 수처리 시설과 펌프는 최대 수요량을 충족할 수 있는 크기로 지어야 합니다. 1년에 한두 번밖에 사용하지 않더라도 말이죠. 이렇게 되면 비용은 늘고 복잡성도 증가합니다. 저수조와 저수지를 이용하면 물 수요가 가장 많을 때와 적을 때의 차이를 완화해 펌프와 다른 인프라가 평균 조건에서 운영될 수 있게 합니다. 물 사용량이 적을 때(예를 들어 야간에), 정수 처리장은 남는 생산량으로 저수조를 채웁니다. 사용량이 많을 때는 저수조에 저장된 물로 정수 처리장을 보조하며 물 수요를 충족시킵니다.

배급수 시스템에서는 다양한 유형의 저장 시설을 사용합니다. **지상 저수조**는 대형 원형 강철 또는 콘크리트 구조물입니다. 자세히 살펴보면 저수조 외부에 있는 **수위 지시계**를 통해 수위를 한눈에 볼 수 있습니다. 일부 도시에서는 땅을 굴착해 비교적 저렴한 비용으로 많은 물을 저장할 수 있는 **정수지**라는 일종의 저수지를 만들기도 합니다. 정수지는 누수를 방지하기 위해 플라스틱이나 콘크리트로 덮여 있고, 오염 가능성을 최대한 줄이기 위해 덮개를 씌우는 경우가 많습니다(오늘날에도 덮개가 없는 정수지가 일부 있긴 합니다). 지상 저수조와 정수지는 모두 정수 처리장에서 흔히 볼 수 있는 시설이죠.

지상에서 물을 저장할 때의 단점은 압력이 가해지지 않기 때문에 상수도로 물을 보내기 위해 펌프를 이용해야 한다는 것입니다. 저수조나 정수지는 종종 서비스를 제공하는 지역보다 높은 언덕이나 산 정상에 설치됩니다. 물뿐만 아니라 펌프에 의해 전달되는 에너지도 저장할 수 있게 말이죠. 높은 지역에 설치된 저장소는 펌프에 대한 수요가 높을 때나 부족할 때의 차이를 완화하는 효과가 있습니다. 하루 종일 변화하는 물 수요를 충족하기 위해 펌프가 켜졌다 꺼졌다 할 필요 없이 일정한 속도로 작동할 수 있다는 뜻입니다. 전기 요금이 시간대별로 다른 일부 지역에서는 요금이 저렴한 밤에 펌프를 가동해 저수조를 채우고 전기 요금이 비싼 피크 시간대에는 펌프를 끄둡니다. 높이 설치된 저수조는 정전이나 비상시에도 유용하죠. 펌프나 정수 처리장 가동이 중단되더라도 배관에 압력을 가해 물을 계속 흐르게 할 수 있습니다.

하지만 모든 도시에 저수조를 지을 수 있는 언덕이나 산이 있는 것은 아니죠. 소규모 배급수 시스템에서는 식수를 저장하기 위해 **저수탑**이라는 높고 좁은 저수조를 사용합니다. 저수조 상단의 물은 마치 언덕 꼭대기에 있는 것처럼 높은 곳에 저장하는 역할을 합니다. 저수조 하단의 물은 비상시 필요한 경우 배급수 시스템으로 보낼 수 있도록 예비 용도로 사용됩니다. 대도시에서는 저수된 전체 용량이 배급수 시스템에서 가해지는 압력보다 훨씬 높은 **급수탑**을 사용하는 경우가 많습니다.

저수조의 높이는 매우 중요합니다. 배급수 시스템의 수압은 일정한 허용 범위 내로 유지되어야 합니다. 너무 낮으면 오염될 위험이 있고 너무 높으면 수로와 장비가 손상될 위험이 있죠.

수압은 수면의 깊이와 관련됩니다. 배급수 시스템을 우리 모두가 살고 있는 가상의 바다라고 해보죠. 급수탑의 수면은 가상 바다의 수면입니다(엔지니어들은 **수력 구배선**이라고 부릅니다). 고도가 낮은 지역에 사는 소비자는 수압이 가장 높은, 가상 바다의 바닥에 위치해 있는 것과 같습니다. 고도가 높은 지역에 사는 소비자는 수압이 가장 낮은 가상 바다의 수면 위에 있는 것과 같고요. 이상적인 수심은 보통 약 30~60미터입니다. 대부분의 급수탑은 **저수위**와 **고수위**가 이 범위 내에 들어오죠. 15미터보다 낮게 저장된 물은 오염을 막기 위해 필요한 압력에 미치지 못할 수도 있어요. 고도 변화가 큰 도시에서는 소비자를 위해 적절한 수압을 유지하도록 서로 다른 압력을 가하는 별도의 배급수 시스템을 사용하기도 합니다.

급수탑은 **수도 본관**에 연결된 저수조만큼이나 간단합니다. 물 수요가 펌프의 용량보다 낮아지면 상수도에 가해지는 압력이 올라갑니다. **유입수**와 **유출 파이프**를 통해 물이 저수조로 강제로 유입되죠. 수요가 펌프의 용량 이상으로 증가하면 상수도의 압력이 낮아집니다. 같은 파이프를 통해 저수조에서 물이 흘러나와 정수 처리장에서 물을 보충합니다. 저수조 내부에는 물 외에는 아무것도 없어요. 대부분의 저수조에는 물이 넘치지 않도록 예방하는 **배수관**이 있습니다. **배기구**는 저수조의 공기압이 수위에 따라 변하지 않도록 합니다. 구조물을 손상시킬 수 있는 양압 또는 음압이 발생하지 않도록 합니다. 저수조 내부의 유지 보수 및 점검을 위해 꼭대기에는 출입구가 있습니다.

급수탑은 디자인이 다양합니다. 대부분 저수조 그대로 있거나, 저수조가 있는 타워 구조죠. **단일 받침 저수조**와 **기둥이 여러 개인 저수조**는 흔히 강철을 용접해 만들어요. **세로 홈이 새겨진 기둥형 저수조**는 세로로 주름이 있는 강철 구조물로 지탱하는 구조입니다. 타워 내부에 장비를 보관할 수 있는 공간이 많고, 사무실까지 갖추고 있죠. **복합형 저수조**는 콘크리트 타워 위에 설치됩니다. 강철 기둥은 부식을 방지하기 위해 정기적으로 페인트를 칠해야 하는데, 복합형 저수조는 그 비용을 절약할 수 있죠. 급수탑을 사용하는 도시에서 이런 저수조는 전체 시스템 운영에서 핵심을 담당할 때가 많습니다. 저수조의 수위는 상수도에 적절한 압력이 가해지고 있으며 각 가정에 깨끗한 물을 공급하는 원래의 설계 목적을 달성하고 있음을 보여주는 지표가 됩니다.

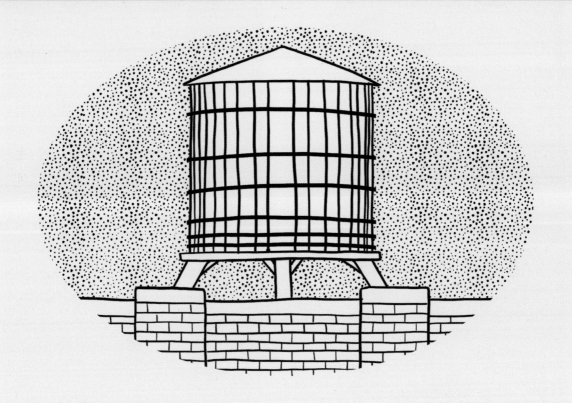

대도시에서는 건물이 너무 높다 보니 상수도의 수압이 꼭대기까지 물을 공급할 수 없는 경우가 많습니다. 그래서 대부분의 고층 건물은 각 층에 적절한 수압으로 물을 공급하기 위해 자체 펌프와 저수조 시스템을 따로 갖추고 있죠. 일부 도시에서는 건물에 옥상 저수조와 펌프를 필수적으로 설치해야 합니다. 이는 중앙 집중식 대형 저수조가 아닌 도시 전역에 고가 저수조를 분산시키는 효과를 내죠. 이런 옥상 저수조는 목재로 만들어지는 경우가 많습니다. 가격이 저렴하고 동파를 방지하도록 단열 기능을 제공하거든요. 강철 밴드를 이용해 안에 들어 있는 물의 압력을 지탱하고 나무 판자를 단단히 고정시킵니다. 강철 밴드 사이의 간격은 저수조 바닥으로 갈수록 좁아집니다. 거기가 수압이 가장 높으니까요.

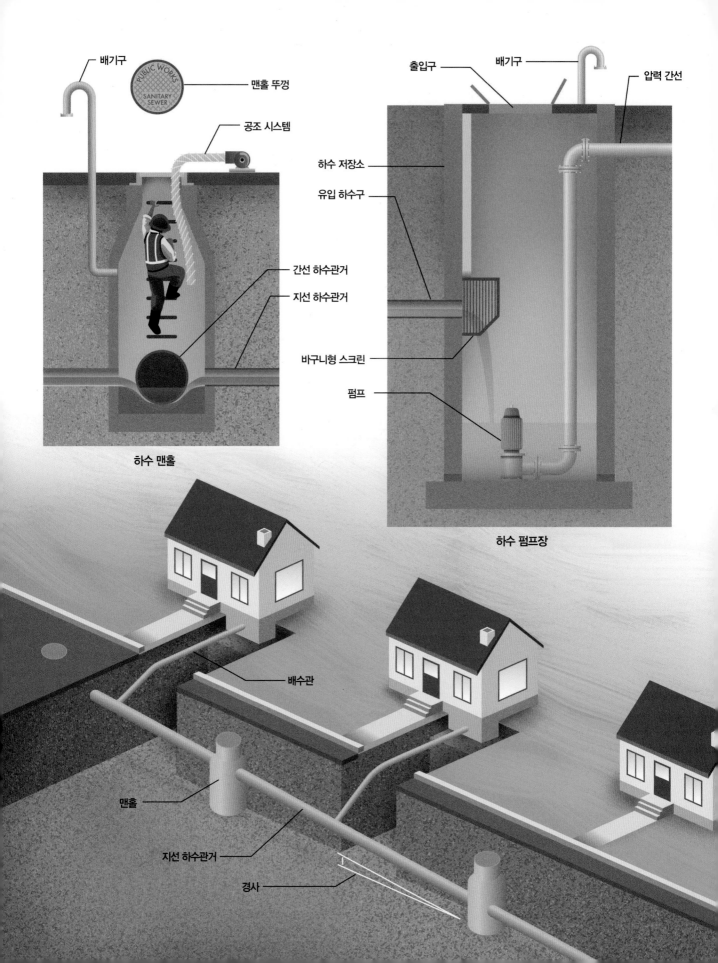

배기구

맨홀 뚜껑

공조 시스템

간선 하수관거

지선 하수관거

하수 맨홀

출입구

배기구

압력 간선

하수 저장소

유입 하수구

바구니형 스크린

펌프

하수 펌프장

배수관

맨홀

지선 하수관거

경사

하수도와 하수 펌프장

인간은 지저분한 존재죠. 안전하게 처리하지 않으면 치명적인 질병으로 시민들을 위협할 쓰레기를 끊임없이 만듭니다. A 지점에서 B 지점으로 똥 무더기를 옮기는 데에는 기술적으로 많은 어려움이 수반됩니다. 하지만 이 과정은 눈에 띄지 않는 곳에서 이뤄집니다. 보이지 않는다니, 정말 환영할 만한 일이죠. **하수도**는 이런 하수의 흐름을 사람들의 눈에 띄지 않게(바라건대 냄새도 나지 않게) 지하로 흘러가게 합니다. 원래의 하수도는 그저 강과 개울이었습니다. 여기에 쓰레기나 하수를 버려서 하류로 흘려보냈죠. 이런 하수 관리 방식의 한계는 분명했습니다. 식수로 자주 사용하는 수원을 오염시키는 문제가 대표적이었죠. 오늘날의 하수도는 거의 대부분 지하에 파이프를 이용해 설치되며 하수와 식수원을 완벽히 분리합니다. 하지만 여전히 지표면의 수로와 매우 유사하게 기능합니다.

하수도는 중력에 의존해 하수를 수집하고 운반합니다. 하수는 아래로 모여 점점 더 큰 흐름을 형성합니다. 하수도 시스템은 나뭇가지 같은 구조입니다. 각 건물의 작은 파이프가 점점 더 큰 파이프로 집중되고 결국 하나의 하수 처리장에 모이는 구조입니다. 각 건물의 오수를 모으는 파이프는 **배수관**이고, 특정 도로에 서비스를 제공하는 파이프는 **지선 하수관거**라고 합니다. 여러 지점에서 오수를 모으는 더 큰 파이프는 **간선 하수관거** 또는 **주 하수관거**라고 합니다. 하수도 시스템에서 가장 중요한 관거로 멀리까지 이어지는 하수도를 **인터셉터**라고 합니다.

아래로 자연스럽게 흐르는 경사진 하수도는 중력을 이용하기에 추가 비용이 발생하지 않고 폭풍우에도 무너질 염려가 없어 편리합니다. 하지만 중력에만 의존하면 하수도 설계와 시공에도 제약이 따릅니다. 하수가 너무 빠르게 흐르면 이음새가 손상되고 파이프 벽이 침식될 수 있죠. 반대로 하수가 너무 느리게 흐르면 고형물이 뜨지 않고 바닥에 가라앉아 덩어리져 협착을 일으킬 수 있습니다. 하수도에서는 유속의 균형을 유지하기 위해 중력을 위아래로 조절할 수 없으며, 하수 양을 조절할 방법도 별로 없습니다(내가 물을 내릴 때 다른 사람도 물을 내리니까요). 엔지니어가 제어할 수 있는 유일한 요소는 하수관거의 크기와 경사뿐입니다. 각 하수관거는 예상되는 오수의 양에 따라 신중하게 크기와 경사를 조정해 하수가 처리장으로 흐르도록 합니다.

하수도의 크기나 방향이 바뀌거나 파이프가 교차하는 곳에는 유지 보수 및 점검을 위해 작업자가 들어갈 수 있도록 **맨홀**을 설치합니다. 지표면까지 이어지도록 콘크리트로 만든 수직 밀폐 공간이죠. 계단을 통해 사람이 출입할 수 있습니다. 무거운 철판으로 된 뚜껑은 하수구에 사람과 이물질이 들어가지 못하도록 막고, 동시에 차량이 위로 지나갈 수 있게 합니다. 맨홀은 파이프 안의 기압을 균일하게 하고 유독 가스가 쌓이는 것을 방지하도록 통풍구 역할도 하죠. 맨홀 상단이 홍수에 취약한 경우, 도시에서는 빗물이 배관으로 유입되지 못하도록 덮개로 덮고 볼트로 잠그기도 합니다. 이 경우 폭풍우가 몰아치는 동안에도 기압이 높아지지 않게 하기 위해 **배기구**를 홍수위 이상까지 높여 설치하기도 합니다. 수리 또는 유지 보수를 위해 사람이 맨홀에 들어갈 때는 임시 **공조 시스템**을 이용해 신선한 공기를 공급합니다.

하수도는 항상 경사가 있어야 하죠. 그 때문에 지표면 깊숙한 곳에서 끝나는 경우가 많습니다. 특히 하류 쪽에서 그렇습니다. 이 경우에는 건설 비용도 많이 들고 시간도 오래 걸립니다. 어떤 경우에는 하수도가 지표면 아주 아래에 있어서 추적하기 힘들 수도 있습니다. 이런 문제를 해결할 대안은 깊은 곳에 있는 하수를 지표면 가까이 끌어올리는 **하수 펌프장**을 설치하는 것입니다. 하수 펌프장은 몇 개의 아파트 단지를 처리하기 위해 설계된 소규모 시설일 수도 있고, 도시 오수 흐름의 상당 부분을 펌프로 내보내는 대규모 시설일 수도 있습니다. 하수 펌프장은 **하수 저장소**라고 하는 콘크리트 방으로 구성됩니다. 하수는 **유입 하수구**를 통해 하수 저장소로 흘러 들어가고 시간이 지나면서 점점 채워집니다. 수위가 규정된 높이에 도달하면 펌프가 작동해 오수를 **압력 간선**이라고 하는 파이프로 밀어 넣습니다. 간헐적으로 이뤄지는 이런 과정은 하수가 항상 하수관거를 통해 빠르게 이동하도록 해 사용량이 적은 시간대에 고형물이 가라앉지 않도록 합니다. 하수는 압력 간선 안에서 압력을 받아 위쪽 맨홀로 이동하고, 중력을 통해 다시 한번 아래로 내려갑니다. 하수 펌프장에는 펌프가 여러 대 설치돼 있어 한 대가 고장 나더라도 계속 작동할 수 있습니다. 전력망이 끊기더라도 하수가 계속 흐를 수 있도록 보조 발전기가 설치돼 있는 경우도 많습니다.

우리는 흔히 하수를 가장 지저분한 성분과 동일한 것으로 생각합니다. 바로 사람의 배설물 말이죠. 하지만 하수는 출처가 다양한 액체와 고체가 섞인 현탁액입니다. 흙, 비누, 머리카락, 음식물, 물티슈, 기름, 쓰레기 등 많은 것이 하수로 흘러 들어갑니다. 변기나 싱크대 배수구를 통해 집의 배관을 거쳐 아무 문제없이 흘러갈 수 있죠. 하지만 하수도 시스템에서는 큰 쓰레기 덩어리로 뭉쳐질 수 있습니다(하수 전문가들은 이것을 **피그테일**pigtail 또는 **팻버그**fatberg라고도 부르죠). 또한 여러 도시에서 물 절약을 실천하기 시작하면서 오수 내 고형물 농도가 높아지는 추세입니다. 기존 펌프는 액체를 잘 처리했지만 하천에 고형물이 늘면서 처리 전 하수를 퍼 올리는 데에 애를 먹고 있습니다. 하수 펌프장에서 사용하는 펌프는 내구력이 강하게 설계됐지만, 절대 막히지 않는 펌프는 없습니다.

막힘 문제를 풀 한 가지 해결책은 펌프에 쓰레기가 닿지 않도록 하수 펌프장의 하수 저장소에 스크린을 사용하는 것입니다. 가끔씩 스크린에 걸린 쓰레기를 꺼내 매립지로 운반해야 하죠. 소규모 하수 펌프장에서는 **바구니형 스크린**을 설치하고 지면에 있는 **출입구**와 연결된 레일을 통해 수동으로 스크린을 들어 올릴 수 있는 경우가 많습니다. 더 큰 하수 펌프장에는 스크린에서 거른 고형물을 큰 쓰레기통으로 제거하는 자동 시스템을 완비하고 있기도 하죠. 하수에 포함된 이물질을 제거할 또 다른 해결책은 이물질을 더 작은 조각으로 분쇄하는 것입니다. 일부 하수 펌프장에는 이물질을 분쇄하는 분쇄기가 있어 펌프가 막히지 않도록 합니다. 직원이 하수 펌프장을 찾아가 기기를 수리하거나 쓰레기를 제거할 일을 최소화하는 거죠. 이렇게 해도 남는 고형물은 처리장에서 더 멀리 떨어진 곳에서 제거됩니다(다음 절에서 더 자세히 설명하겠습니다).

대부분의 하수 시스템은 비나 눈이 녹은 물을 운반하는 우수구와 분리돼 있습니다. 그러나 빗물은 여전히 하수 시스템으로 유입될 수 있죠. 유입과 침투(흔히 I&I라고 부릅니다)는 단 한 가지의 이유로 하수도 운영 기관의 적입니다. 폭풍우가 몰아칠 때 비가 하수도로 유입되면 하수도 시스템의 용량을 넘어설 수 있기 때문이죠. I&I는 하수 범람으로 이어져 처리되지 않은 하수에 의해 환경 문제가 발생할 수 있습니다. 지자체는 빗물이 하수도로 유입되지 않도록 문제가 되는 곳을 찾아 수리하기 위해 노력합니다. 도시에서는 원격 제어가 가능한 영상 카메라를 파이프에 넣고 통과시켜 하수관거를 정기적으로 검사합니다. 또는 I&I 발생 지점을 감지하기 위해 하수도에 독성이 없는 연기를 주입하기도 합니다. 연기가 구멍이나 문제가 있는 곳으로 빠져나가는 것을 눈으로 볼 수 있어 균열이나 파손, 맨홀 봉인의 결함, 불법으로 연결된 우수구를 확인할 수 있습니다.

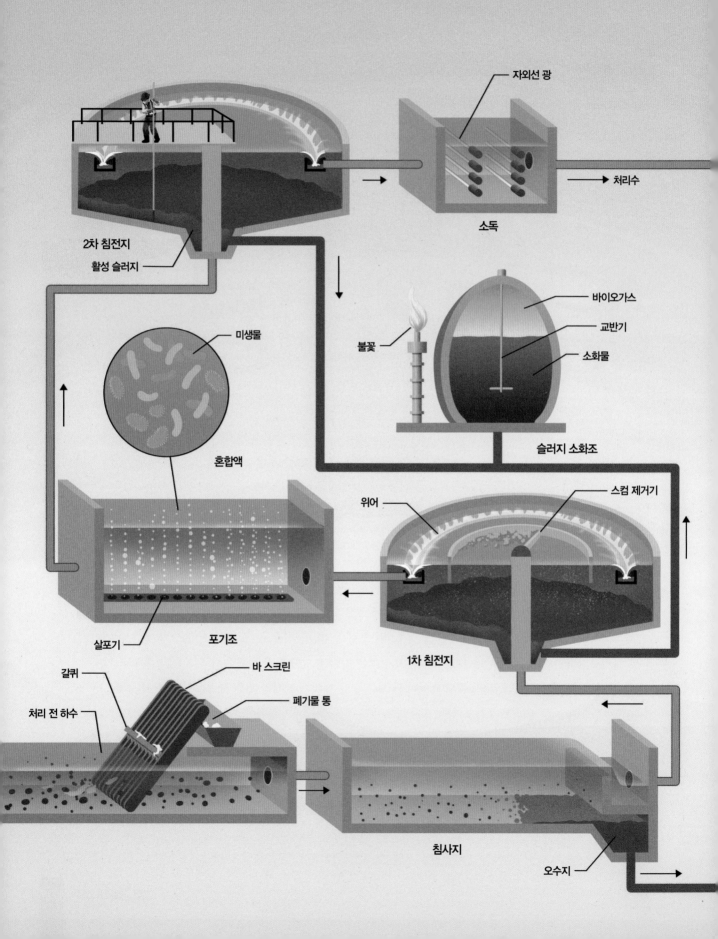

자외선 광

처리수

소독

2차 침전지

활성 슬러지

바이오가스

교반기

소화물

불꽃

미생물

슬러지 소화조

혼합액

스컴 제거기

위어

살포기

포기조

1차 침전지

갈퀴

바 스크린

폐기물 통

처리 전 하수

침사지

오수지

하수 처리장

물은 지구상의 거의 모든 물질과 잘 어울리죠. 덕분에 가정과 사업장에서 배출된 배출물을 하수도로 운반할 때 물이 중요한 역할을 합니다. 오늘날과 같은 환경 규제가 있기 전에는 처리하지 않은 도시의 하수를 강으로 방류해 하류까지 떠내려 보내는 일이 흔했습니다. 이제 거의 모든 하수 수거 시스템은 일종의 하수 처리장을 통해 오염 과정을 되돌려 물에서 오염 물질을 제거해 재사용하거나 환경으로 다시 방출할 수 있게 합니다. 기술은 계속 발전하고 있으며, 전 세계적으로 하수 처리에 다양한 공정이 사용되죠. 여기서는 오늘날 하수 처리장에서 사용하는 일반적인 처리 방법을 소개합니다. 많은 지자체의 하수 처리장에서는 견학 프로그램을 제공합니다. 냄새를 참을 수 있다면 각 공정을 직접 볼 수 있죠.

하수 처리장에서는 여러 단계를 거쳐 하수를 처리합니다. 이런 단계 중 상당수는 정수 처리장에서 사용하는 단계와 유사하죠. 그러나 처리된 물을 의미하는 **처리수**의 기준이 정수만큼 엄격하지는 않습니다. 사람이 마시는 데 사용하지 않고 환경으로 배출하기 때문입니다. **1차 처리**라고 하는 하수 처리장의 첫 번째 단계에서는 난류에 빠르게 떠다니는 오염 물질을 물리적으로 분리하는 작업을 합니다. 먼저 하수는 막대기, 헝겊 등 하수도로 유입되는 큰 이물질을 걸러내는 **바 스크린**을 통과합니다. 바 스크린에 장착된 자동 **갈퀴**가 이물질을 걸러내 이를 **폐기물 통**으로 긁어내고, 고형 폐기물로 버립니다. 이 과정을 수행할 수 있는 기술은 여기서 소개한 기술 말고도 무궁무진합니다.

다음으로 물에서 부유 입자를 분리합니다. 하수에서 발견되는 모래와 흙을 총칭해 **그릿**이라고 합니다. 그릿은 처리장의 장비를 손상시킬 수 있으므로 1차 처리 과정에서 별도의 공정을 통해 제거합니다. 처리장에서는 오수 흐름을 늦추기 위해 종종 길고 좁은 저수조로 구성된 **침사지**를 사용합니다. 떠 있던 침전물이 잔잔한 침사지의 바닥으로 가라앉습니다. 모래나 흙이 없어진 하수는 배수구로 계속 흘러가죠. 일부 침사지는 더 무거운 입자를 저수조 가장자리로 날려 보내기 위해 기포를 사용하기도 합니다. 다른 경우에는 전동 교반기를 사용해 물에 소용돌이를 만들어 유사한 효과를 만들죠. 침사지 바닥에 있는 **오수지**는 침전된 모래를 모아 펌프로 내보내 폐기합니다.

1차 처리의 마지막 단계에서도 중력을 활용합니다. 침사지를 떠난 하수에는 여전히 부유 입자가 가득합니다. 주로 작은 유기 입자 또는 떠다니는 기름과 수지로 이뤄지며 이 부유물 통틀어 **스컴**이라고 부릅니다. 대부분의 처리장에서는 이런 잔류 고형물을 분리하기 위해 **1차 침전지**를 사용합니다. 대형 원형 저수조에서는 오수의 흐름을 더욱 느리게 만들어 작은 입자가 부드럽게 가라앉도록 하고, **스컴 제거기**가 표면에 떠다니는 고형물을 수집합니다. 고형물은 추가 처리를 위해 **슬러지 소화조**로 보내지고, 정화된 하수는 **위어**를 통해 **2차 처리** 공정으로 이동합니다.

1차 처리가 오수에서 오염 물질을 물리적으로 분리하는 작업이었다면, 2차 처리는 생물학적 공정을 사용해 자연이 자연적으로 처리하는 일을 훨씬 더 짧은 시간 내에 재현합니다. 대부분의 하수 처리장에서는 하수 속 유기물을 소화할 수 있는 **미생물**을 활용합니다. 이 박테리아와 원생동물은 오염 물질을 먹고 서로 뭉쳐 상대적으로 깨끗한 물을 남기죠. 산소가 풍부한(호기성) 환경에서 번성하는 미생물 군집은 산소가 부족한(혐기성) 환경에서 서식하는 미생물 군집과 다릅니다. 이런 다양한 군집은 물에서 서로 다른 영양분을 소비하기 때문에, 처리장에서는 하수 오염 물질을 철저히 제거하기 위해 호기성과 혐기성 조건을 모두 활용하곤 합니다. **포기조**를 통해 호기성 조건을 조성합니다. 송풍기를 이용해 공기를 지속적으로 공급하고, 이 공기는 **살포기**를 거쳐 작은 기포로 만들어집니다. 기포가 산소를 물에 섞고 녹이는 역할을 하죠.

생물학적 처리로 영양분을 거의 다 소비하면 **미생물** 덩어리(**혼합액**이라고 합니다)가 떠 있는 깨끗한 물은 포기조에서 **2차 침전지**로 이동합니다. 2차 침전지에서 박테리아 군집이 바닥에 가라앉고 깨끗한 오수만 배출되죠. 규제에 따라 많은 처리장에는 특정 오염 물질을 없애기 위한 3차 처리 공정도 갖추고 있습니다. 또한 대부분의 처리장에서는 수중에 남아 있는 병원균을 죽이기 위해 최종 **소독**을 실시합니다. 소독에는 용존 염소, 오존 가스 또는 강렬한 **자외선 광**을 사용합니다. 이들은 바이러스와 유해 박테리아를 비활성화합니다. 하수 처리장의 최종 처리수는 하천, 강 또는 바다로 방류됩니다.

2차 침전지에서 침전된 미생물을 **활성 슬러지**라고 부릅니다. 이 활성 슬러지 중 일부는 포기조로 되돌아가 다음 미생물 군집을 위한 씨앗이 됩니다. 나머지 슬러지는 버려야 하죠. 일부 하수 처리장에서는 슬러지를 매립지로 직접 보내 폐기하기도 합니다. 그러나 슬러지는 유기 물질입니다. 시간이 지나면 분해되면서 환영받지 못할 가스를 방출합니다. 매립지에서 이런 분해가 일어나지 않도록 처리장에서는 **슬러지 소화조**를 사용해 유기 고형물을 처리합니다. 슬러지 소화조는 슬러지를 난방이나 발전용 연료로 사용할 수 있는 **바이오가스**와 건조해 매립하거나 비료로 사용할 수 있는 **소화물**(또는 바이오솔리드)이라는 고체 물질로 변환합니다.

슬러지 소화조에는 슬러지를 혼합하는 **교반기**, 생성된 바이오가스를 수집하는 대형 돔, 안전장치 역할을 하는 **불꽃**이 있습니다. 저장할 수 있는 양보다 너무 많은 양의 바이오가스가 생성되면, 운영자는 불꽃을 통해 가스가 연소되도록 합니다. 즉, 유해한 성분을 안전한 가스로 전환해 환경으로 방출하죠.

처리 전 하수는 99.9퍼센트가 물입니다. 도시의 귀중한 자원이죠. 물이 부족한 곳에서는 일반적인 수준 이상으로 물을 사용해야 본전을 뽑을 수 있습니다. 하수를 버리지 않고 재사용하는 거죠. 전 세계 몇몇 지역에서는 하수를 식수 수질 기준에 맞게 정화한 뒤 상수도에 재투입하는 **직접 식수 재이용**(흔히 화장실 재이용수toilet-to-tap라고 하죠)을 사용합니다. 그러나 대부분의 재이용수는 사람이 직접 사용하는 물로 쓰이지 않습니다. 산업 공정과 골프장, 운동장, 공원의 관개 등 식수가 아닌 용도로 주로 사용합니다. 많은 하수 처리장은 처리수를 하천이나 강에 방류하는 대신 이를 잘 사용할 수 있는 시설로 보냅니다. 결과적으로 물 수요를 줄일 수 있죠. 하수 처리장이 오늘날 물 재생 시설로 여겨지기도 하는 이유입니다. 여러 국가에서는 보라색 파이프를 사용해 비식용수 상수도를 따로 표시합니다. 교차 연결을 방지하기 위해서죠. 또한 재이용수를 사용할 경우, '이 관개용수는 음용하기에 안전하지 않다'는 경고 표지판을 붙여 알립니다.

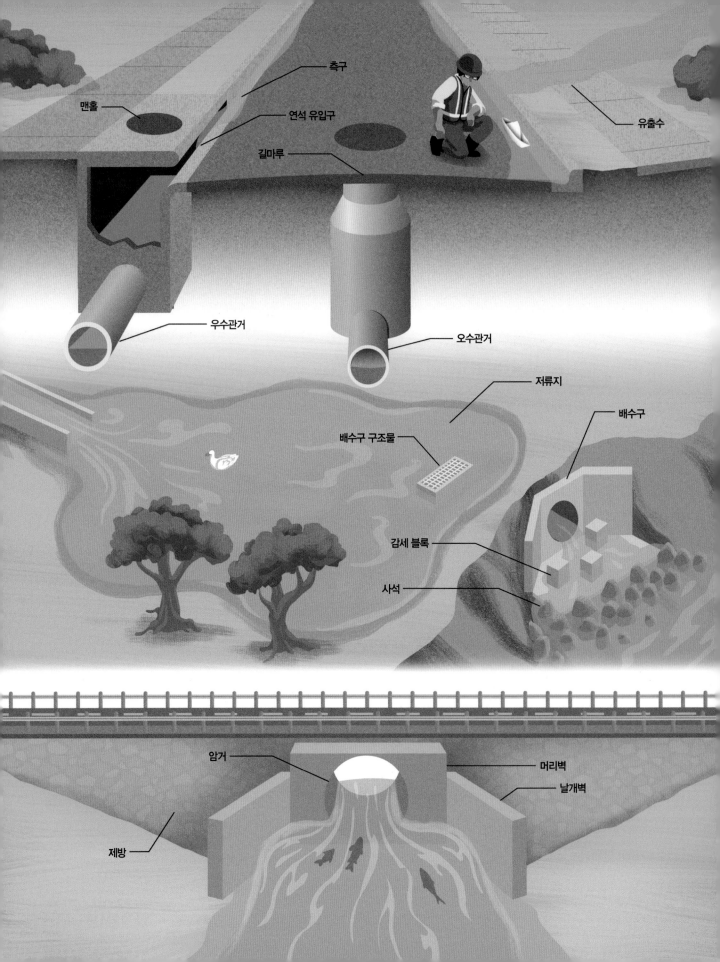

우수 처리

도시가 환경에 미치는 영향 가운데 가장 심각한 것은 폭풍우가 왔을 때 지상과 지하의 물이 이동하는 방식입니다. 모든 도로와 인도, 건물, 주차장이 불투수층으로 덮여 있죠. 빗물이 땅에 침투하지 못하고 넘쳐 개울과 강으로 흘러갑니다. 강과 개울의 수위는 더 빨리 높아지고, 더 많은 오염 물질로 채워집니다. 자연의 유역은 마치 스펀지처럼 빗물을 흡수해 강의 수위가 증가하는 속도를 늦추는 역할을 합니다. 하지만 도시의 유역은 깔때기처럼 작동하죠. 유출수를 모으고 집중시킵니다. 빗물과 홍수는 사람들이 도시에 살기 시작한 이래로 계속 문제였습니다. 첫 번째 해결책은 단순히 물을 최대한 빨리 빼내 멀리 보내는 것이었죠. 여전히 도시에서는 **배수**를 통해 문제를 관리하려 합니다. 비가 오거나 폭우가 쏟아질 때 빗물을 어디론가 흘려보내기 위해 노력하는 거죠.

대부분의 도시는 강우가 흐를 수 있는 첫 번째 경로로 도로를 선택합니다. 도로가 그 역할을 하도록 조직하죠. 각 부지는 도로를 향해 경사가 나 있어 물이 건물에서 흘러내리도록 합니다. 그래야 문제가 생기지 않죠. 표준적인 도시의 도로는 중앙에 **길마루**가 있고 양쪽에 물이 흐를 수 있는 **측구**가 있습니다. 이를 통해 도로를 건조하고 안전하게 유지해 차량이 주행할 수 있도록 하고, 동시에 유출수를 이동할 통로를 제공하죠. 도로는 마침내 자연적인 저점에 다다른 뒤 다시 오르막을 시작합니다. 그렇지 않으면 측구에 모두 담을 수 없을 정도로 많은 유출수가 모이게 됩니다. 경우에 따라 측구로 흘러간 유출수를 자연 수로로 직접 흘려보낼 수 있어요. 하지만 공간이 제한된 밀집된 도시에서는 빗물을 지하 배수구로 보내는 경우가 많습니다.

과거에는 거리에서 흘러나오는 모든 유출수를 하수도로 바로 흘려보내는 것이 일반적이었습니다. 안타깝게도 하수 처리장은 대자연의 변덕에 따라 대량의 하수와 우수가 섞인 유출수를 처리하도록 설계되지 않았습니다. 하수 처리장의 유입량이 너무 많아져 하수를 저장하거나 처리할 수 없을 때, 최악의 경우에는 처리되지 않은 하수를 수로로 직접 방출해야 하죠. 그래서 현재 대부분의 도시에서는 빗물을 운반하는 **우수관거**와 오수를 운반하는 **오수관거**를 분리하고 있습니다. 빗물은 **연석 유입구** 또는 빗물받이를 통해 우수관거로 유입됩니다. 유입구는 도로가 푹 꺼지는 지점(**새그**라고 합니다)과 경사진 구간에 일정한 간격으로 위치합니다. 많은 유입구에는 맨홀이 있어 청소 및 유지 관리를 위해 작업자가 들어갈 수 있습니다. 우수관거는 각 유입구에 연결돼 빗물을 운반합니다. 각 우수관거는 예상되는 빗물의 양에 따라 중력 흐름에 맞게 크기와 경사가 정해지며, 이는 오수관거가 특정 양의 하수를 운반하도록 설계한 방식과 유사합니다.

우수관거는 하천과 강처럼 점점 모이고 집중됩니다. 그리고 결국 하수도는 자연 수로 또는 바다의 **배수구**로 연결되죠. 빠르게 빠져나가는 유출수에 의한 침식으로부터 토양을 보호하기 위해 배수구에는 에너지를 분산시키는 **감세 블록**이나 **사석**을 설치하는 경우가 많습니다. 하수 처리장에서 끝나는 하수도 시스템과 달리 대부분의 우수 유출수는 환경으로 직접 배출되기 때문에, 도시에서는 연석 유입구나 빗물받이에 폐기물을 버리지 말라는 경고문을 부착하는 경우가 많죠.

우수관거는 도로에 있는 물을 신속히 제거해 하천과 강으로 전달합니다. 이를 통해 지역 홍수를 줄이는 데 도움이 되죠. 그러나 도시에서 유입되는 빗물은 자연 수역의 홍수를 심화시킵니다. 많은 도시에서 자연 수로를 넓히고, 직선으로 만들고, 콘크리트로 포장해 자연 수로의 용량을 늘립니다. 이런 설계 전략을 흔히 **도류화**라고 합니다. 도류화를 통해 빗물의 흐름 속도를 높이면 홍수의 깊이와 범위를 줄이는 데 도움이 됩니다. 하지만 단점도 있어요. 더러운 콘크리트 수로는 도시의 외관을 해칩니다. 또한 도류화는 하류의 홍수를 악화시키고 원래 수로의 서식지를 훼손할 수 있습니다. 대부분의 도시는 자연 수로를 넓히고 표면을 포장하는 것이 도시 개발에 의해 증가한 유출수 문제를 해결하는 데 역부족이라는 사실을 잘 알고 있습니다.

그 결과, 도시에서는 이제 개발업자에게 우수의 양과 수질에 미치는 영향을 책임지도록 합니다. 배수할 물을 수로에 방출하기 전에 현장에 저류하는 과정을 두는 게 대표적이죠. **유수지**는 영구적으로 물 웅덩이를 유지하지만, **저류지**는 평상시에는 물이 말라 있습니다. 두 곳 모두 작은 스펀지처럼 작용해 건물, 거리, 주차장에서 쏟아지는 모든 비를 흡수합니다. **배수구 구조물**은 유출수를 수로로 천천히 방출하도록 설계돼 최대 유량을 모든 건물과 주차장이 건설되기 전 수

준으로 낮춥니다. 또한 유수지와 저류지는 물의 속도를 늦춰 부유 입자가 가라앉을 수 있도록 하죠. 오염을 줄이는 데 도움이 됩니다.

자동차 전용 도로에서 우수를 지하로 흐르게 관리하면 비용이 많이 듭니다. 대신 우수가 지나가는 수로 양옆의 제방에 도로를 건설하는 경우가 많습니다. 도로가 중요한 하천이나 강을 가로지르는 경우에는 다리를 건설할 때가 많습니다. 그러나 모든 작은 수로와 움푹 들어간 지형을 가로지르는 다리를 매번 건설하기란 들이는 비용에 비해 효율적이지 않습니다. 도로가 작은 하천과 교차하는 경우, **암거**를 이용해 물이 한쪽에서 다른 쪽으로 넘어갈 수 있도록 합니다. 엔지니어는 수로를 흐르는 빗물이 도로에 넘칠 가능성을 계산해 암거의 크기를 선정합니다. **머리벽**과 **날개벽**은 제방을 받쳐주는 역할과 우수를 암거로 유도하는 역할을 합니다. 잘못 설계된 암거는 물은 통과시킬지언정 물속에 사는 생물의 이동은 막습니다. 엔지니어는 생물학자, 환경 과학자와 협력해 운반해야 하는 물과 그 안에 서식하는 생물 모두를 위해 암거를 잘 설계해야 합니다.

도시의 배수 인프라는 많이 발전했지만, 여전히 빗물을 주로 제거해야 할 폐기물로 취급하고 있습니다. 현실적으로 빗물은 자원이며, 자연 유역은 단순히 유출수를 하류로 운반하는 것 이상의 다양한 역할을 합니다. 자연 유역은 야생 동물의 서식지 역할을 하고, 자연 식생으로 유출수를 정화 및 여과하며, 비를 지하로 보내 대수층을 재충전하고, 발원지의 물을 느리게 흐르게 해 홍수를 줄이는 역할을 합니다. 많은 도시가 개발된 지역 내에서 자연 유역의 기능을 재현하고 재창조하는 방법을 모색하고 있습니다. 미국에서는 수원지와 가까운 곳에서 유출수를 관리합니다. 유출수와 그로 인한 오염을 줄이는 이 과정을 **저영향 개발**이라고 합니다. 여기에는 빗물 정원, 옥상 정원, 투수성 포장, 지표 유출수를 여과하는 데 사용하는 식생 띠, 건축 환경과 원래의 수문 및 생태 기능을 조화시키는 방법과 같은 전략이 포함됩니다. 공원이나 산책로처럼 홍수에 덜 취약한 용도로 토지를 사용해 범람원을 잘 관리하는 것도 저영향 개발의 일부입니다.

8

건설

들어가며

모든 인프라에는 공통점이 있습니다. 반드시 건설 과정을 거쳐야 한다는 점이죠. 하수도 시스템이나 전력망은 마트에서 바로 구매할 수 있는 것이 아닙니다. 이 복잡한 시설은 사람이 기계를 사용해 현장에서 건설해야 합니다. 공사는 보는 사람의 관점에 따라(또는 출퇴근 시간을 방해하는지에 따라) 귀찮을 수도 있고, 즐거울 수도 있습니다. 시끄럽고 방해가 되며 느리게 느껴지는 경우가 많습니다. 하지만 거대한 건설 장비와 긴박하게 돌아가는 작업은 세심한 관찰자에게 경이로움과 경외감을 불러일으키죠. 원자재와 고된 작업의 결과물인 구조물이 만들어지는 과정을 지켜보는 것은 더할 나위 없이 멋진 일입니다. 건설 현장에서 벌어지는 계속되는 소란에 정신을 빼앗기지 않고 지나가기가 어려울 때가 많을 정도예요.

건설 현장은 혼란스러워 보이지만 무질서에도 질서가 있는 법이죠. 각 작업자와 장비는 고유한 임무를 맡고 있습니다. 개별적인 성과는 사소하거나 평범해 보일 수 있지만, 이제까지 우리가 살펴본 것처럼 서서히 성과가 축적되며 멋진 결과가 만들어집니다. 건설 현장에서는 멋진 기계와 장비에 잠깐 주목할 수도 있고, 정기적으로 관찰하며 꾸준한 진행에 감탄할 수도 있습니다. 방식이야 어떻든 건설 현장에서는 언제나 흥미로운 모습을 만날 수 있습니다.

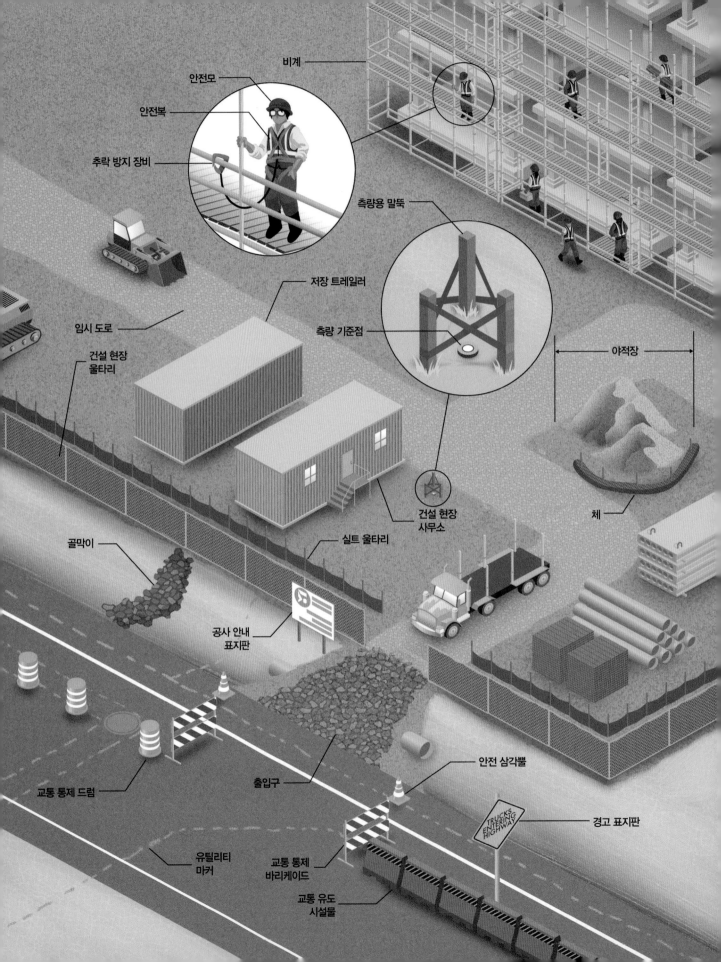

비계

안전모

안전복

추락 방지 장비

측량용 말뚝

저장 트레일러

임시 도로

측량 기준점

건설 현장
울타리

야적장

체

건설 현장
사무소

골막이

실트 울타리

공사 안내
표지판

안전 삼각뿔

교통 통제 드럼

출입구

경고 표지판

유틸리티
마커

교통 통제
바리케이드

교통 유도
시설물

TRUCKS
ENTERING
HIGHWAY

건설 현장

건설 현장은 언뜻 보면 장비와 움직임이 무질서하게 얽힌 난장판처럼 보일 수 있습니다. 도로, 다리, 댐, 파이프, 또는 그 밖의 어떤 인프라를 건설 중이든 말이죠. 하지만 자세히 살펴보면 나름의 규칙을 이해할 수 있습니다. 모든 건설 작업은 제각각 다르지만, 작업이 이뤄지는 현장은 프로젝트별로 대단히 비슷한 경우가 많습니다.

공사를 시작하기 전, 측량 기사는 공사해야 하는 위치를 지상에 배치해야 합니다. 측량 기사는 건설 현장을 벗어난 지점에 **기준점**을 설치합니다. 공사가 시작되면 참조할 수 있게 하기 위해서죠. 기준점을 설치할 때는 콘크리트나 아스팔트에 큰 못을 박거나, 토양에 철봉을 박습니다. 나무 **말뚝**과 비닐로 된 표시 테이프로 기준점과 그 밖에 건설에 필요한 중요한 사항을 표시합니다. 도로나 파이프 설치처럼 건설 현장이 매우 길 때는 **측점**이라는 좌표계를 사용하기도 합니다. 미국의 경우 하나의 측점은 약 30미터에 해당합니다. 보통 현장의 위치는 구조물의 중심선 방향을 따라 얼마나 멀리 떨어져 있는지를 측점 단위로 나타내고 여기에 더하기(+) 기호와 거리를 추가해 나타냅니다(예를 들어 'STA 0+50'은 축을 따라 50미터 떨어진 위치를 나타내죠).

측량 외에도 굴삭기가 실수로 지하 선로를 손상시키지 않도록 지하에 설치된 모든 설비를 식별하고 표시해야 합니다. **경계 설정자**는 컬러 스프레이 페인트를 사용해 지상에 시설물의 위치를 나타내는 **유틸리티 마커**를 표시합니다. 전 세계 많은 지역에서 이 표시의 색상은 표준화돼 있죠. 예를 들어 빨간색은 전기선, 주황색은 통신선, 노란색은 천연가스, 녹색은 하수도, 파란색은 수도관을 표시하는 데 사용합니다. 흰색 페인트는 공사 중 발생하는 굴착 위치를 표시하는 데 사용하며, 분홍색은 측량 표시를 위해 사용합니다.

현장에서 가장 먼저 볼 수 있는 것은 **공사 안내 표지판**입니다. 관련 회사를 밝히고, 건설 현장의 이름과 목적을 대중에게 알리며 건축 허가와 같은 중요한 정보를 게시하는 표지판입니다.

구조물 자체를 제외하면 나머지 건설 현장 대부분은 자재를 옮기거나 보관하는 데 사용됩니다. 중장비와 대형 트럭으로 자재를 옮기거나 쌓고, 하역하려면 공간이 필요합니다. 이런 대형 차량이 지상에서 이동하면, 특히 비가 온 뒤에는 진흙탕으로 엉망이 되는 경우가 많죠. 따라서 공사를 발주한 곳은 공사 차량의 흐름을 유지하기 위해 현장에 **임시 도로**를 건설합니다. 또한 대부분의 현장에는 나중에 사용할 장비와 소모품을 하역하고 보관하는 준비 공간도 있습니다.

언뜻 보기에 건설 현장은 멈춰 서 있는 시간이 많은 것처럼 보이지만, 업계에서 일해본 사람이라면 모두가 힘든 작업을 하고 있다는 것을 알 수 있습니다. 건설 현장에 있는 대부분의 사람들은 석공, 목수, 용접공, 페인트공, 철공 등 숙련된 노동을 하는 인부입니다. 또한 현장을 감독하는 **감독관**, 공사 계획과 시방서에 따라 공사가 진행되는지 확인하는 **검사관**, 혹시나 발생할지 모를 사고를 미리 발견하고 부상으로 이어지기 전에 위험을 해결하는 **안전 감독관**도 있습니다.

건설 현장은 대형 차량이 드나들고 위험한 도구가 많으며, 불안정한 장소와 높이에서 작업해야 하기 때문에 특히 위험합니다. **개인 보호 장비**를 포함해 현장에서 만날 수 있는 많은 물품은 작업자의 안전과 직결됩니다. 현장의 작업자와 현장 밖의 작업자나 직원은 낙하물이나 돌출물의 위험으로부터 보호받기 위해 **안**

전모를 필수로 착용해야 합니다. 또한 작업자는 눈에 잘 띄는 밝은 색상과 반사 줄무늬가 있는 **안전복**을 착용합니다. 작업자가 눈에 띄지 않아 발생하는 사고를 예방하기 위해서죠. 높은 곳에서 작업할 때는 **비계**를 사용해 평소에 닿기 어려운 구역에 임시로 접근할 수 있게 합니다. 작업자는 안전벨트와 밧줄 등 **추락 방지 장비**를 착용해 높은 곳이나 깊이 굴착하는 곳 근처에서 작업할 때 추락 위험을 줄입니다.

건설 프로젝트를 진행할 때는 작업자의 안전 외에 공공의 안전도 고려해야 합니다. 대부분의 현장에서는 길을 잘못 든 보행자가 위험 구역에 접근하지 못하도록 **울타리**를 설치하죠. 때로는 바람에 날리는 먼지를 막고 값비싼 도구와 장비를 숨겨 도난을 방지하기 위해 가림막을 설치하기도 합니다.

공공 안전은 도로 건설 프로젝트에서 반드시 준수해야 하는 사항입니다. 때로는 차선을 폐쇄하거나 현장 주변을 우회시켜야 하는 경우도 많죠. 건설 현장 주변에서는 **안전 삼각뿔**, **교통 통제 드럼**, **교통 유도 시설물**, **교통 통제 바리케이드**를 이용해 차량을 우회시켜 공사하는 데 접근하지 못하게 합니다. **경고 표지판**과 방벽은 항상 주황색으로 표시하죠. 덕분에 운전자는 다른 표지판과 쉽게 구별해 건설 현장을 주의하며 통과할 수 있습니다.

고된 노동과 강력한 장비만이 건설의 전부는 아니죠. 다른 사업이 다 그렇듯, 자재를 주문하고 계획을 검토하며, 회의를 개최하거나 이메일에 답변하는 등 대부분의 업무는 사무실에서 이뤄집니다. 대형 프로젝트의 경우 공사를 지원하고 원활하게 진행하도록 하기 위해 사무실 직원 전체를 현장에 배치하는 경우가 많습니다. 현장에는 시공업체의 임시 **건설 현장 사무소** 역할을 하는 트레일러를 하나 이상 볼 수 있죠. 회사 직원과 현장 엔지니어 건설 발주사가 필요할 때 트레일러를 사용하며, 또 다른 트레일러는 도구와 자재를 보관하는 데 사용기도 합니다.

공사로 발생하는 불편함 중 하나는 지반의 교란입니다. 보호되지 않은 토양은 비에 쉽게 씻겨 내려갑니다. 이렇게 발생한 부유 퇴적물은 자연 수역의 수질을 악화시키고 야생 동물 서식지에 영향을 미치는 오염물질입니다. 따라서 대부분의 건설 프로젝트에는 빗물 유출을 제어하고 토사가 현장 밖으로 이동하지 못하도록 막는 시설이 필요합니다. **실트 울타리**와 **체**로 유출수의 속도를 늦추면 침전물이 현탁액에서 가라앉습니다. **출입구**에 설치한 돌은 공사 차량이 현장을 떠나기 전에 타이어에서 진흙을 털어내는 역할을 합니다. 수로에는 **골막이**를 설치해 물의 흐름이 집중되는 것을 방지해 침식 가능성을 줄입니다.

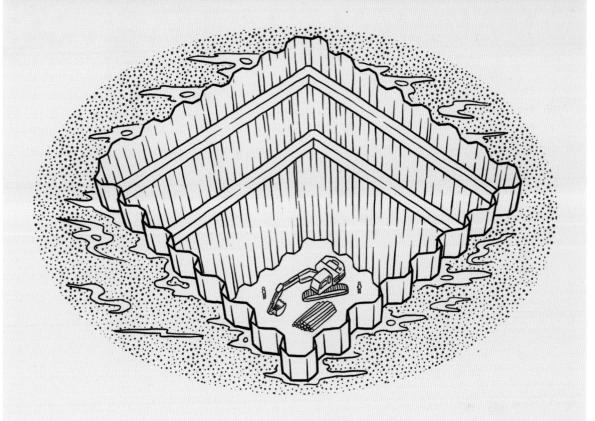

부두, 다리, 댐을 비롯해 많은 인프라의 기초는 물밑에 있는 경우가 많습니다. 사람과 장비가 효율적으로 작업할 수 없는 곳(물속)에 기초를 건설하기란 상당히 어려운 과제죠. 따라서 수중 건설 작업의 대부분은 건조한 상태에서 작업을 할 수 있도록 먼저 물을 제거하는 것부터 시작합니다. 이 과정을 **탈수**라고 합니다. 건설 현장에서 일시적으로 물을 가두기 위해서는 **가물막이**라는 구조물이 필요합니다. 가물막이는 보통 흙이나 암석으로 쌓은 제방, 널말뚝이라고 하는 서로 맞물린 철판, 플라스틱 막이 있는 철골 프레임 또는 물이 채워진 고무 주머니로 구성됩니다. 가물막이가 항상 완전히 물을 막는 것은 아니기 때문에 가물막이가 있는 건설 현장에서는 해당 지역의 물을 제거하는 데 양수기를 사용합니다. 공사가 완료되면 가물막이를 제거해 현장을 원래대로 물이 차 있는 상태로 되돌립니다. 강과 운하를 건설하는 현장에서 탈수 작업을 할 때는 현장을 우회해서 물이 흐르게 해야 합니다. 물의 양에 따라 양수기나 임시 수로, 또는 터널을 설치해 이런 우회로를 만듭니다. 또는 현재 공정을 진행하지 않는 현장 일부분을 통해 물이 우회할 수 있도록 단계별 프로젝트를 구성해 처리할 수도 있습니다.

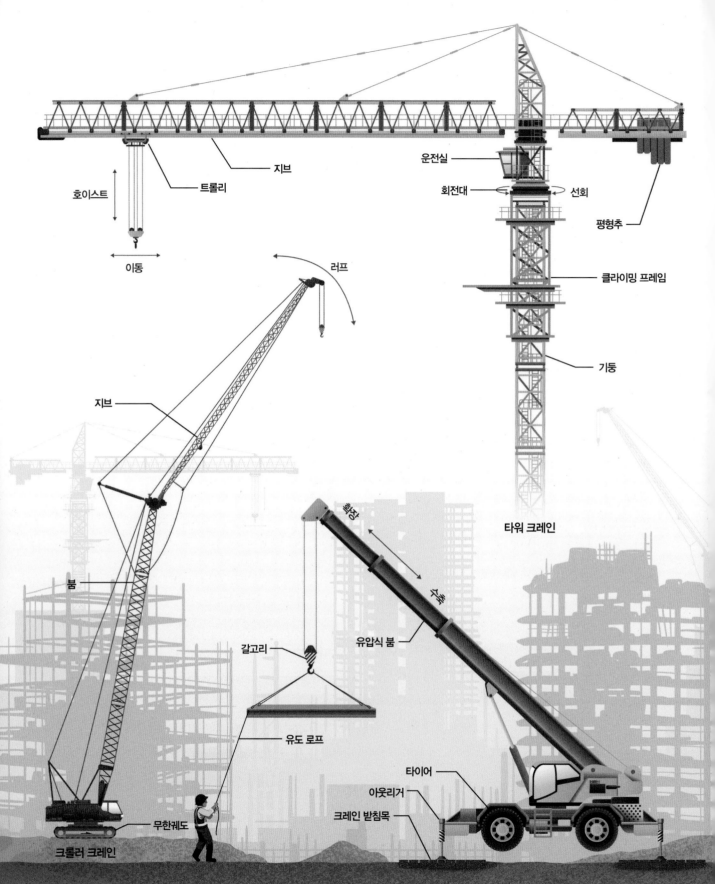

지브

호이스트

트롤리

이동

러프

운전실

회전대   선회

평형추

클라이밍 프레임

기둥

타워 크레인

지브

붐

확장

수축

유압식 붐

갈고리

유도 로프

타이어

아웃리거

크레인 받침목

무한궤도

크롤러 크레인

험지형 크레인

크레인

모든 건설 작업은 결국 자재를 취급하는 일이라고 볼 수 있습니다. 즉, 프로젝트에 필요한 모든 부품을 나르고 보관하며 이동하고 배치하는 작업이죠. 물론 사람의 힘으로 대부분의 작업을 처리할 수 있지만, 업계에서 일하는 사람이라면 크레인이 없으면 할 수 없는 작업이 많다는 사실을 알 것입니다. 작업 현장에서 크레인을 사용하는지 여부는 문제가 아닙니다. 어떤 크레인을 어떻게 쓸 것인지가 중요하죠. 건설 산업의 중추인 **크레인**은 사람의 노동력만으로는 불가능했던 훨씬 더 크고 무거운 자재와 부품을 들어 올리고 설치할 수 있게 하며, 그 어느 때보다 빠르고 효율적인 건설을 가능하게 합니다.

건설 현장에는 다양한 유형의 크레인이 사용되며, 각각 고유한 장점이 있습니다. 크레인은 크게 **이동식 크레인**과 **고정식 크레인** 두 가지로 분류됩니다. 이동식 크레인에는 바퀴나 트랙이 있어 현장의 다른 지역으로 이동할 수 있습니다. **크롤러 크레인**은 무한궤도 트랙을 장착한 차대 위에 크레인이 있는 형태입니다. 건설 현장에서 볼 수 있는 이동식 크레인 중 가장 크고 성능이 뛰어나죠. 크롤러 크레인에는 먼 거리와 높은 높이까지 도달할 수 있는 강철 **붐**이 장착됩니다. 가장 큰 붐은 강철 막대로 된 격자로 구성되며 가볍고 매우 튼튼합니다. 또한 많은 시공업체는 붐 끝에 **지브**를 부착해 도달 범위를 더 멀리까지로 확장시킵니다. 크롤러 크레인은 법적으로 도로 주행을 할 수 없기 때문에 보통 트럭으로 운송해 현장에서 조립합니다. **험지형 크레인**은 크롤러 크레인과 마찬가지로 이동식 차대 위에 올려져 있습니다. 다만 트랙 대신 고무 타이어를 사용합니다. 덕분에 험지형 크레인은 외딴곳이나 까다로운 위치에 접근할 수 있죠. 보통 크롤러 크레인보다 크기

가 작아 설치가 빠르고 다른 크레인이 들어갈 수 없는 공간에 쉽게 들어갈 수 있습니다. 험지형 크레인에는 크레인의 도달 범위를 늘리기 위해 바깥쪽으로 확장되는 부분인 **유압식 붐**이 있습니다. 건설 현장에서 적재물을 싣고 무거운 물체를 천천히 먼 거리까지 옮길 수 있습니다. 그러나 크레인을 **아웃리거** 위에 고정시킨 채 작동시킬 때, 하중 등급이 크게 증가합니다. 아웃리거는 푹신한 타이어로부터 차대를 들어 올려 크레인을 안정화시킵니다. **전 지형 크레인**은 험지형 크레인과 작동 방식과 모양이 비슷하지만, 도로와 고속 도로에서 주행할 수 있게 설계돼 트럭으로 작업 현장까지 운반할 필요가 없습니다. 이동식 크레인 중 가장 작지만 가장 다재다능한 크레인이죠.

고정식 크레인은 한 장소에 설치돼 프로젝트 기간의 일부 또는 내내 그 자리에 설치된 채 작업합니다. 건설 현장에서 가장 자주 볼 수 있는 고정식 크레인은 **타워 크레인**이죠. 타워 크레인은 수직 **기둥**과 타워에서 뻗어 나온 수평 **지브**로 구성됩니다. 지브는 **회전대**를 통해 기둥을 중심으로 모든 방향으로 회전할 수 있습니다. 작업자는 **운전실**에 앉아, 지브를 따라 움직이는 **트롤리**를 조작해 필요한 곳에 **갈고리**를 배치합니다.

타워 크레인을 설치하는 것은 그 자체로 큰 일이기 때문에 보통은 고층 빌딩 같이 공사 기간이 긴 프로젝트에서만 사용합니다. 타워 크레인은 철근 콘크리트 바닥이 있는 경우가 많으며 조립하거나 해체하려면 다른 크레인을 사용해야 합니다. 스스로 높이를 높일 수 있는 타워 크레인도 있습니다. 지상에서 기둥의 높이를 스스로 높일 수 있죠. **클라이밍 프레임**은 기둥이 두 부분으로 분리됐을 때 고정하는 역할을 합니다. 이를 통해 크레인의 상부를 들어 올립니다. 그리고 클라이

밍 프레임이 만든 구멍에 새 기둥 부분을 삽입하고 볼트로 제자리에 고정합니다. 원하는 높이에 도달하기까지 필요한 만큼 이 과정을 반복합니다.

크레인의 주요 목표는 적재물을 한 장소에서 다른 장소로 옮기거나 재배치하는 것입니다. 이 작업을 위해 크레인은 다양한 방법으로 움직입니다. 거의 모든 크레인에는 케이블이 감겨 있는 드럼이 있습니다. 크레인이 드럼을 회전시켜 감겨 있던 케이블을 사용해 무거운 물품을 들어 올리는 것을 **호이스트**라고 합니다. 일부 붐은 호이스트 작업 외에도 피벗이 가능합니다. 따라서 케이블 또는 유압 실린더를 통해 크레인의 붐 각도를 변경할 수 있습니다. 크레인의 붐이 하중을 받아 회전하는 것을 **러프**라고 합니다. 일부 크레인은 붐과 지브를 별도로 러프할 수 있어 움직이는 범위가 훨씬 더 넓습니다. 붐이나 지브를 수평으로 움직이는 것을 **선회**라고 합니다. 유압식 붐이 있는 크레인은 붐을 **확장** 또는 **축소**할 수 있으며 타워 크레인의 트롤리는 안쪽 또는 바깥쪽으로 **이동**할 수 있습니다.

지상에 있는 신호수는 크레인 작업자에게 적재물을 부착하거나 고정하고, 들어 올리거나 배치하는 데 필요한 동작을 전달합니다. 무전기를 사용할 수 없는 경우 표준화된 수신호를 통해 작업자에게 어떤 이동이 필요한지 알리죠. 신호수는 적재물을 제어하고 회전을 방지하기 위해 **유도 로프**를 사용합니다.

크레인은 건설 현장에 필수적이지만 위험한 장비입니다. 크레인이 넘어지지 않도록 하기 위해 많은 공학 기술이 사용되죠. 크레인의 극심한 압력을 분산하고 크레인이 땅에 가라앉지 않도록 **크레인 받침목**을 설치합니다. 강철 또는 콘크리트로 만든 **평형추**를 사용해 갈고리에 가해지는 하중을 분산시켜 크레인이 넘어지려는 성질(**모멘트**라고 하죠)을 줄입니다. 또한 바람이 많이 부는 날에는 이동식 크레인은 운영을 중단합니다. 타워 크레인은 브레이크를 풀어 지브가 바람에 맞서지 않고 풍향계처럼 자유롭게 회전할 수 있도록 합니다.

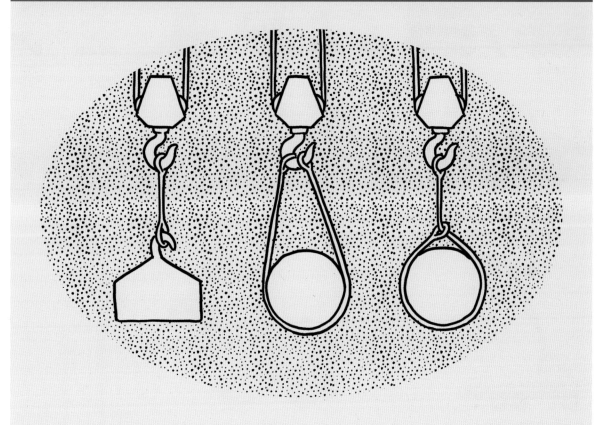

대부분의 크레인은 갈고리를 사용해 적재물에 연결하지만, 들어 올려야 하는 물건에 거대한 강철 갈고리를 걸 수 있는 부착물이 있는 경우는 거의 없습니다. **리깅**은 크레인에 적재물을 연결해 매달아 이동하는 데 관여하는 모든 단계를 설명하는 용어입니다. 리깅에 가장 흔히 사용하는 도구는 짧은 케이블, 체인, 로프 또는 양쪽 끝에 구멍이나 고리가 달린 체인인 **슬링**입니다. 슬링은 세 가지 기본 연결 부위(히치)에 사용됩니다. **수직 연결 부위**에서는 슬링의 한쪽 구멍이 갈고리에 연결되고 다른 한쪽은 적재물이 걸리는 지점에 연결됩니다. **바스켓 연결 부위**에서는 슬링의 양쪽 구멍이 갈고리에 달린 상태로 적재물 아래를 받칩니다. 마지막으로 **초커 연결 부위**에서는 슬링의 한쪽 구멍이 적재물을 감싸고 다른 쪽 구멍을 통과해 갈고리에 연결됩니다. 리깅에 사용되는 각 연결 부위에는 하중 등급과 대안에 따라 장점이 각기 다릅니다. 다음에 크레인이 짐을 들어 올리는 모습을 보게 된다면 세 가지 연결 부위 중 무엇이 슬링과 함께 사용되었는지 살펴보세요.

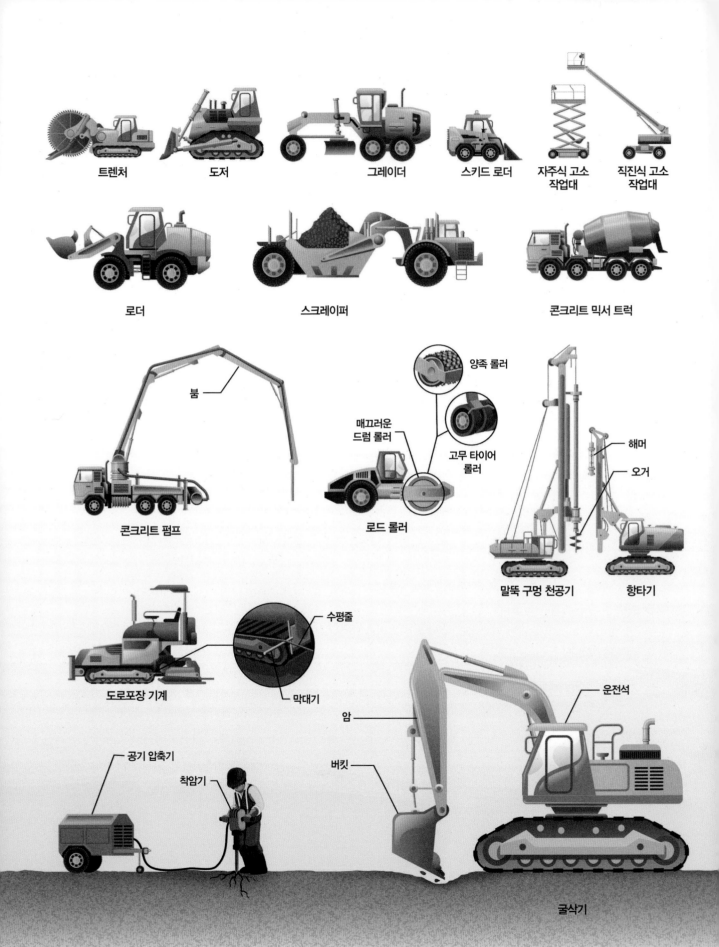

트렌처

도저

그레이더

스키드 로더

자주식 고소
작업대

직진식 고소
작업대

로더

스크레이퍼

콘크리트 믹서 트럭

붐

콘크리트 펌프

양족 롤러

매끄러운
드럼 롤러

고무 타이어
롤러

로드 롤러

해머

오거

말뚝 구멍 천공기

항타기

수평줄

막대기

도로포장 기계

공기 압축기

착암기

암

버킷

운전석

굴삭기

건설 장비

중장비만큼 인간의 노력을 증폭시키는 것은 없죠. 건설 현장에서는 작업 속도와 효율성을 높이기 위해 크레인 외에도 무수히 많은 장비를 사용합니다. 건설 장비는 망치질과 예비 경보 소리가 뒤섞인 불협화음으로 가득 찬 기계처럼 보일 수 있습니다. 하지만 이동, 압축, 배치, 굴착, 운송, 분해, 건설 작업을 하는 건설 장비가 없었더라면 현대식 건물과 인프라는 존재할 수 없었겠죠. 물론 건설 현장에서 볼 수 있는 모든 장비를 일일이 설명하는 것은 불가능합니다. 하지만 눈여겨본다면 지금부터 설명하는 장비를 건설 현장에서 마주칠 수 있을 겁니다.

많은 건설 장비는 흙과 바위를 옮기고 배치하는 토목 공사를 하기 위해 존재합니다. **굴삭기**는 다용도로 사용할 수 있기 때문에 건설 현장에서 자주 볼 수 있죠. 흔히 **버킷**, **암**, **회전식 운전석**으로 구성되지만 다른 부착물을 지닌 경우도 있습니다. 굴삭기는 유압 실린더를 사용해 구멍이나 트렌치를 파고 잔해물을 제거하며 심지어 크레인처럼 짐을 들어 올리고 놓는 일까지 다양한 기능을 수행합니다. 픽업트럭[1] 뒤에 실을 수 있는 미니 굴삭기부터 한 번에 운반할 수 없을 정도로 큰 대형 굴삭기까지 크기가 다양합니다. 굴착을 위해 특별히 고안된 또 다른 장비로는 **트렌처**가 있습니다. 톱니바퀴 또는 체인을 사용해 파이프, 배수관, 전기선 등 길게 이어진 기반 시설을 설치하기 위해 땅속에 긴 구멍을 뚫습니다.

도저는 자재를 밀어내는 데 사용하는 큰 날이 특징입니다. 현장에서 덤불, 나무, 바위를 제거하고, 흙을 밀면서 넓은 지역으로 흙을 퍼뜨립니다. **그레이더**도 도저와 마찬가지로 긴 날이 특징입니다. 하지만 그레이더는 더 정밀한 작업을 수행합니다. 그레이더를 통해 높은 정확도로 땅의 수평을 맞추거나 평탄화할 수 있습니다. **로더**에는 더 많은 양의 흙을 굴착하고 운반할 수 있는 대형 버킷이 장착됩니다. 로더는 소규모 현장에서 사용하는 소형 **스키드 로더**부터 광산에서 사용하는 대형 **휠 로더**까지 크기가 다양합니다. 많은 양의 흙을 현장 전체로 이동해야 하는 경우에는 **스크레이퍼**가 적합합니다. 스크레이퍼는 목수의 대패처럼 흙을 떠올려 **호퍼** 부분에 채웁니다. 그러면 흙을 덤프트럭 등 다른 차량으로 옮길 필요 없이 스크레이퍼에서 직접 흙을 운반하고 배치할 수 있습니다.

도로 공사 전용으로 사용되는 건설 장비도 있습니다. **도로포장 기계**는 도로, 다리, 주차장에 아스팔트를 깔고 콘크리트 연석, 배수로, 장벽, 자동차 전용 도로를 만드는 데 사용됩니다. 덤프트럭이나 로더가 아스팔트나 콘크리트를 도로포장 기계에 공급하면, 기계는 일련의 기계 장치를 사용해 이동하면서 매끄럽고 균일한 층을 만듭니다. 콘크리트 구조물을 만드는 도로포장 기술자는 **슬립폼 공법**을 사용해 연석이나 고속 도로 방호벽과 같은 연속적인 모양을 만듭니다.

지반이 항상 완벽하게 평평하지는 않죠. 대부분의 도로포장 기계와 슬립폼 공법 기계는 **막대기**를 사용합니다. 막대기는 측량사가 도로의 공학적 정렬에 따라 설정한 **수평줄**을 따릅니다. 막대기는 도로포장 기계의 조향과 위치를 제어해 도로와 다른 특징이 매끄럽고 일관되게 유지시킵니다.

콘크리트 구조물은 저절로 경화되고 굳어지지만,

---

1 옮긴이 바퀴가 네 개 달리고, 뚜껑이 없는 적재함이 설치된 소형 트럭입니다.

흙과 아스팔트 포장은 제자리에서 다지는 작업이 필요합니다. 대규모 프로젝트에서는 흙이나 아스팔트를 굴리면서 압축하는 부드러운 드럼이 하나 또는 두 개가 달린 무거운 차량인 **로드 롤러**를 사용합니다. 일부 로드 롤러에는 지반이나 아스팔트를 다지는 데 도움이 되는 고무 타이어 롤러가 장착돼 있어 다짐 작업의 속도를 높입니다. 끈적끈적한 점토 토양에 사용하는 로드 롤러는 양족sheepfoot이라고 하는 돌기가 있는 롤러를 사용하기도 합니다. 또한 로드 롤러의 진동 기능을 통해 더 쉽게 표면을 매끄럽게 하거나 평평하게 만들 수 있습니다.

말뚝은 수직 구조의 필수 요소로 많은 건설 프로젝트에서 쉽게 발견할 수 있습니다. 주로 옹벽과 기초를 만들기 위해 땅에 말뚝을 박아 넣죠. **항타기**는 대형 **해머**나 진동 메커니즘을 사용해 강철 또는 콘크리트 파일을 땅속으로 밀어 넣습니다. 말뚝을 구멍에 설치하는 경우에는 **말뚝 구멍 천공기**를 사용합니다. 말뚝 구멍 천공기는 **오거** 또는 기타 회전 도구를 사용해 말뚝이 들어갈 통로를 팝니다.

건설 현장에서는 굳지 않은 콘크리트를 직접 타설합니다. **콘크리트 믹서 트럭**이 공장에서 현장으로 콘크리트를 운반하는 모습을 본 적이 있을 겁니다. 커다란 드럼 내부에는 나선형 날이 있습니다. 드럼이 한 방향으로 회전하면서 콘크리트 재료가 이동 중에 분리되지 않도록 혼합합니다.

드럼이 다른 방향으로 회전하면 콘크리트가 드럼 뒤쪽으로 밀려나면서 배출됩니다. 일부 현장에서는 콘크리트 믹서 트럭을 통해 직접 콘크리트를 사용할 수 있지만, 접근하기 어려운 지역에서 콘크리트가 필요한 경우도 있습니다. 이때는 **콘크리트 펌프**를 이용해 콘크리트 혼합물을 배출합니다. 일부 콘크리트 펌프에는 굴절식 붐이 장착돼 있어 필요한 곳에 콘크리트를 높은 정확도로 배치할 수 있습니다.

또 다른 종류의 건설 장비인 **고소 작업대**는 작업자를 위험한 위치에 안전하게 배치하기 위해 사용합니다. **자주식 고소 작업대**는 작업자가 구동하는 이동식 받침대와, 십자형 버팀대 위에 수직으로 올라가는 플랫폼으로 구성됩니다. 수직으로만 움직이기 때문에 장애물 주변에서 작업자를 이동시킬 수는 없습니다. **직진식 고소 작업대**는 유압식 암을 사용해 받침대를 지지하므로 건설 현장에서 접근하기 어려운 구역을 더 자유롭게 작업할 수 있도록 지원합니다.

물론 건설 현장에서는 공사 차량 외에도 다양한 전동 공구를 사용합니다. 가장 중요한 건설 공구는 **공압식**(공기로 구동되는 방식)이기 때문에 현장에는 **공기 압축기**(에어 컴프레서)가 반드시 있어야 합니다. 착암기, 드릴, 그라인더, 네일 건 등 작업자가 사용하는 다양한 공구에 동력을 공급하기 위해 트레일러에는 공기 압축기가 장착된 경우가 많습니다.

건설 장비의 성능은 더 새롭고 진보된 기술로 빠르게 향상하고 있습니다. 토목 공사 세계를 완전히 바꾼 혁신 중 하나는 GPS입니다. 건설 현장에서는 길을 설명하는 내비게이션이 크게 필요하지 않죠. 하지만 현장에서 GPS 기술을 활용할 수 있는 방법이 많습니다. GPS 장비는 현장에서 장비의 위치를 알려주고, **최종 표고**(원하는 지면의 고도) 측면에서 공구의 위치를 알려줍니다. 기존 프로젝트에서는 측량사가 토목 공사의 위치와 범위를 꼼꼼하게 측량해야만 했죠. 때로는 작업 전반에 걸쳐 여러 번 측량해야 했습니다. GPS 장비는 프로젝트의 디지털 모델과 온보드 인터페이스를 사용해 작업자에게 장비가 위치해야 할 정확한 장소를 알려줍니다. GPS 장비가 날이나 버킷을 자동으로 제어할 수도 있습니다. 이런 장비는 여러 개의 원형 안테나가 장착돼 있는 경우가 많죠. 이걸 보면 해당 건설 장비가 GPS를 활용하고 있는지 쉽게 알 수 있습니다.

용어집

100년 홍수
특정 연도에 1퍼센트의 확률 또는 그보다 초과해 발생할 수 있는 홍수의
규모

1차 처리
하수 처리의 첫 번째 단계로 오수에서 고형물을 제거하는 과정

1차 침전지
하수 처리장에서 용존 영양분을 제거하기 전에 부유 입자를 침전시키기
위해 사용하는 원형 저수조

2차 처리
하수 처리장에서 침전 가능한 고형물을 제거한 뒤 하수에서 영양분을 제
거하는 과정

2차 침전지
하수 처리장에서 1차 처리 후 하수와 활성 슬러지를 분리하기 위해 사용
하는 침전용 저수조

8자형 케이블
통신선과 조가선을 하나의 외피에 모두 포함하는 케이블 유형으로 실외
가공선에 상용됨

ㄱ

가공 지선(차폐선)
전기가 통하는 도체를 낙뢰로부터 보호하기 위해 송전선 상단을 따라 흐
르는 접지선

가공 통신선
지상 위에 설치되고 전신주에 의해 지지되는 전화, 광섬유 또는 동축 케이
블

가드레일
도로에서 길을 벗어난 차량이 도로변 장애물과 충돌하거나, 절벽과 같이
위험한 위치에서 도로를 이탈하는 것을 방지하는 안전 장벽. 또는 철도
에서 급커브나 선로 전환 시 탈선을 방지하는 데 도움이 되는 주 선로와
평행한 짧은 선로

가로등
야간에 도로 또는 지역을 비추는 데 사용하는 조명

가물막이
공사 중에 일시적으로 물을 가두는 데 사용하는 구조물

가스 절연 개폐 장치(GIS)
발전소와 변전소에서 사용하는 스위치, 퓨즈, 차단기 및 기타 개폐 장치.
밀폐를 위해 SF_6 가스를 농축한 금속 밀폐 장치에 둘러싸여 있음

가압 파이프
파이프 외부의 주변 압력보다 높은 유체를 운반하는 파이프

가압 펌프
파이프의 유체 압력을 높이는 기계

가열로
열을 생산하는 데 사용하는 장치로, 보일러와 함께 액체 상태의 물에서
증기를 생성함

가이드 타워
지지를 위해 버팀줄에 의존하는 수직 구조물

간선 급행열차 터널
지하철과 같은 고속 수송 열차 시스템에 사용되는 터널

간선 도로
자동차 전용 도로와 이면 도로를 연결하는 대규모 도시 도로

간선 하수관거
여러 지선 하수관거에서 하수를 모아 주 하수관거로 유입시키는 하수
관거

갈고리
리깅을 수행하는 크레인 케이블 끝에 있는 장치로 하중을 부담하는 부분

갈퀴
쓰레기통이나 스크린에서 이물질을 제거하는 장치

감독관
건설 현장을 감독하는 책임자

감세 블록
흐르는 물줄기에서 운동 에너지를 발산하는 데 사용하는 구조물

감세 슈트
유속을 제한하기 위해 감세 블록을 배열한 슈트 또는 배수로

감세공
배수로 바닥에서 수력 에너지를 방출하는 데 사용하는 구조물

감응식 신호 제어
교통 감지 시스템을 사용해 신호와 타이밍을 조정하는 교통 신호 제어
방식

갑거
수위를 높이거나 낮춰 운하에서 선박을 올리거나 내리는 밀폐된 구조물

갑실
수위를 맞춰 배들이 갑문을 지나거나 또는 배들이 들어가 있을 수 있게
만든 칸

갓길
긴급 차량이나 고장을 위한 고속 도로 가장자리 차선

강관주 철탑
지면에 고정된 지주로 구성된 타워

강압
변압기를 사용해 고전압 전기를 낮은 전압 수준으로 변환하는 것

개구부(포트)
물이 들어갈 수 있는 취수 구조의 열린 부분

개스킷

함께 압축된 두 부품 또는 물체 사이의 간격을 밀봉하는 데 사용하는 유연한 재료

개인 보호 장비

안전을 강화하거나 부상 가능성을 최소화하기 위해 개인이 사용하는 모든 장비

갠트리 크레인

한 지역을 가로지르는 크레인. 바퀴가 달린 것도 있음

거더

건설 구조물을 받치는 수평 구조물, 보

건설 현장

건물 또는 구조물의 건설과 관련된 활동이 이뤄지는 지역

건설 현장 사무소

건설 현장에서 업무를 수행하고 회의를 개최하는 데 사용하는 건물이나 트레일러

검사관

공사 계획, 시방서 및 규정에 따라 시공이 수행되었는지 확인하는 사람

게이트

물의 흐름을 조절하는 데 사용하는 이동식 장벽

격납 건물

비상시 방사성 가스의 유출을 억제하고, 공격으로부터 시설을 보호하기 위한 원자로 주변의 밀폐 건물

격자 방식

수도 본관의 설치 방식으로, 물이 동일한 목적지까지 여러 경로로 이동할 수 있음

견인 전동기

차량 추진에 사용되는 전기 모터

결착판

선로의 무게를 침목에 전달하고 분배하는 브래킷

경계석

도로와 인도 사이의 영역

경고 시간

능동형 경고 장치가 작동하기 시작하고 열차가 건널목에 도착할 때까지의 시간

경고 테이프

지하 설비의 위치를 표시하는 유연한 리본

경고 표시

항공기나 사람이 더 잘 인지하도록 송전선 도체에 부착하는 공 모양의 표식

경고등

항공기가 잘 보도록 타워 상단에 설치한 깜박이는 조명

경사

한쪽 끝이 다른 쪽 끝보다 높은 평평하지 않은 표면

경사 케이블

사장교에서 다리 상판을 타워에 연결하는 대각선 케이블

경사면

제방의 바깥쪽 부분

경사면 포장

침식으로부터 경사면을 보호하기 위해 설치하는 내구성 있는 표면. 보통 콘크리트로 제작함

경적

기차 엔진에 장착돼 사람과 동물에게 소리를 내어 경고하는 장치

계기용 변성기

민감한 모니터링 및 제어 회로를 전력망의 고전압 또는 전류로부터 분리하는 장치

계기용 변압기

계기용 변성기 중 하나로, 큰 전압을 계기 및 중계기를 사용해 측정할 수 있는 작은 값으로 변환함

계류삭

선박을 부두 또는 부두에 연결하는 로프나 체인

계선주

선박이 정박하는 부두 또는 부두의 기둥

고가 도로

나들목에서 두 개의 고속 도로를 연결하는 다리

고가 저수조

상수도 내의 압력을 유지하고 비상 급수를 제공하기 위해 지상보다 높은 곳에 물을 저장하는 것

고도

기준 표면과 물체 사이의 수직 거리

고리 형태의 공간

내부에 배치된 두 개의 원통형 구조물 사이의 공간

고무 신축 이음 채움재

콘크리트 구조물의 신축 이음매를 채우는 데 사용하는 재료

고소 작업대

작업자를 높거나 어려운 위치에 배치하는 데 사용하는 기계

고압 배전선(1차 배전선·상선)

주상 변압기의 고전압 측에 있는 전기 배전선

고압 펌프

배급수 시스템에 압력을 가하는 펌프

고정식 크레인

건설 현장의 특정 위치에 설치돼 움직일 수 없는 크레인

용어집

골막이
유수 속도를 늦추고 퇴적물 부하를 줄이기 위해 수로에 쌓은 돌 구조물

골재
모래와 자갈을 포함한, 거칠고 중간 크기의 암석 입자로 구성된 재료

골짜기선
길이 방향으로 수로의 가장 낮은 부분을 연결하는 선

공기 방출 밸브
액체가 흐르는 파이프에서 공기를 방출하는 밸브

공기 압축기
주변 공기의 압력을 높이는 기계. 건설 도구나 장비에 전력을 공급하는 데 주로 사용함

공기 절연 개폐 장치(AIS)
실외 발전소나 변전소에서 단열을 위해 주변 대기와 공간을 이용하는 스위치, 퓨즈, 차단기 및 기타 장비

공사 안내 표지판
건설 현장의 이름과 목적, 소유자, 설계자 및 대중과 관련된 세부 정보를 식별하기 위해 건설 현장 외부에 배치하는 표지판

공사 출입구
차량 타이어에 묻은 진흙을 털어내기 위해 건설 현장 입구에 돌 또는 기타 단단한 재료를 깔아 조성한 출입구

과속 방지턱
도로에서 교통 정온화를 위해 사용하는 돌출된 영역으로 스피드 범프라고도 부름

관통형 아치교
아치 하단에서 상판을 지지하는 아치형 다리

관통형 트러스
트러스교에서 도로 상판의 위와 아래를 모두 통과하는 트러스

광 신호 노드
광섬유 케이블 신호를 무선 주파수로 변환하는 장치. 케이블 가입자에게 배포하기 위해 동축 케이블 회선을 통해 전송함

광섬유 케이블
디지털 통신 수단으로 빛을 전송하는 유연하고 투명한 케이블

교각
다리의 중간 지지대로 사용하는 견고한 틀

교대
다리 또는 댐의 끝을 형성하는 구조물이나 지층

교류(AC)
주기적으로 방향을 바꾸는 전류

교차로
두 개 이상의 도로가 교차하는 겹치는 지역

교차로 진입
신호등이 녹색으로 바뀔 때와 교차로가 포화 상태가 될 때까지의 시간

교통 신호 통제기
교통 신호의 불빛을 제어하는 컴퓨터

교통 정온화
교통 속도 또는 교통량을 줄이기 위해 취하는 조치

교통 제어 시설
교통을 안내하고 통제하는 데 사용하는 표지판이나 신호

교통 통제 드럼
도로에서 공사 구역과 주행 차선을 구분하기 위해 사용하는 경고 장치

교통 표지판
운전자에게 정보나 규칙을 전달하는 표지판

구멍 시추기(드릴 스트링)
드릴 비트에 회전력을 전달하는 파이프 또는 샤프트의 조립물

구심력
물체를 원운동시키는 데 필요한 힘

구조물 도색
도로 내 또는 도로 옆에 영구적인 장애물을 표시하는 표지판

군집 위성
서비스 영역을 늘리기 위해 궤도에 배열된 여러 개의 위성

군집 주행 차량
같은 방향으로 이동하는 인근 차량 그룹

굴뚝
사람의 활동에 따라 발생한 농축 가스를 지표면 위로 높게 배출하는 구조물

굴삭기
붐, 버킷, 회전식 운전석으로 구성된 건설 장비

굴착
땅에 구멍을 뚫는 행위

굽힘력
직각으로 가해지는 힘

궤간
철도의 두 선로 사이의 거리

궤도 주기
위성이 다른 물체 주위를 한 번 공전하는 데 걸리는 시간

궤도 회로
특정 철도 구간에서 열차의 존재 여부를 감지하기 위해 선로에 사용하는 전기 회로

규제 표지
교통 규칙 또는 법률을 나타내는 교통 표지판

균열

재료가 구조적으로 분리됐지만, 양쪽이 여전히 인접해 있는 상태

그라우트

시간이 지남에 따라 굳어지는 시멘트를 포함해 작은 공간을 채우는 데 사용하는 얇은 재료

그라인더

고체를 작은 조각으로 자르거나 연마하는 기계

그레이더

토목 공사 작업 중 수평을 미세하게 맞추는 데 사용하는 작은 날을 장착한 바퀴 달린 기계

그릿

오수에서 발견되는 모래 및 토양과 같은 무거운 고체

극점

지구의 자전축이 지표면과 교차하는 두 지점 중 하나

금속판

슬라이드 게이트에서 물의 흐름을 차단하거나 허용하는 주요 요소

급기

건물이나 터널로 공급되는 신선한 공기

급수관

상수도의 수도 본관에 연결된 개별 고객을 위한 파이프

급수탑

높은 곳에 있는 저수조

급전선

변전소와 배전 변압기를 연결하는 전력 배전선. 또는 무선 송신기를 안테나에 연결하는 케이블

기계 굴착 터널(TBM 터널)

터널 굴착기로 만든 터널

기둥

하중을 지지하는 수직 구조물

기둥 파이프

우물이나 웅덩이에서 지표면으로 물을 운반하는 수직 파이프

기둥이 여러 개인 저수조

저수조를 지탱하는 여러 개의 다리로 구성된 급수탑

기본 레일

선로 전환 구간에서 움직이지 않는 선로

기적 표지

열차가 건널목 앞에서 경적을 울려야 하는 시기를 나타내는 철도 표지판

기지국

이동 통신망에서 하나 이상의 셀을 생성하기 위해 안테나와 통신 장비가 배치되는 장소

기초footing

벽의 수직 힘을 지하로 전달하기 위한 구조적 기초

기초foundation

지반에 연결하는 구조물의 일부

길마루

중앙이 가장 높고 양쪽이 경사지게 내려가는 도로 모양

ㄴ

나들목

도로에서 사고가 일어나거나 교통이 지체되는 것을 막기 위해 교차 지점을 입체적으로 만들어서 신호 없이 다닐 수 있도록 한 시설

나셀

풍력 터빈의 증속기, 발전기 및 기타 내부 장비를 둘러싸는 유선형 함체

나팔형 여수로

저수지에 돌출돼 원형 보를 이루는 깔때기 모양의 여수로

날개벽

암거 끝에서 제방을 분리하고 물의 흐름을 유도하는 벽

날개 차

원심 펌프의 회전 요소

내벽

라이닝의 일부가 아닌 터널 내에 분할된 벽

내장형 철탑

전력망의 종단 또는 방향이 바뀌는 구간처럼 장력이 불균형한 경우에도 전선을 지탱할 수 있는 가공선 지지대

냅

둑 위를 통과하는 물이 형성하는 커튼 모양의 물줄기

냉각탑

물줄기에서 열을 제거하는 데 사용하는 장치

너트

볼트와 결합해 체결하는, 나사 구멍이 있는 장치

널말뚝

옆 말뚝과 맞물려 연속적인 지표면 벽을 형성하는 가늘고 넓은 말뚝

노면 요철 포장

차량이 지나갈 때 울리는 고속 도로의 촉각 경고 기능

노면 표시

운전자에게 경고 또는 안내를 위해 도로 표면에 도포하는 페인트 또는 열가소성 플라스틱

노이즈 감소 차폐막

위성 안테나에 장착된 장치로 전파를 수집하고 회로에서 사용할 수 있도록 변환함

용어집

노즐 마개
소화전의 노즐에 사용하는 보호 덮개

누수
구조물 아래 또는 구조물을 따라 흐르는 지하수의 흐름

능동형 경고 장치
열차의 접근을 미리 알려주는 장치

ㄷ

다리
강이나 장애물 위로 도로, 통로 또는 철도가 놓인 구조물

다목적 전봇대
둘 이상의 설비 제공업체가 공유하는 전봇대

다운컨버팅
전송 및 처리를 단순화하기 위해 고주파 신호를 저주파 신호로 변환함

다이아몬드 크로싱
두 개의 철도가 서로 교차할 수 있도록 하는 조립물

다이아몬드형 나들목
고속 도로와 부도로 사이의 위계가 구분된 교차로

다이폴 안테나
급전선의 한쪽에 각각 연결된 두 개의 동일한 전도성 부품으로 구성된 안테나

다중 아치 댐
길이 방향으로 부벽이 지지하는 일련의 아치를 사용하는 댐

단로기
수리 또는 유지 보수를 위해 장비 또는 전선의 전원을 차단하는 장치. 하지만 전류를 많이 전달하는 선을 차단하는 데는 사용하지 않음

단면도
평면을 따라 절단된 구조물의 모양

단부 분리 장치
차량 충돌 시 표지판이 이탈하도록 만든 교통 표지판 기둥의 연결부

단일 받침 저수조
단일 강철 기둥으로 강철 저수조를 지탱하는 급수탑

단전(전력 평균 분배)
전력망의 총 전기 수요를 줄이기 위해 고객 그룹에 대한 전기 서비스 연결을 끊는 행위. 의도하지 않은 중단이나 장비 손상을 방지하기 위해 시행함

대각선 횡단보도
모든 차량 통행이 중지되고 보행자가 대각선을 포함한 모든 방향으로 횡단할 수 있는 횡단보도

대기 행렬
교통 신호에 따라 정지한 차량의 줄

대수 주기 안테나
광범위한 무선 주파수에서 작동하도록 특별히 설계된 여러 소자가 있는 지향성 안테나

대수층
지하의 물 저장층

댐
물을 가둬 저수지를 만들기 위해 지은 구조물

댐퍼
덕트에서 공기의 흐름을 조절하는 장치. 또는 기계적 진동을 줄이는 데 사용하는 장치

덕트
통신선이 지나가는 지하에 설치된 파이프 또는 도관

도관
물이 흐르기 위한 파이프 또는 기타 관형 구조물

도로 기초
도로의 마모층 아래에 구조적 지지력을 제공하는 층. 압축된 재료로 구성됨

도로 표지판
도로 또는 고속 도로의 이름이나 번호를 나타내는 교통 표지판

도로포장 기계
아스팔트 또는 콘크리트가 제자리에 놓이도록 정밀하게 까는 건설 장비

도류벽
물의 흐름을 억제하는 데 사용하는 배수로 슈트 측면의 벽

도류화
수문 용량을 늘리기 위해 자연 하천이나 강을 직선으로 만들고, 넓히고, 포장하는 과정

도르래
케이블이나 코드에서 힘의 방향을 바꾸는 데 사용하는 바퀴

도색된 자전거 도로
시각적으로 구분된 자전거 도로

도선
들어오고 나가는 전선을 연결하는 짧은 길이의 전선

도선 감개(스풀)
케이블이 감겨 있는 원통형 장치

도수
빠른 속도의 하천이 느린 속도로 전환돼 난류 정상파를 생성하는 유체 역학 현상

도수관
저수지에서 수력 터빈으로 물을 운반하는 도관

도저
자재를 밀어내기 위한 큰 칼날이 장착된 기계

도체

전류의 흐름을 허용하는 물체 또는 재료 유형

도플러 효과

관찰자가 상대적으로 파동원에게 다가가는 방향으로 이동할 때 발생하는 주파수의 변화

돌제

항만 또는 운하를 보호하기 위해 바다로 돌출된 구조물

동축 케이블

고주파 신호를 전송하는 데 사용하는 전기 케이블. 외부가 전도성 피복으로 둘러싸인 내부 도체로 구성됨

드로퍼

접촉 와이어를 가공 전차선에 연결하는 지지 와이어

등전위

모든 지점에서 동일한 전압을 갖는 상태

디치 라이트

열차의 전조등 아래에 있는 조명. 건널목에서 가시성을 높이기 위해 사용함

땅 동결

불침투성 장벽을 만들기 위해 포화된 지층을 동결해 굴착 과정에서 물을 제거하는 방법

ㄹ

라디에이터

유체 또는 장비를 냉각하기 위해 주변 공기로 열을 방출하는 장치

라이닝

약물 따위로 인한 침식을 막기 위해 고무나 에보나이트 따위를 저수조나 관의 안쪽에 대는 일

러시아워

도시 지역에서 교통량이 가장 많은 시간 또는 시간대

러프

크레인 붐을 위아래로 기울이는 행위

레이더 감지기

레이더를 사용해 감지하는 차량 센서. 교통 감응식 신호 제어기의 일부

레이아웃

도로의 수평 및 수직 배열 형태

레일 두부

철도 차량의 바퀴가 달리는 선로의 윗부분

레일 저부

선로의 아래쪽 수평 부분

로더

자재를 굴착, 운반 및 적재하는 데 사용하는 대형 버킷이 장착된 기계

로드 롤러

토양, 자갈, 콘크리트 및 기타 입상 재료의 층을 압축하는 데 사용하는 기계

로커 받침

열팽창 및 수축으로 인한 흔들림을 수용하는 다리 베어링

로터 샤프트

풍력 터빈의 중앙 회전 부품

로터리

차량이 원형 도로를 중심으로 한 방향으로 이동하는 교차로

록필

암반 자갈, 암석 또는 바위의 조합으로 구성된 건설 재료

롤러 받침

열팽창 및 수축으로 인한 흔들림을 수용하는, 롤러를 포함한 다리 베어링

롤링 게이트

운하 또는 갑거에 사용되는 수문으로 바닥을 따라 돌며 열리거나 닫힘

리깅

크레인이나 승강 장비에 하중을 다는 행위 또는 그렇게 하는 데 사용하는 장비

리드 레일

선로 전환기에서 포인트와 철차 사이의 레일

리치 스태커

컨테이너 터미널에서 컨테이너를 운반하고 쌓는 차량

리커브

파도를 다시 바다로 반사하고 월파를 최소화하기 위해 방파제에서 사용하는 역방향 곡선

리프트

토목 공사에서 압축된 흙의 층 각각을 일컫는 말

ㅁ

마루

댐 또는 제방의 상단

마모층

도로의 표층

마이크로파 안테나

마이크로파 무선 신호를 송수신하는 안테나

마이터 게이트

운하 또는 갑거에 사용하는 한 쌍의 게이트 중 하나. 바깥쪽에 경첩이 달려 있고 중앙의 한 지점에서 만남

막다른 골목

막다른 도로로 차량이 돌아갈 수 있도록 원형 구역을 포함하기도 함

용어집

막다른 수도 본관
한쪽 끝에만 수도관이 연결된 파이프

막대기
조향 및 형태를 제어하기 위해 수평줄을 따라 주행하는 도로포장 기계의 부품

막여과
반투과성 재료로 만든 얇은 막

만재 흘수선(플림솔 선)
선박을 안전하게 적재할 수 있는 최대 수심을 나타내는 선박 선체의 기준 표시선

말뚝
지하에 뚫거나 박아 넣은 수직 구조물. 기초 및 옹벽에 사용됨

말뚝 머리덮개
하나 이상의 말뚝에 하중을 분산시키는 구조 부재

맨홀
수도관이나 하수관에 사람이 접근할 수 있도록 하는 구조물

맨홀 뚜껑
차량이 맨홀 위를 통과할 수 있도록 하면서 사람과 이물질이 들어가지 않도록 막는 맨홀 위의 철판

맹그로브 숲
습지나 해안선을 따라 자라며 뿌리가 빽빽하게 얽혀 있는 숲

머리덮개
다리의 상부 구조에서 하나 이상의 교각으로 하중을 전달하는 구조 부재. 가구라고도 부름

머리벽
배수구의 끝을 지지하고 물의 흐름을 수로로 유도하는 벽

메인 케이블
현수교에서 두 주탑 사이를 가로지르며 상판을 일차적으로 지지하는 케이블

모노리스
돌 또는 콘크리트를 이용해 만든 단일 및 연속 블록

모노폴 안테나
단일 전도성 장비로 구성된 안테나로 접지면이라고 하는 전도성 표면 위에 장착됨

모래
자갈보다 미세하고 점토보다 거친 입자를 가진 토양

모선
변전소의 다양한 장비 사이에 전기를 연결하기 위해 사용하는 전도성 소자

모터
전력을 회전 운동으로 변환하는 장치

무인 운반차
야적장이나 산업 시설에서 화물을 운반하는 데 사용하는 무인 로봇

무지향성 안테나
모든 방향으로 동일한 강도의 신호를 송수신하는 안테나

무한궤도
차량 바퀴의 둘레에 강판으로 만든 벨트를 걸어 놓은 장치. 지면과의 접촉면이 커서 험한 길, 비탈길도 갈 수 있음

문형식 표지 구조물
도로 전체에 걸쳐서 양쪽 끝에 수직 요소로 지지되는 교통 표지판 지지 구조물

미로형 보
유량의 폭을 전반적으로 늘리기 위해 일련의 사다리꼴 또는 삼각형 모양의 보를 따라 물이 위로 넘쳐 흐르게 하는 구조물

미생물
박테리아, 원생동물, 일부 곰팡이 등 너무 작아 눈으로 볼 수 없는 작은 유기체

ㅂ

바 스크린
물이 흐르는 경로에서 쓰레기와 부스러기를 잡는 성긴 금속 막대 망

바구니형 스크린
상자 또는 바구니 모양의 망

바리케이드
차량 진입을 금지하는 데 사용하는 경고 장치

바이오가스
혐기성 분해 결과 생긴 가연성 부산물. 메탄 등의 성분으로 구성됨

박스 거더
다리 구조에 사용되는 보로 속이 빈 관 형태

반경
원 또는 원호의 중심과 바깥쪽 가장자리 사이의 거리

반곡선형
수력 효율을 높이기 위해 둑에 사용하는 곡선 모양

반대수층
지하수의 흐름을 느리게 하거나 멈추게 하는 지층

반력
아치가 수직 하중을 지탱할 때 발생하는 수평 힘

반사기
안테나의 일부로 전파의 방향을 전환하고 집중시키는 데 사용하는 장치

발전
다양한 수단을 통해 전력을 생성하는 전력 공급의 첫 단계

발전기

기계 에너지를 전기 에너지로 변환하는 기계

발파 구멍

폭발물을 넣기 위해 암석에 뚫은 구멍

발파 굴착 터널

터널 굴착기를 사용하지 않고, 폭발물이나 굴착기를 사용해 뚫는 터널

방사 패턴

안테나의 방향과 강도 사이의 관계

방열공

함체를 통해 환기할 수 있는 각진 슬랫이 있는 수평 개구부

방조제

폭풍 해일과 높은 파도로부터 해안 지역을 보호하기 위해 해안을 따라 설치한 구조물

방파제

파도 에너지를 해상으로 분산시켜 항만을 보호하기 위해 설치한 장벽

방현재

선박과 부두 또는 다른 선박 사이를 보호하기 위해 사용하는 장치

방호 울타리

다리에서 보행자 경로와 차량 주행 차선 사이의 장벽

방호용 비상 통로

비상 탈출에 사용할 수 있는 터널의 일부

배급수 시스템

식수를 서비스 구역에 분배하는 수도관, 저수조, 펌프로 구성된 공급망

배기

터널이나 건물에서 의도적으로 공기를 제거하는 일

배기구

밀폐된 공간에서 압력의 축적을 방지하거나 신선한 공기가 흐르도록 하는 개구부

배수관

각 가정 및 사업장에서 오수를 모아 지선 하수관거로 유입시키는 하수도관. 또는 저수조가 가득 찰 경우 저수조에서 물을 방출하는 데 사용되는 파이프

배수구

저수지에서 하류로 물을 방출하는 구조물

배수drainage

안에 있거나 고여 있는 물을 밖으로 퍼내거나 다른 곳으로 내보냄

배수water supply

수원지에서 급수관을 통해 수돗물을 나누어 보냄

배전

송전 시스템에서 개별 최종 사용자에게 전기를 전달하는 전력 공급의 마지막 단계

백하우스 집진기

천으로 된 필터로 미립자를 제거하는 대기 오염 제어 장치

백홀

개별 기지국을 코어 네트워크에 연결하는 이동 통신망

밸브

파이프 내의 유체 흐름을 제어하는 장치

밸브 키

지하 차단 밸브를 열거나 닫는 데 사용하는 도구

버킷

건설 장비에서 자재를 떠서 퍼내는 데 사용되는 부분

버팀줄

홀로 서 있는 탑이나 기둥을 안정적으로 세우는 케이블

벌크선

석탄이나 곡물 같은 벌크 상품을 운반하는 선박

범람원

홍수 시 침수될 가능성이 높은 땅

베어링

다리의 상부 구조와 하부 구조 사이를 안정화하는 표면

베츠 한계

터빈을 사용해 바람에서 추출할 수 있는 이론적 최대 전력. 바람의 총 운동 에너지의 약 60퍼센트에 해당함

벤토나이트 점토

시추 유체 및 지하 건설에서 지하수 장벽으로 자주 사용하는 매우 미세한 토양

벨

파이프 끝에 있는 특수한 형태의 영역. 다른 파이프의 스피것이 끼워져 두 파이프를 연결함

벽

측면을 나누거나 측면 지지대를 제공하는 수직 구조 요소

변류기

큰 값의 전류를 계기 및 중계기를 사용해 측정할 수 있는 작은 값으로 변환하는 변압기의 일종

변압기

주파수를 변경하지 않고 한 회로에서 다른 회로로 전력을 전송하는 장치. 보통 더 높거나 낮은 전압으로 변경함

변전소

전력망의 일부를 연결하고 제어하는 데 사용되는 개폐 장치, 변압기 및 기타 장비가 포함된 시설

병행 설치

여러 서비스 제공업체가 단일 무선 송신탑 또는 장착 구조물을 공유하는 것

용어집

보강재
구조물 또는 조립물을 강화하는 데 사용되는 재료

보강토 옹벽
인공적으로 흙을 보강해 만든 옹벽

보관 브래킷
적절한 굴곡 반경을 유지하면서 가공 광섬유 케이블의 잉여 길이를 보관하거나 케이블의 방향을 변경하는 데 사용하는 장치

보일러
액체 상태의 물에서 증기를 만드는 곳으로 용광로에 딸려 있음

보조 발전기
전력망의 전력이 끊길 경우 전력을 공급하는 장치. 대개 가솔린 또는 디젤 엔진으로 구동됨

보조 여수로
극심한 홍수 상황에서만 사용하도록 설계된 추가 여수로. 비상 여수로라고도 함

보존제
미생물, 곤충 및 곰팡이에 의한 자연 분해를 방지해 목재의 수명을 연장하는 화학 물질

복도체
동일한 전위로 병렬 배치된 전선 그룹. 코로나 방전을 줄이고 전송하는 전력량을 늘리기 위해 사용됨

복토
토목 공사에서 재료가 추가되는 영역

복합형 저수조
콘크리트 받침대와 고가 철제 저수조를 사용하는 급수탑

볼록 종단 곡선
도로의 경사진 두 구간을 높은 지점에서 연결하는 곡선

보beam
일정 거리에 걸쳐 있는 선형 구조물

보low-head dam
상류의 강 수위를 일정하게 유지하는 작은 댐

부도로
교차로에서 교통량이 적은 도로

부두(선창)
선적 및 하역을 위해 선박이 정박하는 해안 구조물

부벽
벽이나 댐을 따라 돌출된 지지용 부재

부벽 댐
일련의 부벽이 하류 쪽 면을 지탱하는 구조의 댐

부싱
전선이 금속 케이스를 통과할 수 있게 하는 속이 빈 절연체

부유 계선주
갑거 수위에 따라 위아래로 움직일 수 있는 선박 정박용 장치

부표
선박에 항해 정보 또는 경고를 제공하는 부유 장치. 또는 위험한 지역에서 사람과 보트에 경고하거나 들어오지 못하게 막기 위한 일련의 부양 장치

부하 추종
변화하는 수요에 맞춰 전력 생산량을 늘리거나 줄이는 행위

분광학
서로 다른 주파수의 빛이 얼마나 흡수되는지 측정해 화학 성분을 식별하는 방법론

분기 회선
통신망과 최종 사용자를 연결하는 선

분상 기동형
서로 180도 위상이 다른 두 개의 교류 전선과 공통 중성선을 제공하는 전력 서비스 유형

분쇄기
석탄과 같은 벌크 재료의 크기를 줄이는 장치

불꽃
원치 않는 가스를 연소시키는 데 사용함

붐
크레인, 굴삭기 또는 기타 건설 장비의 리프팅 암

브리더 스위치
선로에 사용되는 대각선 모양의 신축 이음쇠

블래더
물이나 공기로 부풀릴 수 있는 유연한 주머니

블랙아웃
전력 공급이 중단되어 해당 지역이 어두워지는 일

블랙홀 효과
터널 입구에서 빛이 급격하게 전환되는 현상

블레이드
터빈을 구동하기 위해 바람과 상호 작용하는 부분

비계
건설 중 작업자와 자재를 지원하는 데 사용되는 임시 플랫폼

비상구
건물이나 터널에서 화재 또는 기타 위험 발생 시 신속하게 대피할 수 있는 통로

비이온화 방사선
원자 또는 분자에서 전자를 제거하기에 충분한 에너지가 없는 방사선

비틀림
과열 및 열팽창에 따른 철도 선로의 좌굴

ㅅ

사물 인터넷(IoT)
센서가 내장돼 있고 인터넷을 통해 데이터를 교환하는 물리적 개체

사석
침식을 예방하기 위해 사용하는 암석층

사장교
하나 이상의 주탑에서 대각선 방향으로 뻗은 케이블을 사용해 상판의 무게를 지탱하는 다리

사전 응력 콘크리트
콘크리트가 경화되기 전에 철근에 인장력을 가해 강성을 높이는 콘크리트 구조물

사카르도 노즐
터널 내에서 신선한 공기를 공급하고 터널의 종방향으로 공기 흐름을 유도하는 구조물

산지 터널
지표면을 따라가는 경로를 피하기 위해 산을 통과하는 터널

살포기
구멍이 뚫린 장치로, 액체에 기포를 주입하는 데 사용함

상
교류 송전 또는 배전 회로에서 전류가 흐르는 하나의 통전 선로

상로형 아치교
아치 상부에 상판이 지지되는 아치교

상부 구조
거더와 상판을 포함해 먼 거리에 걸쳐 있는 다리의 윗부분

상판
다리 상부 구조의 주행 표면

상판 트러스
트러스교에서 도로 상판 아래를 지나는 트러스

새 방해물
새가 근처에 앉지 못하도록 하기 위한 포식성 새의 모조품

새그
도로에서 푹 꺼지는 지점

새들
수도 본관에서 각 가정이나 사업체에 수도 서비스를 연결하는 데 사용하는 장치

생물 부착
구조물이나 차량에 원치 않는 수생 생물이 축적되는 현상

샤로우
자전거 운전자가 도로의 어느 부분을 사용해야 하는지 나타낸 노면 표시

샤프트
모터에서 펌프 날개 차로 회전력을 전달하는 장치

석탄
탄화된 식물성 물질로 구성된 땅속에서 채굴한 물질

석탄 더미
자재 저장소에 예비로 보관된 석탄

선로
열차가 지나갈 수 있도록 연속으로 이어진 경로를 형성하기 위해 수직 방향으로 놓인 침목과 결합한 한 쌍의 레일

선로 전환기
열차를 주 선로에서 보조 선로로 우회하는 기계. 턴아웃이라고도 부름

선로 전환기 표지
철도 스위치를 수동으로 조작하는 장치

선로 트레일
보행자가 다닐 수 있도록 전환한 폐선 구간

선박 설계자(조선가)
선박이나 수상 차량을 설계하는 사람

선박-육지 간 크레인
선박에서 화물을 싣고 내리는 데 사용하는 대형 크레인

선적
상품을 운송하고 배달하는 행위

선폭
선박 또는 보트의 가장 넓은 지점의 너비

선형
도로를 위에서 봤을 때 보이는 수평상의 레이아웃

선회
수직 축을 중심으로 크레인을 회전하는 행위

설계 선박
해양 시설의 치수 및 특징을 선택하는 데 사용하는 최대 선박 크기

설계 속도
도로의 기하학적 특징을 설계하는 데 사용하는 속도

설비 매설관
파이프, 케이블 또는 와이어 등 선형 시설물이 설치된 관

세로 홈이 새겨진 기둥형 저수조
홈이 파인 강철 받침대로 된 타워형 저수조

세정식 집진기
액체 스프레이를 사용해 대기 오염을 줄이는 장치

섹터 게이트
운하 또는 갑거에 사용하는 한 쌍의 게이트. 섹터 모양이 원형이며 중앙에 경첩이 달려 수로 중앙에서 만나는 구조

용어집

셀
기지국에서 방출되는 단일 주파수가 커버하는 지리적 영역

소단
제방의 안정성을 향상하기 위해 제방의 하단을 따라 채워진 영역

소독
질병을 일으킬 수 있는 박테리아 및 기타 미생물을 비활성화하는 과정

소일 네일
경사면 붕괴에 대비하거나 옹벽 일부를 보강하기 위해 흙 경사면에 설치하는 구조물

소화물(바이오솔리드)
하수 처리 공정에서 발생하는 슬러지를 혐기성 소화할 때 발생하는 고체 부산물

소화전
소방관이 상수도를 이용할 수 있는 연결 지점

소화전 표지
눈이 쌓여도 소화전의 위치를 식별할 수 있도록 표시하는 장치

송신기 건물
송신탑 근처에 송신기 및 기타 장비를 수용하는 건물

송신탑
장착된 안테나의 전망선을 확장하는 데 사용하는 수직 구조물

송전
발전 시설에서 인구 밀집 지역으로 전력을 나르는 전력 공급의 중간 단계

송전선
전력의 대량 수송에 사용되는 전선(도체)

송전탑
송전 선로에서 가공선을 지지하기 위한 구조물

송전탑 용지
송전선과 같은 선형 구조물이나 시설의 바로 아래 또는 인접한 긴 토지

숏크리트
압축 공기를 사용해 수직 또는 상부 표면에 콘크리트를 도포하는 방법

수격
파이프 내 유체의 급격한 속도 변화로 압력이 치솟는 현상

수도 계량기
시간에 따른 파이프의 유량을 측정하는 장치

수도 본관
배급수 시스템의 주 파이프

수동형 경고 장치
철도 건널목에서 운전자에게 위험을 경고하는 데 사용하는 교통 표지판 또는 노면 표시

수력 구배선
개방 수로의 물 표면 또는 가압 파이프에 연결될 때 개방된 수직 파이프가 채워지는 수준

수로 외 저수지
댐으로 일정 지역을 일부 또는 완전히 둘러싸서 고지대에 물을 저장한 공간

수로aqueduct
장거리로 물을 운반하도록 설계된 구조물. 계곡 위로 물을 운반하는 다리를 지칭하기도 함

수로channel
물을 운반하기 위해 굴착한 곳 또는 자연적으로 생겨난 선형 홈

수위 지시계
외부에서 저수조의 수위를 표시하는 데 사용하는 장치

수중 펌프
유체의 수위 아래에서 작동하도록 고안된 펌프

수직 도관
전선을 보호하기 위해 전봇대를 따라 설치된 수직 관

수직 터빈 펌프
수직 샤프트를 사용해 수중 날개 차를 구동하는 펌프. 물을 파이프 위로 밀어 올림

수축
유압식 붐의 길이를 줄이는 행위

수평줄
말뚝 사이의 구조물 또는 토공의 정확한 위치를 표시하는 줄

쉽게 찌그러지는 특성
부상 가능성을 줄이기 위해 차량이 충돌했을 때 부서지거나 휘어지게 설계된 표지판 또는 장애물의 특성

스위치 기계
수동 운전 장치 대신 철도 스위치를 작동시키는 전기 기계 장치

스컴
오수에 포함된 부유 고형물

스컴 제거기
하수 처리 과정에서 쓰레기를 수집하고 제거하는 장치

스크레이퍼
침전지 바닥을 따라 이동해 슬러지를 중앙 호퍼로 밀어 넣는 장치. 또는 수평 칼날과 팬을 사용해 흙을 굴착하고 운반하는 토목 공사 기계

스크린
액체를 통과시키면서 이물질을 걸러내는 막대 또는 와이어로 구성된 망

스키드 로더
버킷이 달린 로더로 자주 사용되는 소형 건설 차량

스택형 나들목

경사로를 사용해 원하는 방향으로 바로 연결하는 고속 도로 나들목으로 높이와 경사로가 다양함

스톡 브리지 댐퍼

가공선에서 바람에 의한 기계적 진동을 줄이기 위해 사용하는 장치. 짧은 케이블에 매달린 두 개의 추로 구성됨

스톱로그 슬롯

상류 수위를 조절하거나 하류의 수량을 줄이기 위해 내릴 수 있는 슬롯

스트래들 캐리어

이동식 갠트리 프레임 아래에서 화물을 운반하는 화물 운반 차량

스파게티 교차로

높이가 다양하고 진출입을 위한 경사로가 많은 고속 도로 나들목을 흔히 부르는 말

스파이크

선로를 침목에 고정하는 데 사용하는 큰 못

스파크 갭

두 개의 전극으로 구성되며, 전기 스파크가 그 사이를 가로질러 이동할 수 있도록 배열됨

스페이서

고압 송전 선로에서 동일한 위상의 여러 전선을 복도체 내에 고정하는 장치

스프레더

크레인 및 차량이 선적 컨테이너를 들어 올리는 장치

스피것

다른 파이프의 벨에 끼워져 두 파이프를 연결하는 파이프 끝부분

스피드 럼프

도로 교통 정온화를 위해 사용하는 과속 방지턱의 한 종류로, 긴급 차량의 바퀴가 통과할 수 있는 틈이 있음

스피드 험프

도로에서 교통 정온화를 위해 사용하는 과속 방지턱의 한 종류로, 스피드 범프보다 넓게 돌출된 영역

슬라이드 게이트

위아래로 열리고 닫히는 수문 구조

슬러지

하수 처리장에서 침전된 고형물

슬러지 소화조

하수 처리 공정에서 슬러지의 혐기성 분해를 촉진하는 데 사용되는 수조

슬립폼 공법

연석 및 방벽과 같은 선형 구조물을 만들기 위해 거푸집을 움직이며 콘크리트를 타설하는 공법

슬링

크레인 또는 승강 장비에 하중을 부착하는 데 사용하는 로프, 케이블, 체인 또는 웨빙(튼튼한 벨트)의 길이

승강 장비

하중을 들어 올리거나 내리는 기계

시각 장애인 유도 블록

계단, 인도 경사로 등 위험한 장소에 설치해 시각 장애가 있는 보행자에게 질감(촉각 신호)을 통해 경고하는 표시기

시거

운전자가 장애물의 방해 없이 차량 전방을 볼 수 있는 거리

시멘트 그라우트

영역을 밀봉하거나 빈 공간을 채우는 데 사용하는 시멘트와 물로 구성된 재료

시야

사람의 주변 환경의 가시 영역

시추공

시추를 통해 땅속을 원형으로 굴착하는 작업

시추공 입구

수평 시추공의 시작점 역할을 하는 굴착 구역

신축 이음쇠

제한된 구조물 사이의 간격을 통해 확장 또는 수축을 허용함

신호 변경 버튼

보행자가 신호 대기 중임을 알리기 위해 횡단보도에서 사용하는 버튼

신호 연동 체계

교통 흐름을 제어하기 위해 하나의 도로를 따라 여러 교통 신호가 함께 작동하도록 구성하는 것

신호 제어 교차로

교통 신호가 차량의 흐름을 제어하는 교차로

신호 제어함

철도 신호 및 경고 장치를 제어하는 장비를 수용하는 함체

신호기

조명으로 신호를 나타내는 장치

신호등

색색의 불빛을 사용해 도로 또는 철도의 교통 흐름을 제어하는 장치

실린더

가스를 저장하는 데 사용하는 강철 탱크

실선 차선

도로에서 주행 차선을 구분하는 노면 표시

실트 울타리

우수 유출 속도와 퇴적물 부하를 줄이기 위해 건설 현장 주변을 따라 설치하는 짧은 침식 방지 울타리

싱커
수로에서 부표를 제자리에 고정하는 데 사용하는 무게 추

쓰레기 여과 망
배수로 또는 배출구에서 이물질을 배제하는 데 사용하는 스크린

ㅇ

아스팔트
골재와 역청으로 만든 내구성이 강한 포장 재료

아웃리거
크레인의 안정성을 높이기 위한 크레인의 구조물

아이스 렌즈
지하의 물이 얼었을 때 부풀어 올라 형성되는 얼음

아치
떨어진 두 지역을 가로질러 하중을 지탱하는 곡선형 구조물

아치 댐
저수지 압력을 측벽에 전달하는 곡선형 댐

아치교
곡선형 구조물을 사용해 하중을 교대에 전달하는 다리

아크
전류가 흐르도록 하는 두 전극 사이 공기에서 절연이 사라지는 현상. 밝은 전기 불꽃으로 관측됨

안내 표지
운전자가 목적지까지 이동하는 데 도움을 주는 표지판

안식각
입자 형태의 재료 더미가 무너지지 않고 놓일 수 있는 가장 가파른 각도

안전 공간
전기 충격으로부터 작업자를 보호하기 위해 전기가 통하는 전기선 아래에 확보한 작업용 공간

안전 삼각뿔
공사 중 임시 교통 통제 구역을 표시하는 데 사용하는 경고 장치

안전모
충돌이나 낙하물로 인한 부상을 최소화하기 위해 건설 현장에서 사용하는 헬멧

안전복
건설 현장에서 작업자의 가시성을 높이기 위해 착용하는 밝은 색상과 반사 줄무늬가 있는 옷

안테나
전파 및 전기 신호 사이의 송수신 역할을 하는 장치

안테나 배열
특정 방향의 신호를 송수신하기 위해 동시에 작동하는 연결된 안테나 그룹

암거
도로 또는 인도 아래로 물, 오수 또는 하수를 운반하는 도관

압력
단위 면적에 지속적으로 가해지는 물리적 힘

압력 간선
하수 펌프장에서 오수를 운반하는 파이프

애자
전류의 흐름에 저항하는 장치 또는 재료

앵커
구조물을 지면에 부착하기 위한 장치

앵커 두부
앵커의 힘을 벽이나 면으로 분산하는 구조물

앵커리지
앵커가 설치되는 암석 또는 콘크리트 구조물

야기 안테나
방향성이 높도록 설계된 안테나

야적장
자재 및 장비가 보관되는 건설 현장의 영역. 또는 항만 시설의 임시 보관 구역

양빈
침식을 방지하고 해변의 크기를 늘리기 위해 인위적으로 해변을 조성하는 일

양수장
수원을 끌어올리거나 공급하는 펌프와 파이프 및 기타 장비로 구성된 구조물

양족 롤러
로드 롤러로 토양을 세밀하게 다지기 위해 수많은 돌출부 또는 돌기가 있는 롤러

어도(물고기 사다리)
물고기가 댐 주변에서 상류로 헤엄칠 수 있도록 하는 구조물

어스름
일출 직전이나 일몰 직후에 보이는 지구의 그림자

얼음 방지 다리
떨어지는 얼음으로부터 안테나 급전선을 보호하는 구조물

에어 로크
파이프 내에 증기의 기포가 갇히면서 유체의 흐름이 제한되거나 막히는 현상

여과
원수를 막에 통과시켜 원하지 않는 입자로부터 물을 분리하는 과정

여분 루프
접속이나 수리를 쉽게 하기 위해 가공 광섬유 케이블에 추가적으로 남기는 길이 부위

여수로
저수지의 수위를 유지하기 위해 물을 방출하는 구조물

여유 높이
제방의 둑 마루와 수위 사이의 수직 거리

역률
교류 회로의 평균 실효 전력과 피상 전력의 비율

역사이펀
도관의 일부가 땅 아래 더 깊숙이 들어가게 되면서 압력을 받아 가득 차서 흐르는 터널 또는 파이프의 구조

역세척
필터 청소를 위해 유체의 흐름을 역전시키는 과정

역청
아스팔트의 결합재로 사용되는 탄화수소 성분의 점성이 강한 혼합물

연가 철탑
송전 선로에서 각 위상의 상대적 위치를 바꾸는 특수한 송전탑

연결 부위(히치)
크레인 또는 승강 장비에 하중을 고정할 때 사용하는 슬링의 연결 부위

연결기
철도 차량을 서로 연결하는 장치

연결대connecting rod
선로 지점을 선로 전환기 표지에 연결하는 막대

연결대stem
금속판과 운전 장치를 연결하는 슬라이드 게이트의 일부

연도 가스
화력 발전소에서 배출하는 가스

연료 처리 건물
원자력 발전소에서 핵연료를 취급하고 저장하는 건물

연석
차도와 인도 또는 차도와 가로수 사이의 경계가 되는 돌

연석 경사로
인도와 도로 표면을 연결하는 경사로

연석 유입구
도로 연석을 따라 배수가 우수관거로 들어가기 위한 개구부

연선strand
케이블을 형성하는 여러 전선 가닥 중 한 가닥

연선twisted pair
전자기 간섭을 줄이기 위해 서로 꼬인, 회로 내 두 전선의 모음

연안류
연안 지대에서 해안을 따라 거의 평행하게 흐르는 바닷물의 흐름

열가소성 플라스틱
높은 온도에서는 유연해지고 상온에서는 단단한 플라스틱

열팽창 루프
케이블의 열 이동을 허용하는 케이블 TV 선의 느슨한 부분

염소 주입 시스템
식수 유통 과정에 염소 소독제를 주입하는 장비

영구 배수
물이 없는 상태에서 건설 또는 유지 보수할 수 있도록 물을 거두거나 우회 또는 제거하는 행위

오수관거
생활 오수를 운반하는 파이프

옹벽
토양 경사면을 측면 방향에서 지지하는 구조물

옹벽식 제방 패널
침식으로부터 보호하고 앵커의 부착물 역할을 하며 벽의 외관을 개선하는 옹벽의 표면에 부착된 외부 요소

와류
물이 소용돌이치면서 흐르는 현상

와류 제거 장치
와류가 형성되는 것을 방지하기 위해 양수장의 물의 흐름 방향을 바꾸는 장치

완목
전기선, 통신선 및 기타 장비를 지지하기 위해 전봇대에 직각으로 고정된 부분

완전한 도로
모든 교통수단과 다양한 능력의 사용자가 안전하게 사용할 수 있도록 설계된 도시 도로

완충 지대
자전거 운전자가 더 편안하고 안전하게 자전거 도로를 이용할 수 있도록 자전거와 차량 차선 사이에 주어지는 공간

외피
전선을 둘러싼 보호 코팅

요
수직 축을 중심으로 한 움직임

우물
지하수를 퍼올리기 위해 파낸 곳

우물 개발
우물을 시추하면서 묻은 점토나 미세 입자를 청소하고 대수층과 우물을 연결하는 과정

용어집

우물 지붕
우물의 지상에 위치한 요소

우선 도로
양쪽 끝에서 연결되고 교차하는 도로보다 교통 우선순위가 있는 도로

우선 신호 장치
긴급 차량과 통신해 교통 신호를 변경하는 장치

우수관거
유출수를 운반하는 파이프

운전 장치
수문을 열거나 닫는 장치

운전실
건설 장비에서 운전자가 앉는 부분

운하
항해 또는 물 운반에 사용하는 인공 수로

원격 무선 장비
무선 주파수 및 신호 변환 회로를 포함하는 무선 연결 장치

원격 집중기
여러 전화선을 적은 수의 교환 경로로 연결하는 장치

원수
강이나 호수 등의 수원지에서 직접 취수한 비식용수

원자력 발전소
원자로를 열원으로 사용하는 발전소

원자로
핵반응을 제어하는 데 사용하는 구조물

월파 보호
물에 의한 구조물의 침식을 방지하기 위해 필 댐에 추가로 입히는 보호용 표면

웨브
전단력에 저항하고 플랜지를 연결하는 거더의 일부

위성
천체 주위를 공전하는 물체

위성 안테나
위성에서 무선 신호를 수집하는 안테나

위어
물이 위쪽으로 흐를 수 있도록 설계된 구조물

윈치
케이블 또는 체인이 드럼을 감싼 장치. 크랭크로 회전시켜 물건을 당기거나 들어 올림

유도 균열
콘크리트 구조물에서 무작위로 발생하는 균열을 줄이기 위해 인위적으로 약화시켜 제어된 이음매를 따라 형성되는 균열

유도 로프
크레인 하중이 회전하거나 이동하는 것을 안정시키는 데 사용하는 케이블 또는 로프

유도 루프 센서
도로에 내장된 코일로 차량을 감지하는 교통 감지 센서

유리구슬
재귀 반사 표면을 만드는 데 사용하는 투명한 구체

유수지
홍수를 줄이기 위해 빗물 유출수를 일시적으로 저장하기 위해 만든, 물이 차 있는 인공 연못

유압식 붐
길이를 늘리거나 줄일 수 있는 크레인의 붐

유입과 침투(I&I)
우수와 지하수가 하수 시스템으로 원치 않게 유입되는 현상

유전체 기름
전력 장비에서 절연체 및 냉각수로 사용되는 비전도성 액체

유조선
액체 제품을 운반하는 선박

유출수
강수로 인해 지면을 따라 흐르는 물

육교
넓고 움푹 패인 곳이나 장애물 위로 도로 또는 철도를 연결하는 긴 다리

윤번 정전
시간대가 겹치지 않도록 고객 그룹별로 일시적으로 수행하는 의도적인 전력 공급 중단. 전력망 수요를 줄이기 위한 목적

융기
구조물의 바닥을 따라 상승하는 압력

은닉형 기지국
주변 환경과 조화를 이루도록 위장한 이동 통신 기지국

응고제
부유 입자의 전하를 중화해 서로 뭉칠 수 있도록 하는 화학 물질

응집제
개별 부유 입자가 뭉치도록 하는 화학 물질

이동
크레인의 수평 지브를 따라 트롤리를 안쪽 또는 바깥쪽으로 이동하는 것

이동 통신(셀룰러 통신)
기지국을 통해 무선 전화 및 인터넷을 사용할 수 있게 하는 통신망

이동식 크레인
건설 현장에서 위치를 이동할 수 있는 크레인

이동형 기지국
대규모 이벤트 또는 비상시 통신망의 용량을 늘리는 데 사용하는 이동식 기지국. 카우(COW)라고도 부름

이면 도로
개별 주택과 사업장을 간선 도로에 연결하는 수송량이 가장 낮은 도시 도로

이음매
두 물체의 연결부에 의도적으로 만든 불연속한 부분

이음판
두 선로를 연결하는 데 사용하는 판

인공 어초
해양 생물의 번식을 촉진하기 위해 설치한 인공 구조물

인도
도로와 평행하게 이어지는 포장된 보행자 통로 구역

인입선
주상 변압기의 저전압 측 배전선

인장 애자
매달려 있는 와이어 또는 케이블의 당김을 견디기 위해 인장 상태에서 사용되는 전기 절연체

인터셉터
간선 하수구에서 하수를 모아 하수 처리장으로 흘려보내는 가장 큰 하수도

임시 도로
공사가 완료되면 철거될 도로. 건설 현장의 일부로 건설됨

임시 지지대
터널 굴착 중 작업자와 장비를 보호하는 임시 구조물

입방체 반사체
역반사 표면을 만들기 위해 입방체로 배열된 반사 요소

ㅈ

자갈
작은 암석으로 구성된 흙 재료

자갈 도상
철도 선로의 하중을 지하로 전달하는 데 사용하는 골재

자갈 팩
시추공과 우물 스크린 사이에 설치돼 우물로 물이 잘 흐르게 하는 암석 층

자동 수문
물이 한 방향으로만 흐르도록 하는 수문

자동차 전용 도로
교통 흐름의 방해를 최소화하기 위해 특정 위치에서만 진출입이 가능한 대형 도로

자립식 철탑
지지를 위해 버팀줄에 의존하지 않는 수직 구조물

자연 지반면
건설 전 땅의 원래 경사도

자외선 광
미생물을 비활성화하는 전자기파

자전거 도로
자전거 통행 전용 도로

자주식 고소 작업대
일련의 십자형 연결 지지대를 사용해 작업자를 높은 곳이나 가기 어려운 위치에 위치시키는 공중 작업용 리프트

잔류 염소
수돗물에 남아 있는 염소

잔여 시간 표시기
신호가 바뀌기 전까지 횡단할 수 있는 시간을 표시하는 기능

장벽
교통 흐름을 분리하고 잘못된 차량으로부터 구역을 보호하는 견고 장치

장비 캐비닛
날씨와 기물 파손으로부터 보호하기 위한 장비용 함체

장애물
도로를 이동하는 차량을 위험에 빠뜨릴 수 있는 모든 물체

장애물 설치
교통 정온화 방법으로 도로에 추가한 인공 커브

재귀 반사
빛이 광원 방향으로 되돌아가는 것

재폐로 차단기(리클로저)
일시적인 결함으로부터 장비를 보호하기 위해 짧은 지연 후 자동으로 전원을 다시 공급하는 일종의 회로 차단기

저류지
홍수를 줄이기 위해 빗물 유출수를 일시적으로 저장하기 위해 만든 인공 연못. 보통은 물이 차 있지 않음

저소음 지역
열차가 경적을 울리지 않도록 지정된 철도 구간

저수교
강을 가로지르는 도로로, 유량이 많을 때 물에 잠기도록 설계되어 통과할 수 없게 설계한 도로

저수지
물을 모아 두기 위해 하천이나 골짜기를 막아 만든 큰 못

용어집

저수지 취수구
저수지나 호수에서 원수를 취수하는 데 사용하는 구조물

저수탑
물을 저장하기 위한 높고 가느다란 지상 저수조

저영향 개발
자연 유역을 모방해 빗물 유출의 양을 줄이고 수질을 개선하는 공법

저장 사일로
벌크 자재를 보관하는 데 사용하는 구조물

저장 트레일러
건설 현장에서 도구와 자재를 안전하게 보관하기 위해 사용하는 이동식 트레일러

저지 장벽
차선을 분리하는 데 사용하는 모듈식 콘크리트 장벽

저항
재료가 전류의 흐름을 반대하는 정도

적도
지구를 북반구와 남반구로 나누는 가상의 선

적응형 신호 제어 기술
센서를 사용해 더 큰 교통망 내의 조건에 따라 개별 신호의 타이밍을 설정하는 교통 신호 제어 체계

적재기
석탄 및 기타 벌크 자재를 저장고 안팎으로 이동하는 기계

전극
토양이나 공기와 같은 비금속 매체에 연결되는 전기 도체

전기 용량(커패시턴스)
전위 차이를 받을 때 도체가 전하를 저장하는 경향

전기 집진기
집진기 전하를 사용해 공기에서 작은 입자를 제거하는 장치

전기 철도(전철)
전기를 동력으로 차량이 선로 위를 달리도록 만든 철도

전력망
넓은 지역에 걸쳐 상호 연결된, 전력 생산자와 사용자의 네트워크

전류
전기 도체를 통한 전하의 이동

전봇대
가공 배전선, 통신선 및 관련 장비를 지지하는 기둥

전압
두 지점 사이의 전위 측정값. 그중 하나는 접지일 경우가 많음

전압 변압기
계기용 변압기 중 하나로, 큰 전압을 계기 및 중계기를 사용해 측정할 수 있는 작은 값으로 변환함

전압 조정기
규정된 범위 내에서 전압을 유지하기 위해 배전 급전선에서 미세한 조정을 하는 변압기

전자기
전하를 띤 입자와 자기장 사이의 상호 작용

전조등
차량 전면에 있는 하나 이상의 조명

전 지형 크레인
자동차 전용 도로를 주행할 수 있고 길이 있거나 없는 건설 현장에 접근할 수 있는 이동식 크레인

전차 선로 지지물
전철 시스템에서 전차선을 올바른 수평 위치에 고정하는 부분

전차선
열차의 팬터그래프 집전화에 전력을 공급하는 전선

전파 중계소
케이블 TV 네트워크에서 지역 배포를 위해 신호를 수신하는 시설

전화
장거리 대화를 가능하게 하는 장치

전화 서비스
꼬인 전선 쌍을 통해 아날로그 신호를 전송하는 음성 전화 시스템

절개식 터널
지표면에서 굴착된 트렌치 내부에 설치된 터널

절단된 돔 형태
시각 장애가 있는 보행자가 감지할 수 있는 경고로 촉각 포장에 사용되는 표면 질감

절단면
시추공에서 굴착되어 토양과 암석에 대한 정보를 얻을 수 있음

절수 유역
갑거 옆에 조성한 저수지로 방류수의 일부를 저장해 갑거를 채울 때 이 구역의 물을 활용함. 사이드 폰드side pond라고도 부름

절토
토목 공사 시 굴착 영역

접근성
장애인이 사용할 수 있는 구조 및 환경 설계

접속 함체
날씨에 의한 손상으로부터 케이블 연선을 보호하는 함체

접시형 안테나
반사 접시를 사용해 무선 신호 방향을 지시하고 집중시키는 안테나

접지
전력망 장비와 대지 사이에 등전위를 만드는 전도성 부품 배열

접지 전극
대지에 전기적으로 연결하는 데 사용하는 전도성 부품

접지선
전봇대나 장비를 지면에 연결하는 전선. 누전 전류가 안전하게 흐르도록 함

접합 트럭
광섬유 케이블을 접속 및 수리하기 위한 장비가 장착된 차량

정격 전력
장비에 흐를 수 있는 최대 전력

정수 처리장
원수를 사람이 마셔도 안전하도록 정수 및 소독하는 시설

정수지
정수장에서 정수를 마친 물을 저장하는 지상 저수조

정전
전력망의 중단 또는 과부하 상태 때문에 전원 공급 장치의 전압이 강하하는 현상

정전기 장해 방지용 접지
번개로부터 장비를 보호하는 전기 변전소의 독립형 구조물

정지 궤도 위성
공전 주기가 지구의 자전 주기와 같아서 항상 하늘의 고정된 위치에 나타나는 인공위성

정체 현상
교통망 내의 여러 교차로에 영향을 미쳐 넓은 지역의 교통까지 멈추게 하는 교통 체증

제3궤조
기관차에 전류를 공급하는 철도의 여분 선로

제방
물가에 흙이나 돌, 콘크리트 따위로 쌓은 둑. 홍수나 해일에 물이 넘어 들어오지 못하게 하거나 물을 막아 고이게 함

제방 취수구
강둑에 설치한 물 취수 구조물

제방 포장
침식으로부터 제방을 보호하는 데 사용하는 포장면

제트 팬
주변 공기 흐름을 유도하기 위해 터널 내부에 장착한 팬

제트 펌프
고속 제트를 사용해 유체를 위로 끌어올리는 펌프

제한 속도
도로의 특정 구간에서 차량이 주행할 수 있는 규정상 최대 속도

조가선
신호 전달 케이블을 지원하는 지지용 케이블. 가공선 등에 사용함

조류 방지 스파이크
새가 특정 장소에 앉지 못하도록 막는 장치

조압 수조
파이프와 장비를 손상으로부터 보호하기 위해 압력의 변동을 흡수하는 저수조

조절 줄눈
콘크리트 슬래브를 인위적으로 약화시켜 균열이 형성되는 위치를 제어하는 줄눈

종류 환기
터널의 한쪽 끝에서 다른 쪽 끝으로 공기가 흐르는 터널 환기 방식

주 선로
열차의 바퀴가 달리는 선로

주 여수로
저수지가 가득 찼을 때 저수지의 수위를 유지하기 위해 정상 유입수를 배출하는 댐의 작은 배수로. 서비스 여수로라고도 부름

주 전압(2차 전압)
최종 사용자에게 공급하는 전기 서비스 전압

주 하수관거
주 하수구에서 하수를 모아 인터셉터로 유입시키는 하수관거

주각
지하 통신선에 접속할 수 있게 하는 작은 보호 함

주상 변압기
배전선에서 사용하는 전압에서 최종 사용자에게 필요한 마지막 전압으로 낮추는 변압기

주차 차선
도로의 주행 차선에 인접한 지역으로, 차량 주차를 위한 공간

주행 차선
차량이 한 줄로 주행할 수 있도록 지정된 도로의 면적

준설선
강, 호수 또는 바다의 바닥에서 흙을 제거하는 데 사용하는 기계

중계기 relay
고장을 감지하면 회로 차단기를 활성화하는 보호 장치

중계기 repeater
신호를 수신하고 재전송해 전송 범위를 확장하는 장치

중력 댐
자체의 무게로 불안정한 힘에 저항하는 댐

중성 온도
선로에 열 응력이 없는 온도

용어집

중성선
접지선 위에 있는 전선으로 회로에서 전류의 복귀 경로 역할을 함

중앙 분리대
도로 사이에 놓인 띠 모양의 땅이나 구조물

증발
액체가 기체로 변환되는 것

증속기
입력 샤프트의 회전 속도와 회전력을 출력 샤프트로 변환하는 기어가 들어 있는 함체

증수량
수문에서 들어오는 운하와 나가는 운하 사이의 수위 수직 거리

증폭기
신호의 세기를 증가시키는 장치. 라인 익스텐더라고도 부름

지구 저궤도
지표면 위부터 지구 반경의 3분의 1까지의 고도에서 지구 주위를 도는 궤도

지반
구조물 또는 도로 아래의 자연 흙

지붕
터널 또는 기타 구조물의 상부 덮개

지브
크레인 붐의 연장 부분

지상 저수조
지반 위 또는 지반 근처에 설치한 물 저수조

지상 변압기
지상에 설치돼 지하 배전선과 함께 사용하는 배전 변압기. 강철 함체 안에 설치됨

지선 하수관거
배수관의 하수를 모아 간선 하수관거로 유입시키는 파이프

지역 전화 교환국
전화 서비스 가입자 간에 전화선을 연결하는 시설

지오그리드
토양 구조물의 보강재로 사용하는 격자형 플라스틱이나 섬유

지오텍스타일
건설 및 토공 작업에서 토양층을 여과, 분리 또는 보강하기 위해 사용하는 직물

지중 통신선
지하에 설치한 전화, 광섬유 또는 동축 케이블

지층
토양 또는 암석에서 분명히 구분되는 지질층

지표수
개울, 강, 호수, 바다 등 지구 표면에서 이용할 수 있는 모든 물

지하 수로
장거리로 물을 운반하는 데 사용하는 지하 파이프 또는 터널

지하 통로
점검 및 배수를 위해 댐에 설치된 수평 터널

지향성 안테나
특정 방향으로 더 큰 강도로 신호를 송수신하는 안테나

지향성 압입 공법
트렌치 없이 규정된 경로를 따라 지하 시설을 설치하는 방법

지향성 천공기
지하 시설을 설치하기 위해 수평 시추공을 만드는 기계

직류(DC)
한쪽 방향으로 흐르는 전류

직접 식수 재이용
오수를 식수 수질 기준에 맞게 처리해 상수도에 재투입하는 것. 화장실 재이용수라고도 부름

직진식 고소 작업대
유압식 암을 사용해 높은 곳이나 접근하기 어려운 위치에 작업자를 배치하는 공중 작업용 리프트

진공 차단기
전기 아크 발생을 최소화하기 위해 접점이 진공 공간 안에 봉인된 회로 차단기

진입 차량 해소
신호등이 노란색일 때 차량이 교차로를 빠져 나가는 데 걸리는 시간

진입로approach
다리와 도로 사이의 전환 영역

진입로on-ramp
자동차 전용 도로로 이어지는 일방통행 도로

집수정
펌프를 위해 물을 가두는 움푹 패인 곳 또는 저류지

집전화
전기가 통하는 세 번째 선로 또는 가공선에서 전류를 모으는 접촉 블록

ㅊ

차단 밸브
수리 또는 유지 보수를 위해 배급수 시스템에서 파이프를 분리하는 밸브

차단기
철도 건널목에서 열차의 접근을 경고하기 위해 도로를 가로지르는 가느다란 막대로 차량 진입을 금지하는 장치

차도 폭 좁힘
교통 정온화 조치를 위한 도로의 좁아짐

차동 장치
구동 바퀴가 다른 속도로 회전할 수 있도록 하는 기어 시스템

차선
주행 차선, 갓길, 주차 공간 및 기타 도로 기능을 나타내는 노면 표시

차수벽
기초의 부피를 줄이고 누수 압력을 감소시키기 위해 댐 아래에 설치하는 지하 구조물

착암기
암석, 콘크리트, 아스팔트 및 기타 단단한 재료를 분해하는 진동 도구

채움
굴착된 구역에 채워 넣는 토양 또는 암석

처리수
처리 공정의 액체 생성물

천공기
땅을 뚫는 데 사용하는 기계

철도 건널목
도로가 철도와 같은 높이에서 교차하는 교차로

철도 건널목 경계 표지
수평 철도 건널목을 나타내는 교통 표지판

철도 건널목 경보
열차의 접근을 경고하기 위해 울리는 철도 건널목의 장치

철도 건널목 번호
각 철도의 건널목에 부여되는 고유 식별자

철도 차량
철도에서 사용하는 모든 차량

철도 팬
기차와 철도의 애호가

철차
열차 바퀴가 다른 선로로 건너갈 수 있도록 하는 장치

철책
일반적으로 안전 또는 보안 조치로 실외 공간을 둘러싼 구조물

철탑
트러스 형태의 구조 부재로 프레임을 만든 탑

체
우수 유출 속도와 퇴적물의 부하를 줄이기 위해 표면을 따라 설치한 관형 침식 제어 장치

체크 밸브
유체를 한 방향으로만 흐르게 하는 밸브

초고압 직류 송전(HVDC)
전력망의 표준 교류를 선로 시작 부분에서 직류로 변환하고 선로 끝부분에서 다시 교류로 변환하는 전력 전송 유형

최종 표고
토목 공사 프로젝트에서 원하는 최종 지반 고도

추락 방지 장비
추락 시 부상을 최소화하기 위한 개인 보호 장비

출입구
제한 구역으로 들어가는 문

충격 저감 장치
파이프에 흐르는 물의 수력 에너지를 발산하는 구조물

충격 헤드
도로 가드레일 끝에 있는 장치. 레일을 따라 미끄러져 충돌할 때 생기는 충격을 흡수하고 레일을 차량에서 멀리 떨어지게 함

충격 흡수 시설
차량의 충격을 흡수해 충돌의 심각성을 줄이는 장치

충돌 내구성
차량 탑승자에게 과도한 위험을 초래하지 않고 충돌을 견딜 수 있는 교통 통제 장치의 능력

취수 파이프
배수구로 유입되는 모든 물을 모아 배출하는 파이프

취수구
강, 호수 또는 바다에서 물을 모으는 데 사용하는 구조물

취수틀
호수에서 물을 모아 터널을 통해 해안으로 옮기는 대형 해양 구조물

측구
유출수를 운반하는 데 사용하는 얕은 수로

측량 기준점
수평 및 수직 치수의 기준으로 사용되는 건설 현장의 표시 지점

측면 경사
제방에서 수로 바닥까지의 영역 또는 해당 영역의 경사

측방 회복 가능 영역
자동차 전용 도로에서 문제가 발생한 차량이 안전하게 정차할 수 있는, 장애물이 없는 구역

측선
다른 열차 차량을 통과시키거나 적재 및 하역에 사용되는, 주 선로와 평행한 짧은 선로 구간. 통과 루프라고도 부름

측점
중심선 또는 수평축을 따라 얼마나 떨어져 있는지 찾기 위한 공학 및 건설 측정 방법

용어집

측지압
지탱하고 있는 토양의 무게로 인해 옹벽에 가해지는 압력

침매 터널 공법
미리 만든 터널 일부를 가라앉혀 연결하는 해저 터널 건설 방법

침목
선로를 고정하는 수직 지지대

침사지
하천에서 그릿을 제거하기 위해 오수의 1차 처리에 사용되는 용기

침전
중력을 사용해 오수 흐름에서 고형물을 제거하는 과정

침전지
현탁액에서 고형물을 침전시키는 원형 연못. 슬러지 수집 시스템이 포함됨

ㅋ

캔틸레버
한쪽으로만 지지하는 돌출된 구조 요소

캔틸레버교
한쪽 끝만 지지하면서 떨어진 두 지점을 연결하기 위해 수평으로 돌출된 구조물 또는 구조 요소를 사용하는 다리

커브
도로의 구부러진 부분으로 방향을 변화시킴

커터헤드
터널 천공기 앞쪽에 있는 장치로 회전해 재료를 연마하고 제거하는 장치

컨베이어 벨트
움직이는 유연한 벨트를 통해 자재를 이동시키는 장치

컨테이너
화물 운송에 사용하는 재사용 가능한 대형 상자

컨테이너 주물 코너 캐스팅
고정 및 고정을 위한 구멍이 포함된 선적 컨테이너의 각 모서리 부분

케이블 저장실
지하 케이블에 접근할 수 있게 하는 함체

케이블 종단
절연 케이블과 노출 케이블이 전환되는 부위를 봉합하는 부분. 흔히 포트헤드라고 부름

케이블 TV(CATV)
동축 또는 광섬유 케이블을 사용해 개별 고객에게 텔레비전 및 인터넷 서비스를 제공하는 통신망

케이블 TV 전원
케이블 TV 네트워크의 원격 증폭기에 전원을 공급하는 장치

케이싱
시추공이 무너지는 것을 방지하기 위해 파낸 구멍에서 사용하는 외부 지지 파이프

코로나 링
코로나 방전을 줄이기 위해 고전압 전선에 전기장 구배를 분산시키는 데 사용하는 전도성 링

코로나 방전
고전압을 전달하는 전선을 둘러싼 공기의 이온화

코스
도로를 건설하는 데 사용하는 개별 재료의 층

코어
변압기 내에서 자기 회로의 주 경로 역할을 하는 전도성 소자. 또는 제방에서 점토와 같은 저투과성 재료로 건설되는 제방의 중앙 부분

코팅
페인트나 그 밖의 재료를 입힌 보호층

콘서베이터
변압기 내부의 기름이 열팽창할 수 있는 공간을 제공하는 탱크

콘크리트
시멘트, 골재, 물 등을 섞은 혼합물로 견고하고 내구성 있는 덩어리가 됨

콘크리트 댐
주재료로 콘크리트를 사용해 건설한 댐

콘크리트 말뚝
천공된 말뚝 구멍 안에 콘크리트와 철근을 넣어 땅속에 박아 만든 말뚝

콘크리트 믹서 트럭
콘크리트를 혼합하고 운반하기 위한 대형 통이 장착된 트럭

콘크리트 펌프
콘크리트 믹서 트럭이 접근할 수 없는 장소에서 콘크리트를 배치하는 장치

크레스트 게이트
물을 제어하는 게이트 중 하나로 게이트 상단이 수위를 변경할 수 있도록 바닥에 경첩이 달려 있는 구조

크레인
무거운 물체를 들어 올리고, 이동하고, 배치하는 기계

크레인 받침목
차량의 무게를 지면에 분산시키는 데 사용하는 목재 구조물

크롤러 크레인
차대가 무한궤도 트랙 위에 있는 크레인

클라이밍 프레임
타워 크레인에서 기둥의 상부와 하부를 연결해 새로운 기둥 부분을 추가할 수 있도록 하는 장치

클라크 벨트

정지 궤도 위성이 돌고 있는 지구 적도 상공의 선

클로버형 나들목

우회전 램프를 사용해 모든 우회전을 처리하는 고속 도로 나들목

클립

선로를 침목에 부착하는 장치

키퍼

흐름에 물체를 가두는 위험한 유체 역학 현상

킬로볼트암페어(kVA)

교류(AC) 회로에서 사용하는 전력 단위

킬로와트(kW)

직류(DC) 회로 또는 부하가 순전히 저항성인 교류(AC) 회로의 전력 단위

ㅌ

타워

장치나 부품을 지탱하거나 들어 올리는 데 사용하는 높은 구조물

타워 크레인

기둥과 회전 지브로 구성된 고정식 크레인

타이드 아치교

케이블을 이용해 아치 양쪽을 마치 활의 줄처럼 연결해 수평 반력을 지탱하는 아치교

탁도

부유 고체 입자에 의한 물속의 흐림 정도

탄성 받침

다리 상부 구조와 하부 구조를 연결하면서 둘 사이에 약간의 유연성을 허용하는 유연한 고무 소재

탭(중간 인출선)

각 서비스 인입선을 연결하도록 케이블 TV 급전선에 여러 연결 지점을 제공하는 장치

터널

물이나 운송을 위해 지표면 아래에 굴착한 통로

터널 굴착기(TBM)

터널을 만들기 위해 땅을 원형으로 굴착하는 기계

터널 라이닝

지반 압력에 대항해 터널을 지탱하고 지하수의 침투를 줄이는 구조물

터미널

특정 유형의 상품이 적재 또는 하역되는 부두의 일부

터미널 트랙터

화물 야적장 내에서 트레일러와 선적 컨테이너를 이동하는 트럭

터빈

풍력 또는 증기 동력을 샤프트를 이용해 회전 동력으로 변환하는 기계

테인터 게이트

양쪽에 경첩이 달려 있고 승강 장비를 사용해 위아래로 올리고 내리는 방사형 수문

토대

포장 아래의 침식을 방지하기 위해 호안 아래에 설치하는 자갈층

토목 공사

건설 프로젝트의 일부로 경관을 재구성하기 위해 지역을 굴착하고 흙으로 채우는 행위

토사

모래, 흙 또는 점토의 조합으로 구성된 건설에 사용하는 재료

통신

다양한 기술을 사용해 장거리로 정보를 전송하는 것

통신 공간

전봇대에서 가장 낮은 공간. 통신선이 위치함

통신 캐비닛

날씨 변화와 손상으로부터 보호하기 위한 통신 장비용 함체

통일성

교통 제어 장치를 일관성 있고 해석하기 쉽게 만들어 안전성을 향상한다는 설계 개념

통전 선로(활선)

접지 전위 이상으로 전류가 흐르는 전선

통제실 건물

변전소에서 중계기, 제어 장치, 배터리, 통신 장비 및 기타 저전압 장비를 수용하는 건물

통행권

차량이 교차로에 진입할 수 있는 권리

퇴적

퇴적물의 점진적인 축적에 의한 둑 또는 해안의 성장 과정

트러니언

지지대 및 힌지 역할을 하는 원통형 돌출부

트러스

견고하고 가벼운 프레임을 만드는 구조 부재의 집합체

트러스교

트러스를 사용해 상판의 무게를 지탱하는 다리

트렌처

지하 파이프 또는 시설물을 설치하기 위해 좁은 선형 트렌치를 굴착하도록 설계된 건설 장비

트렌치

지하 시설을 설치하는 데 사용하는 길게 파낸 구조물

용어집

트롤리
지브를 따라 수평으로 이동해 갈고리를 배치하는 타워 크레인의 장치

트위스트 락
선적 컨테이너의 코너 캐스팅에 결합해 들어 올리고 이동하고 고정하는 장치

ㅍ

파이프
액체를 운반하는 데 사용하는 도관

패들
갑문에서 물을 유입하거나 방출하는 데 사용하는 작은 유량 제어 게이트

팬터그래프
가공선에서 전류를 수집하는 데 사용하는 전기 기관차 장치

팻버그
지방, 기름, 물티슈, 헝겊 등이 쌓여 생긴 하수구 막힘 현상

펌프
유체의 압력 또는 유량을 증가시키는 장치

펌프 기둥
집수정 또는 우물에서 물을 빼내는 펌프 모터와 날개 차 사이의 파이프

평형추
구조물에서 다른 힘이나 무게의 균형을 맞추는 데 사용하는 무게 추

폐색 구간
한 번에 한 열차만 통과할 수 있는 철도 선로의 길이

포기조
하수에 산소를 넣는 하수 처리장의 저장 구조물

포인트
선로 전환기의 움직이는 부분

포장
아스팔트 또는 콘크리트로 만들어진 도로의 내구성을 위한 외부 표면

포트 받침
강철 함체 내부에 탄성 패드를 장착한 다리 베어링

포트홀
도로 표면에서 의도치 않게 움푹 패인 곳

포화 상태
용량이 최대인 상태

표시자
통신선의 종류 또는 출처를 식별하기 위해 통신선에 설치하는 플라스틱 포장

표지병
주행 차선을 구분하기 위한 노면 안전 장치

표지판 기둥
교통 표지판을 지지하는 수직 요소

표지판 제어 교차로
교통 표지판이 교통 흐름을 제어하는 교차로

표피 효과
교류 전류가 전체 단면적이 아닌 도체 표면을 따라 흐르는 경향

풀
전용 목적을 가진 물 저장소

풍력 발전소
풍력 발전기로 전기를 일으키는 발전소

풍향 풍속계
바람의 방향과 속도를 측정하는 장치

퓨즈 개폐기
변압기를 보호하고 분리하기 위해 1차 전선에 사용되는 스위치 및 퓨즈 역할을 하는 장치

프로파일
도로의 수직 구성 요소

프리캐스트 콘크리트
현장 밖에서 타설돼 설치 준비가 된 상태로 건설 현장으로 배송되는 콘크리트

플라세보 효과
작동하지 않는 장치지만, 효과를 본 것처럼 느끼는 현상

플라이트
여러 개의 작은 갑문을 직렬로 연결하는 방식

플랜지
열차가 선로에서 미끄러지지 않도록 막는 바퀴의 돌출된 테두리. 또는 보에서 굽힘력에 저항하는 웨브로 연결된 요소

플랫폼
강관주 철탑에 안테나를 장착할 수 있는 구조 지지대

플런지 풀
보강 포장을 한 함몰부로 갑자기 떨어지게 해 수력 에너지를 방출시키는 구조물

플록
고체 입자가 느슨하게 뭉쳐 있는 덩어리

플립 버킷
물줄기를 공중으로 전환하는 수력 에너지 방출 구조물

피그
파이프 내부를 청소하는 데 사용하는 장치

피그테일
하수구에 직물이나 물티슈가 쌓여 큰 섬유질 공이 된 것. 펌프나 파이프를 막을 때가 많음

피드혼

고주파 신호를 집중시키는 데 사용하는 깔때기 모양의 안테나

피뢰기

전압이 급상승할 때 에너지를 접지로 이동시키는 보호 장치

피뢰침

높은 위치에 장착한 전도성 장비로, 낙뢰 시 우선으로 흘러갈 경로를 생성하고 구조물 또는 민감한 장비를 보호함

피복 블록

해안이나 제방을 침식으로부터 보호하는 데 사용하는 프리캐스트 콘크리트 구조물

피아노 건반형 보

전체 유량 폭을 늘리기 위해 일련의 직사각형으로 접혀 있는 보

피치

터빈 축에 대한 블레이드의 각도

필 댐

토사 또는 암반으로 건설한 댐

필터

배수구를 통해 토양 입자가 이동하는 것을 방지하는 지하 배수 장비의 일부

필터 모듈

하나씩 교체할 수 있는 필터 장치

ㅎ

하부 구조

다리에서 교각, 교대, 기초 등 하중을 지반으로 전달하는 부분

하수 저장소

하수 펌프장의 일부로, 하수를 일시적으로 저장하는 데 쓰는 지하 함체

하수 처리장

하수를 정화 및 소독해 자연으로 안전하게 배출하도록 하는 시설

하수 펌프장

배수 또는 하수를 더 높이 올려 보내기 위한 구조물

하수도

원치 않는 물을 운반하는 파이프

항만

보트와 선박을 정박하는 데 사용되는 고요하고 깊은 물의 영역

항타기

말뚝을 땅에 박거나 진동시키는 데 사용하는 기계

해안 구조물

해안의 침식을 방지하기 위해 설계된 모든 구조물

해안 침식 방지용 소형 방파제

해안에 수직으로 설치된 구조물로 해변을 침식으로부터 보호하기 위해 사용함

해저 터널

호수나 강과 같은 수역 아래를 통과하는 터널

핵분열

원자의 핵을 두 개 이상의 가벼운 원자로 쪼개는 반응

행어

다리 위에서 상판을 지지하는 수직 케이블

행정동

발전소에서 엔지니어를 포함한 관리 직원의 사무실로 사용하는 건물

허가증

열차의 특정한 통행을 승인하기 위해 발행한 일련의 지침

허브

블레이드가 부착된 회전 장치의 중앙 부분

험지형 크레인

건설 현장의 여러 위치로 이동할 수 있지만 고속 도로 주행이 불가능한 바퀴가 달린 크레인

현수교

타워 사이에 매달린 두 개의 메인 케이블로 상판 무게를 지탱하는 다리

현수삭(커티너리)

두 지지대 사이에서 전선이나 로프가 만드는 곡선 모양. 또는 일부 전기 철도에 사용되는 가공선 시스템

현수형 철탑

가공선을 지지하는 지지대로 전선(도체)이 가하는 수평 방향의 큰 장력을 버티지 못함

현탁액

다양한 고체와 액체가 섞인 혼합물

혐기성

산소가 없는 상태

형교

수평 구조물을 사용해 두 교각 또는 교대 사이를 가로지르는 다리

호기성

산소가 있는 상태

호안 포장

침식으로부터 해안이나 제방을 보호하는 데 사용하는 포장면

호퍼

고체를 수집하거나 저장하는 데 사용하는 원뿔형의 장치 또는 함몰부

혼합액

하수 처리장에서 처리 전 하수와 활성 슬러지의 조합

용어집

홍수벽
강이나 해안을 따라 홍수를 막는 데 사용하는 선형 구조물

홍수벽 울타리
도로, 철도 또는 길의 끊어진 구역. 홍수 전에는 폐쇄해야 함

화력 발전소
열을 사용해 증기를 생산하고 터빈 발전기를 구동하는 전기 생산 시설

화물 열차
철도에서 하나 이상의 기관차가 견인하는 차량의 그룹

확공기
시추공을 확대하는 데 사용하는 도구

확장
유압식 붐의 길이를 늘리는 행위

활성 슬러지
하수 처리장의 2차 침전지에서 침전된 미생물로 하수에서 영양분을 제거하는 데 사용됨

활송 통로
물 운반을 위해 콘크리트로 만들어진 경사 수로

회로
송전선에서 전력망의 세 단계에 해당하는 세 개의 전선 배열(3상 회로)

회로 차단기
전류의 흐름을 차단하는 보호 장치

회생 에너지
모터가 감속하거나 하강할 때 다시 돌아가거나 저장되는 에너지

회전대
크레인의 붐 또는 지브가 회전할 수 있게 하는 부분

회전력
선형 힘의 회전 등가물. 힘에 축으로부터의 수직 거리를 곱한 것과 같음

횡단보도
보행자가 도로를 횡단할 수 있도록 지정한 구역

횡단보도 신호등
보행자가 횡단할 수 있는 안전한 시기를 알려주는 교통 신호등

횡류 환기
터널의 서로 다른 위치에 설치된 덕트를 통해 공기가 공급 또는 배출되는 터널 환기 방식

후퇴
홍수 위험이 높아진 곳에서 구조물의 위치를 재고하는 전략

흘수
배가 물 위에 떠 있을 때, 물에 잠겨 있는 부분의 깊이

흙시멘트
제방의 외장재로 자주 사용하는 토양, 시멘트, 물의 혼합물

영 문

AM 라디오
신호의 강도가 메시지의 강도에 비례하며 변화하는 전파를 통해 정보를 전송

DSL
전화선을 통해 디지털 데이터를 전송하는 통신 기술

FM 라디오
신호 주파수가 메시지의 주파수에 비례하며 변화하는 전파를 이용하는 정보 전송

GPS(범지구 위치 결정 시스템)
위성 기반의 내비게이션 시스템

SF$_6$(육불화 유황)
가스 절연 개폐 장치에서 절연체로 사용하는 고밀도 가스

T1
전화선을 통해 디지털 데이터를 전송하는 통신 기술

찾아보기

찾아보기

찾아보기

찾아보기

찾아보기